MikroComputer–Praxis

Die Teubner Buch- und Diskettenreihe für Schule, Ausbildung, Beruf, Freizeit, Hobby

Becker/Mehl: **Textverarbeitung mit Microsoft WORD**
2. Aufl. 279 Seiten. DM 29,80

Becker/Mehl: **MS-WORD für Einsteiger und Umsteiger**
— ab Version 5,0
ca. 250 Seiten. ca. DM 28,—

Bielig-Schulz/Schulz: **3D-Grafik in PASCAL**
216 Seiten. DM 27,80. Buch mit Diskette DM 58,—

Buschlinger: **Softwareentwicklung mit UNIX**
277 Seiten. DM 38,—

Danckwerts/Vogel/Bovermann: **Elementare Methoden der Kombinatorik**
206 Seiten. DM 27,80

Deichelmann/Erbs: **EDV nicht nur für Techniker**
224 Seiten. DM 28,80. Buch mit Diskette DM 48,—

Dierenbach/Mehl: **d Base III Plus in 100 Beispielen**
300 Seiten. DM 32,—. Buch mit Diskette DM 78,—

Dierenbach/Mehl: **d BASE IV**
ca. 300 Seiten. ca. DM 32,—. Buch mit Diskette ca. DM 78,—

Duenbostl/Oudin: **BASIC-Physikprogramme**
152 Seiten. DM 24,80

Duenbostl/Oudin/Baschy: **BASIC-Physikprogramme 2**
176 Seiten. DM 26,80

Erbs: **33 Spiele mit PASCAL** . . . und wie man sie (auch in BASIC)
programmiert. 326 Seiten. DM 36,—

Erbs/Stolz: **Einführung in die Programmierung mit PASCAL**
3. Aufl. 240 Seiten. DM 27,80

Fischer: **COMAL in Beispielen**
208 Seiten. DM 27,80. Buch mit Diskette DM 58,—

Fischer: **TURBO-BASIC in Beispielen**
208 Seiten. DM 27,80. Buch mit Diskette DM 58,—

Grabowski: **Computer-Grafik mit dem Mikrocomputer**
215 Seiten. DM 27,80

Grabowski: **Textverarbeitung mit BASIC**
204 Seiten. DM 26,80. Buch mit Diskette DM 58,—

Haase/Stucky/Wegner: **Datenverarbeitung heute** mit Einführung
in BASIC
2. Aufl. 284 Seiten. DM 27,80

Springer Fachmedien Wiesbaden GmbH

MikroComputer–Praxis

Herausgegeben von
Dr. L. H. Klingen, Bonn, Prof. Dr. K. Menzel, Schwäbisch Gmünd
Prof. Dr. W. Stucky, Karlsruhe

SPSS/PC+

für Einsteiger

Von Deziderio Šonje, Stuttgart
unter Mitwirkung von
Martin Plieninger, Heidenheim

 Springer Fachmedien Wiesbaden GmbH

Trademarks

Produkt:	geschütztes Warenzeichen der Firma
SPSS/PC+ SPSS/PC+ Advanced Statistics	SPSS MÜNCHEN
IBM, IBM/XT, IBM/AT	IBM Deutschland, Stuttgart
MS-DOS	Microsoft GmbH, Unterschleißheim

CIP-Titelaufnahme der Deutschen Bibliothek

Šonje, Deziderio:
SPSS-PC+ für Einsteiger / von Deziderio Šonje. Unter Mitw.
von Martin Plieninger. - Stuttgart : Teubner, 1991
  (MikroComputer-Praxis)
  ISBN 978-3-519-02660-0   ISBN 978-3-322-94680-5 (eBook)
  DOI 10.1007/978-3-322-94680-5

© Springer Fachmedien Wiesbaden 1991
Ursprünglich erschienen bei B. G. Teubner Stuttgart 1991

Einband: P. P. K, S-Konzepte T. Koch, Ostfildern/Stuttgart

Meinen Eltern

Vorwort

Das Ziel dieses Buches ist es, dem interessierten Laien Grundkenntnisse der empirischen Datenanalyse zu vermitteln. Im Vordergrund des Interesses steht dabei vor allem das Erlernen des Einsatzes und der Handhabung des Datenanalysesystems **SPSS/PC+** (Statistical **P**ackage for the **S**ocial **S**ciences/ **P**ersonal **C**omputer). Daneben werden Kenntnisse im Umgang mit dem Computer, sowie auch ein erster Einstieg in die empirische Datenanalyse und -interpretation vermittelt.

Ausgehend von dieser Zielsetzung wurde ein didaktisches Konzept entwickelt, welches sich, aufbauend auf den Möglichkeiten eines Anfängers, so weit wie möglich an dem Forschungsablauf orientiert, wie er tatsächlich in der Praxis stattfindet. Im einzelnen wurde dabei versucht, die unumgänglichen theoretischen Grundkenntnisse über Datenanalyse so weit es ging nach hinten zu schieben, um möglichst schnell mit der eigentlichen Datenanalyse beginnen zu können. Die Überlegung, die hinter diesem Konzept steht, beruht auf der Erfahrung, daß oftmals diejenigen, die anfangen ein neues System zu erlernen, bereits am Anfang mit einer Fülle von - zweifellos notwendigen - Grundkenntnissen überfrachtet werden. Viele Einsteiger fühlen sich daher oft überfordert und geben unnötigerweise zu früh auf. Diesem Verhalten sollte durch den schnellen Einstieg in die Praxis vorgebaut werden. Dabei wurde ganz bewußt in Kauf genommen, daß grundlegendes Wissen beispielsweise über den Aufbau von Datensätzen oder die Einsicht, warum eine Anweisung an einer ganz bestimmten Stelle stehen muß, zunächst außen vor blieb. Dies schien notwendig zu sein, um das erklärte Ziel, den Einsteiger möglichst schnell in die Lage zu versetzen, mit SPSS/PC+ eigenständig arbeiten zu können, nicht aus den Augen zu verlieren.

Die einzelnen Systemelemente von SPSS/PC+ werden in vollständigen und in sich abgeschlossenen Beispielssitzungen behandelt. Die Sitzungen bauen dabei aufeinander auf. Dadurch erschließt sich dem Anwender der Sinn und Zweck einer Anweisung viel eher, da er aufgrund der selbst produzierten Ergebnisse sofort überprüfen kann, welchen Einfluß der verwendete Befehl auf das Endergebnis hat. Ganz "nebenbei" lernt man dabei auch die Befehlssystematik von SPSS/PC+. Entscheidend ist weiterhin, daß man die erzielten Ergebnisse sofort analysieren und gegebenenfalls korrigieren kann. Wie man im weiteren Verlauf sehen wird, eignet sich SPSS/PC+ ganz besonders für eine derartige Arbeitsweise. Durch diese Art des Vorgehens erzielt man viel öfter unmittelbare Arbeitserfolge, die nicht nur die Motivation, sondern auch die Lernbereitschaft positiv beeinflußen. Ein durchaus beabsichtigter "Nebeneffekt" ist dabei, daß man durch das "Abarbeiten" der einzelnen Beispielssitzungen ein (Vor-) Verständnis dafür entwickelt, wie ein Forschungsprozeß in der Realität abläuft, und mit welchen Fragen und Problemen man dabei rechnen muß.[1]

---

[1]   Es sollte dabei aber auch klar sein, daß es sich hier nur um eine sehr grobe und vereinfachte Darstellung der "grauen" Forschungspraxis handeln kann. Dies ergibt sich nicht zuletzt auch dadurch, daß nur sehr einfache statistische Prozeduren und Analyseverfahren eingesetzt werden können, die letztlich keine kausalanalytischen Zusammenhänge überprüfen können.

Diesen Vorgaben entsprechend, wendet sich dieses Buch hauptsächlich an noch ungeübte Einsteiger. Spezifische EDV- und Empiriekenntnisse werden, soweit dies notwendig ist, angesprochen. Allerdings müssen elementare statistische Grundkenntnisse vorausgesetzt werden. "SPSS/PC+ für Einsteiger" ist also als ein Kompromiß zu verstehen, zwischen einer vollständigen und umfassenden Darstellung der umfänglichen Möglichkeiten, die einem SPSS/PC+ bietet und dem Anspruch, den Einsteiger in die Lage zu versetzen, relativ schnell eine empirische Studie mit Hilfe von SPSS/PC+ selbst auszuwerten. Demzufolge kommen bestimmte Teilbereiche, wie beispielsweise die theoretische Konzeption von empirischen Untersuchungen und die Aufarbeitung komplexerer statistischer Analyseverfahren zu kurz. Sie können aber in jedem Einführungsbuch über die empirische Forschung bzw. über Statistik nachgelesen werden.

Diese Art des Arbeitens bedarf bestimmter Voraussetzungen. Zum einen muß man über die entsprechende **Software** und **Hardware** verfügen. Zum anderen setzt sie auch voraus, daß man auf einen spezifisch aufbereiteten Datensatz zurückgreifen kann. Als Grundlage für die Analysen dieses Buches wurde ein Datensatz einer tatsächlich durchgeführten Untersuchung herangezogen. Alle Analysen beziehen sich auf einen **nicht repräsentativen** Auszug aus einem Datensatz, den das **Institut für Sozialforschung - Abteilung für Soziologie und Sozialplanung** an der **Universität Stuttgart** in Zusammenarbeit mit der **Fachhochschule für Bibliothekswesen Stuttgart** bei der Durchführung einer Benutzerbefragung bei der **Stadtbibliothek Reutlingen** erstellt hat.

Trotz sorgfältiger Überprüfung des Textes lassen sich Fehler und Ungereimtheiten nicht vollständig vermeiden. Um diese nicht zu wiederholen und das Gesamtkonzept dieses Buches zu verbessern, sei darauf hingewiesen, daß Kritik und Verbesserungsvorschläge willkommen sind. Richten Sie diese bitte an die folgende Adresse:

Universität Stuttgart
Institut für Sozialforschung
Abteilung für Soziologie und Sozialplanung
z.Hd. Deziderio Sonje
Breitscheidstr. 2c
7000 Stuttgart 1

Zum Schluß möchte ich mich bei den folgenden Personen ganz besonders bedanken. Zunächst vor allem bei Herrn **Dr. Gerhard Berger**, Frau **Marion Aschmann M.A.** und Herrn **Martin Plieninger** deren Hilfe, Unterstützung und kritische Einwände mir sehr oft von großem Nutzen waren. Daneben auch bei Herrn **Dr. Ulrich Druwe**, Herrn **Heinz Scharrer M.A.** und Herrn **Prof. Dr. Klaus Menzel**, die mir bei der Erstellung und Durchsicht des Manuskripts behilflich waren, und deren wertvollen Hinweisen ich oft gefolgt bin.

Deziderio Sonje   Stuttgart, Januar 1991

Inhaltsverzeichnis

1. Einleitung

Bei SPSS/PC+ handelt es sich, wie schon bereits mehrfach angedeutet, nicht um eine Programmiersprache sondern um ein **Datenanalysesystem**. Der entscheidende Unterschied ist dabei, daß man der Ersteren mit Hilfe logischer Verknüpfungen mitteilen muß, wie und auf welche Weise sie bestimmte Informationen bearbeiten soll. Dabei muß jeder einzelne Arbeitsschritt genau beschrieben werden und der Gesamtablauf in sich widerspruchsfrei sein. Ein Datenanalysesystem verarbeitet dagegen ganze "Befehlssätze" auf einmal. Man muß dem System also nicht, wie bei einem Programm, mitteilen, was eine Addition ist, sondern kann es direkt anweisen, welche Variablen es addieren soll.

Dieses Buch bezieht sich auf die PC Versionen 2.0 und 3.0 von SPSS. Diese Versionen unterscheiden sich von ihren Vorläufern in mannigfacher Weise. Im Vergleich zu den bisherigen SPSS Versionen, den sogenannten **Mainframe** Versionen, vor allem dadurch, daß sie nicht mehr auf eine Großrechneranlage, welche im allgemeinen nur Universitäten oder größeren Unternehmen zur Verfügung steht, angewiesen sind. Im Laufe der raschen technischen Entwicklung wurde es möglich, daß relativ "leistungsschwache" Mikrocomputer, etwa **Personal Computer**, statistische Operationen bearbeiten können, die bis dahin ausschließlich den Mainframes vorbehalten waren. Die zwei entscheidenden Vorteile der PC Version von SPSS sind der hoher Grad an **Dezentralität** und **Flexibilität**.

Dadurch, daß man nun nicht mehr auf eine Großrechneranlage angewiesen ist, entfällt nicht nur das Warten auf die Ausführung von SPSS Jobs[2], die im **Batch-Betrieb**[3] entworfen worden sind, sondern man erlangt dadurch auch einen höheren Grad an Autonomie. Man kann seinen Datensatz dann bearbeiten, wenn man Zeit hat und muß sich nicht erst überlegen, wann die Rechnerbeanspruchung am geringsten ist, oder wann der Operator im Rechenzentrum Zeit hat, bestimmte Datenbänder zu überspielen, und ob man für diesen Überspielungsvorgang alle relevanten Informationen zusammen hat. Man kopiert einfach seine Daten auf eine oder mehrere Disketten und kann damit, wenn man dies will, die Auswertung seiner Daten an einem Fremdgerät in einer anderen Stadt erledigen.[4]

---

[2]   Was man unter einem Job versteht, wird im Kapitel 7.1 noch eingehender erklärt.

[3]   Unter **Batch-Betrieb** versteht man eine spezifische Arbeitsweise an Großrechnern. Der Anwender (User) erzeugt dabei zunächst einen Job am Terminal des Rechners. Dieser wird dann in die sogenannte Eingangsschleife (INPUT-Queue) eingereiht. Der Rechner sortiert die einzelnen Jobs der verschiedenen Benutzer nach einer bestimmten Reihenfolge und arbeitet diese sukzessiv ab. Die Priorität eines Jobs wird im allgemeinen durch die benötigte Rechnerzeit bestimmt. Das bedeutet, je weniger Rechenzeit ein Job benötigt, desto schneller wird er bearbeitet. Besonders dann, wenn viele User den Rechner benützen, kommt es bei umfangreichen Jobs, unter Umständen zu langen Wartezeiten.

[4]   In der Regel ist ein direkter Austausch von Daten zwischen zwei oder mehreren PC's problemlos. Die auf Disketten abgespeicherten Informationen werden von SPSS, unabhängig von der verwendeten Version eingelesen und verarbeitet. Möchte man dagegen Datenbestände zwischen einem PC und einem Großrechner austauschen, so muß man die System- oder

Die Flexibilität des Systems beruht darauf, daß SPSS/PC+ als ein interaktives System konzipiert wurde. Das bedeutet, daß das System in der Lage ist, unmittelbar auf mein Verhalten zu reagieren. Wird beispielsweise ein Befehl nicht korrekt eingegeben, gebe ich statt **CROSSTABS** den Befehl **COSSTABS** ein, so interpretiert dies SPSS/PC+ sofort als Fehler und teilt mir, durch die Ausgabe einer Fehlermeldung, nicht nur mit, daß ich einen Fehler begangen habe, sondern gibt mir auch an, um welche Art von Fehler es sich handelt. In der gleichen Weise wird das System reagieren, wenn man Fehler beim logischen Aufbau der Befehle begeht.[5] Man wird durch diese Arbeitsweise in die Lage versetzt, Fehler sofort zu erkennen, diese dann zu korrigieren und anschließend die Datenanalyse fortzusetzen.

Die PC-Versionen 2.0 und 3.0 sind im Gegensatz zur Version 1.0 zusätzlich mit einer sogenannten Benutzerführung ausgestattet. Darunter versteht man die Möglichkeit, die einzelnen Befehle mit Hilfe von Menüs zu erstellen. Wie dies im einzelnen funktioniert, werden Sie im weiteren Verlauf der Beispielssitzungen lernen. Sollten Sie noch über die ältere SPSS/PC+ (Version 1.0) verfügen, so steht Ihnen die letztere Möglichkeit **nicht** zur Verfügung. Da sich an der eigentlichen Sprache, mit der man SPSS steuert, bis auf einige Ausnahmen nichts geändert hat, dürfte man auch keine Schwierigkeiten bei der Umsetzung der Befehlseingabe haben.

Um den Lernerfolg zu erhöhen, wurde dieses Handbuch in der Art eines "Kochbuches" konzipiert. Dies bedeutet, daß der Lernstoff in kleine Lernschritte, vergleichbar Kochrezepten, gegliedert wurde. Wie bereits erwähnt, wurde für jeden neuen Lerninhalt eine komplette Beispielssitzung erstellt. Da es in der Praxis sehr selten vorkommen wird, daß in einer Arbeitssitzung nur ein Befehl eingesetzt wird, wurden auch hier immer mehrere Befehle gleichzeitig eingesetzt. Die einzelnen Sitzungen sind dabei so konzipiert, daß sie aufeinander aufbauen. Aus diesem Grund empfehle ich, das Buch kontinuierlich durchzuarbeiten und kein Kapitel zu überspringen. Falls Sie Schwierigkeiten mit dem Verständnis eines Befehls haben sollten, empfiehlt es sich, das entsprechende Kapitel, in dem sich dieser Befehl befindet, mehrmals zu wiederholen und erst dann mit der Analyse fortzufahren.

Hier noch einige Worte zum Aufbau des Buches. Bereits unmittelbar nach den einleitenden Kapiteln, in denen grob die allgemeinen Grundsätze und Grundlagen der Computertechnik, der empirischen Sozialforschung und der EDV gestützten Datenanalyse dargestellt werden, wird man in die Lage versetzt, in die noch unbekannte Welt von SPSS/PC+ einzusteigen. Man hat dadurch von Anfang an die Möglichkeit, anhand zahlreicher Beispiele, mit dem Datenanalysesystem zu arbeiten und lernt so sukzessiv die Möglichkeiten, den Aufbau, aber auch die Probleme von SPSS/PC+ kennen. Der Mittelteil dieser Einführung ist der

---

Arbeitsdatei zunächst in eine **portable Datei** umwandeln. Dies ist mit Hilfe der Prozedur **EXPORT** möglich. Sobald die Umwandlungsprozedur abgeschlossen ist, kann sie vom Fremdsystem über die Prozedur **IMPORT** wieder eingelesen und verarbeitet werden. Den genauen Aufbau beider Befehle können Sie dem Manual entnehmen.

[5]   Unter diese Kategorie von Fehlern fallen beispielsweise Anweisungen, die sich auf vorangegangene Befehle und Datenmodifikationen beziehen, die nicht oder nicht in der angegebenen Weise gemacht wurden.

Modifikation und Selektion von Daten gewidmet. Beide nehmen eine zentrale Bedeutung in der Datenanalyse ein und werden deshalb relativ umfänglich besprochen. Im Schlußteil wird der gesamte Teil der Datendefinition umfänglich beschrieben und anhand unseres Datensatzes aufgeschlüsselt. Am Ende noch einige Vorbemerkungen. Aus der selbst gestellten Vorgabe, daß das unmittelbare Erfolgserlebnis und die in der Praxis am häufigsten auftretenden Aufgaben und Probleme im Vordergrund dieser Einführung stehen sollen, ergeben sich zwangsläufig mehrere Konsequenzen.

Einerseits schien es mir **nicht** notwendig, alle verfügbaren statistischen Prozeduren vorzustellen. In der Regel wird man als Einsteiger mit einigen wenigen Analyseprozeduren auskommen. Diese Begrenzung hat zusätzlich den Vorteil, daß man dadurch auf die Besprechung der z.T. komplizierten mathematisch - statistischen Grundannahmen größtenteils verzichten kann. Die zweite Konsequenz bezieht sich auf die Darstellung der Möglichkeiten eine Prozedur zu modifizieren. In der Regel ist jede SPSS/PC+ Prozedur so aufgebaut, daß sie, je nach individuellen Bedürfnissen, mehr oder minder stark verändert werden kann. Ich habe im allgemeinen nur einen Teil dieser Modifikationsmöglichkeiten besprochen. Es schien mir **hier** wichtiger, den Regelfall darzustellen als spezielle Anwendungsmöglichkeiten auszuweisen.

1.1. Konventionen

In der Regel wurden die englischen Fachbegriffe übersetzt. Dies hat zur Folge, daß die Begriffe im Deutschen z.T. etwas hölzern klingen, dennoch glaube ich, daß sie eindeutig zu interpretieren sind. Daneben wurde bei zahlreichen Begriffen der englische Terminus in Klammern hinzugefügt. Dies soll einem das "Sich Zurechtfinden" bei anderen (in der Regel englischen) Handbüchern erleichtern. Um die SPSS/PC+ Befehle und Schlüsselbegriffe klar und eindeutig von dem restlichen Text oder frei wählbaren Spezifikationen zu unterscheiden, wurden alle SPSS Syntaxelemente durch GROSSBUCHSTABEN **und in Fettschrift** dargestellt. SPSS/PC+ selbst unterscheidet **nicht** zwischen Groß- und Kleinschreibung. Für das System ist es also unwesentlich, ob die Befehle groß oder klein geschrieben werden. Man kann sogar zwischendurch die Schriftgröße wechseln. SPSS würde daher die Eingabe: **crosstabs TABLES** widerspruchslos akzeptieren. Ganz im Gegensatz dazu steht die Notwendigkeit, sich ansonsten äußerst penibel an die vorgegebene SPSS/PC+ Systematik zu halten. Genau wie alle anderen Programme auch zeichnet sich SPSS/PC+ in diesem Punkt durch eine ausnahmslose **Inflexibilität** aus. Dies hat zur Folge, daß man sich unbedingt an die vorgegebene Syntax (vgl. Kapitel 5.1) halten muß. Selbst kleine Abweichungen, wie etwa das Weglassen von Kommata, Leerstellen und Schrägstrichen werden vom System umgehend mit der Ausgabe von Fehlermeldungen beantwortet. Es ist daher sehr wichtig, sich das Kapitel 5.1, in dem die SPSS/PC+ Syntax besprochen wird, aufmerksam durchzulesen.

Um Ihnen der Überblick bei der Arbeit mit SPSS/PC+ zu erleichtern, wurde in allen Kapiteln zahlreiche Abbildungen des Monitors in den Text eingefügt. Sie haben dadurch die Möglichkeit Ihre selbsterzeugten Ergebnisse mit der "richtigen" Lösung zu vergleichen. Leichte Unterschiede in der Darstellung ergeben sich aus der unterschiedlichen Gerätekonfiguration der Computer bzw. der verwendeten SPSS/PC+ Versionen.

In der Regel stehen für die Befehlseingabe 80 Zeichen je Zeile zur Verfügung. Daher wäre es durchaus möglich, mehrere (kurze) Befehle in eine Zeile zu schreiben. Dies wird man aus Gründen der Übersichtlichkeit nicht tun. Gerade zu Anfang empfiehlt es sich, die Befehle möglichst klar zu strukturieren. Daher wurden die meisten Befehle über mehrere Zeilen verteilt. Ist man etwas geübter, kann man darauf verzichten.

2. Die Prinzipien der empirischen Forschung

Empirische Forschung versteht sich in erster Linie als eine Wissenschaft, deren Ergebnisse Anleitung zum problemlösenden Handeln geben soll. Ihre vordringlichste Aufgabe besteht daher darin, komplexe soziale Phänomene und Entwicklungen auf der Basis empirisch überprüfter Erkenntnisse einsichtig zu machen und Handlungsalternativen mit den sich daraus ergebenden Konsequenzen aufzuzeigen. Dieser Anspruch kann nur dann eingelöst werden, wenn die gemachten Aussagen wissenschaftlichen Kriterien genügen. Daher unterwirft sich die empirische Forschung bestimmten selbst gesetzten Regeln und Vereinbarungen. Ohne diese wären Aussagen und Erklärungen über soziale Tatbestände und Prozesse nicht überprüfbar und trügen den Charakter der Beliebigkeit. Diese Regeln und Vereinbarungen beziehen sich dabei auf spezifische empirische Instrumente. Man unterscheidet hier zwischen **Begriffen, Hypothesen, Theorien, Kausalität** und **Falsifikation** (vgl. **Werle 1989:4f.**).

Um soziale Phänomene und Prozesse überhaupt eindeutig beschreiben zu können, sind **Begriffsdefinitionen** notwendig. Diese müssen so gewählt werden, daß sie den zu kennzeichnenden Sachverhalt möglichst eindeutig und adäquat beschreiben. Nur so ist es möglich, anderen verständlich zu machen, was man selbst unter den verwendeten Begriffen versteht bzw. in welchem Zusammenhang man diese verwendet. Um nun nicht alle verwendeten Begriffe erklären zu müssen, wird man i.d.R. auf bestimmte Standards zurückgreifen, d.h. man wird Begriffsdefinitionen verwenden, die allgemein akzeptiert sind. Hypothesen dienen dazu, die Art der Beziehung zwischen den verwendeten Begriffselementen zu beschreiben. Sie machen Aussagen darüber, wie sich die einzelnen Elemente - also Menschen, Organisationen aber auch Strukturen im weitesten Sinne - zueinander verhalten. Die Aufgabe der Theorie besteht darin, das Verhältnis der verwendeten empirischen Hypothesen zueinander zu beschreiben und diese in ein sinnhaftes Verhältnis zu ihrer Umwelt zu setzen. "Von einer Theorie kann man dann sprechen, wenn Aussagen von einem gewissen Allgemeinheitsgrad stringent so miteinander verknüpft werden, daß dadurch eine noch allgemeinere Aussage entsteht, die mein Wissen bereichert." (**Bahrdt 1984:188**)

Theorien und Hypothesen machen Aussagen über kausale Zusammenhänge zwischen den verwendeten Elementen. Sie geben an, in welchem Verhältnis zwei oder mehrere Variablen (Elemente) zueinander stehen und versuchen, die eine Variable durch eine (oder mehrere) andere Variable(n) zu erklären. Man spricht hierbei von abhängigen und unabhängigen Variablen. Kausalitätsbeziehungen können per se nicht bewiesen werden. Dies liegt zu einen daran, daß man bei der Auswahl der verwendeten Variablen nicht ausschließen kann, daß man alle notwendigen Variablen berücksichtigt hat, und zum anderen wird man nicht alle Wechselbeziehungen zwischen den Variablen untersuchen können. Aufbauend auf der Theorie des kritischen Rationalismus von Popper (**Popper 1984**) muß man davon ausgehen, daß Aussagen von Hypothesen und Theorien nur vorläufige Gültigkeit besitzen. Soziale Strukturen unterliegen ständigen Wandlungprozessen. Daher ist man gezwungen, die einmal gemachten Aussagen immer wieder darauf zu überprüfen, ob sie noch gültig sind. Dies geschieht mit Hilfe der Falsifikation. Hierbei ist zu beachten, daß die Falsifikation einer Theorie i.d.R. nicht zu einer Verwerfung, sondern zu deren Einschränkung führt. Eine derart nicht mehr falsifizierbare Theorie gilt als vorläufig bestätigt.

3. Der Forschungsprozeß

Nach **Friedrichs 1983:50f.** läßt sich der empirische Forschungsprozeß in drei grundsätzliche Phasen einordnen: in die des **Entdeckungs-**, die des **Begründungs-** und die des **Verwertungs-** und **Wirkungszusammenhangs**. Jede dieser Phasen läßt sich wiederum in weitere Phasen unterteilen (vgl. Abb.1).

Im einzelnen ist dabei folgendes zu beachten. Zum einen handelt es sich hierbei um eine idealtypische Trennung der Phasen. In der Regel wird der Forscher, während er in der einen Phase steckt, auch immer die anderen Arbeitsschritte gedanklich antizipieren. So wird man beispielsweise bei der Aufarbeitung eines Problems auch daran denken, mit welchen Instrumenten (Indizes[6] und Skalen) man später die erhobenen Daten analysieren will. Zum anderen wird es immer wieder Rückbezüge von der einen zu einer anderen Phase geben. Der Forschungsprozeß muß daher als ein Prozeß verstanden werden, der zwar einer forschungslogischen Richtung folgt (vgl. Abb.1), bei dem es aber immer Rückbezüge gibt. So wäre es beispielsweise denkbar, daß man im Verlauf der Ausarbeitung von umsetzbaren Forschungshypothesen merkt, daß die zuvor formulierte Theorie in einigen Punkten eingeschränkt werden muß, weil sie sich mit den zur Verfügung stehenden Ressourcen (dieser Untersuchung) nicht überprüfen läßt. Auch kommt es relativ oft vor, daß man aufgrund der Ergebnisse eines vor der eigentlichen Hauptuntersuchung durchgeführten Pretests, die Konzeption des Forschungsdesigns oder die Strukturierung der Stichprobenziehung verändern muß. Ausgehend von dieser forschungstheoretischen Logik, sind daher diese Rückbezüge keine unnötigen Umwege, sondern wichtige und notwendige Bausteine bei der Erkenntnisgewinnung.

---

[6]   Unter einem Index versteht man eine Zusammenfassung unterschiedlicher Indikatoren zu einem "neuen" Aggregat. Diese Vorgehensweise wird man dann wählen, wenn der zu untersuchende Begriff nur mehrdimensional erfaßt werden kann. Ein sozialwissenschaftliches Beispiel wäre dafür die Eingrenzung des Begriffs der sozialen Schicht. Eine mögliche, aber nicht unbedingt hinlängliche Verortung des Begriffs könnte mit Hilfe der Dimensionen "Bildung", "Einkommen" und "Berufsposition" geleistet werden. Da die Schichtzugehörigkeit von Personen nicht direkt gemessen werden kann, würde man also mit Hilfe der drei obigen Dimensionen (die sich direkt erheben lassen) Rückschlüsse auf die Schichtzugehörigkeit einer bestimmten Person ziehen. Vergleiche dazu: **Reiner Schnell u.a.**: Methoden der empirischen Sozialforschung. München 1988, S.164ff., dem auch dieses Beispiel entnommen wurde.

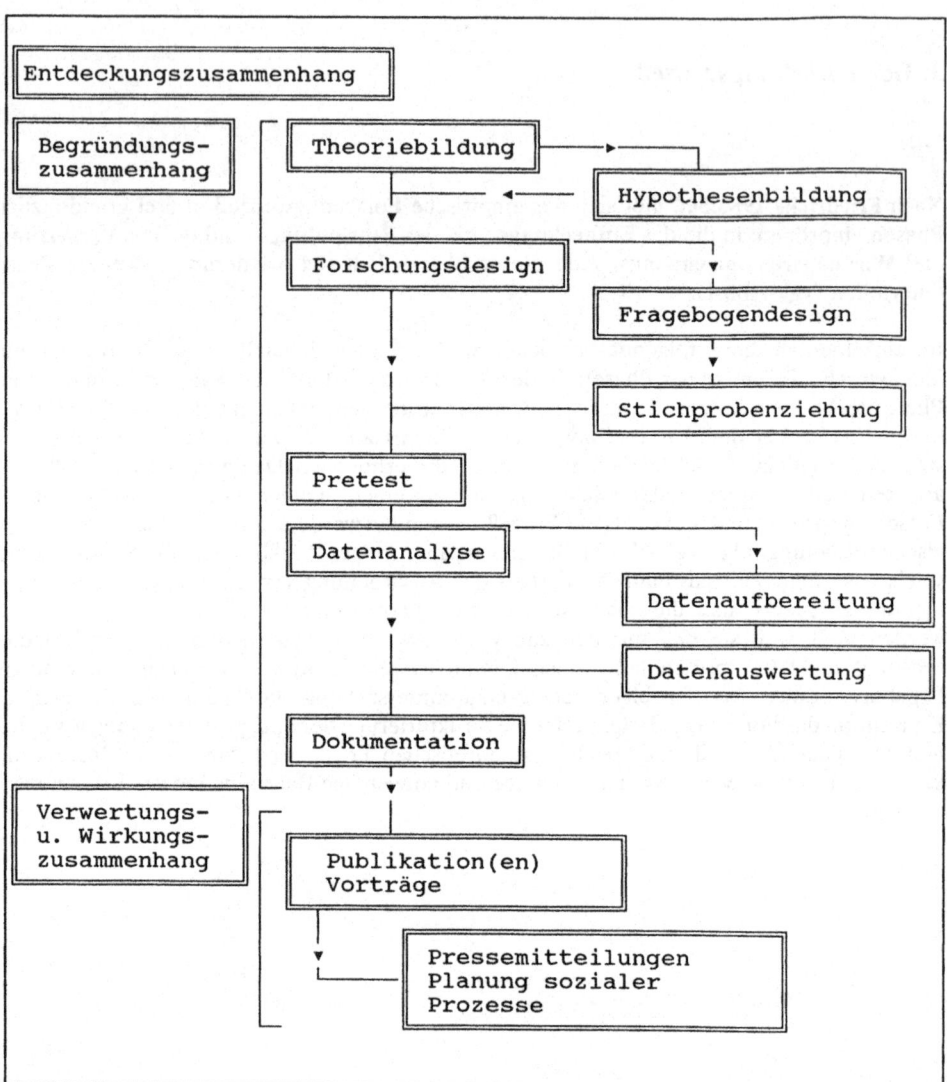

Abb. 1: Ein idealtypischer Forschungsablauf

3.1. Der Entdeckungszusammenhang

Unter dem Entdeckungszusammenhang versteht man den Anlaß, der dazu geführt hat, daß ein spezifisches Forschungsprojekt in Auftrag gegeben wurde. Die Intentionen, die hinter einem Forschungsprojekt stehen, können dabei in drei grundlegende Kategorien unterteilt werden.

Zum einen können **soziale Probleme** und das Verlangen, die Gründe des Entstehens und deren Beseitigung aufzuzeigen, den Hintergrund dafür bilden, eine empirische Analyse zu erstellen. Hier spielen sehr oft Analysen von im weitesten Sinne devianten Gruppen eine wichtige Rolle. Zum anderen können **Probleme der Theoriebildung** Auslöser für empirische Forschung sein. Hier geht es vor allem darum, entweder die Erklärungskraft bzw. die Reichweite bestimmter theoretischer Ansätze anhand der Realität zu überprüfen oder bestimmte theoretische Annahmen und Hypothesen innerhalb einer Theorie über die Einsicht in soziale Zusammenhänge zu testen. Der dritte und wahrscheinlich häufigste Grund für eine empirische Studie ist die **Auftragsforschung**. Hier geht es vor allem darum, ein soziales, politisches oder ökonomisches Problem zu analysieren und dem Auftraggeber der Studie Handlungsmöglichkeiten bzw. Lösungsvorschläge anzubieten. Unabhängig von der Intention, die dazu geführt hat, eine empirische Studie durchzuführen, gelten für alle Anlässe die gleichen forschungsmethodischen Notwendigkeiten.

3.1.1. Die Theoriebildung

An der Nahtstelle zwischen Entdeckungs- und Begründungszusammenhang steht die Phase der Theoriebildung. Sie gehört zu den arbeitsintensivsten und anspruchsvollsten Tätigkeiten innerhalb des Forschungsprozesses. Sie ist die Basis aller weiterer Arbeitsschritte. Fehler, die in dieser Phase gemacht werden, beispielsweise durch ungenaue Eingrenzung des zu untersuchenden Forschungsgegenstandes, wirken sich auf nahezu alle weiteren Forschungsphasen aus.

Es kommt relativ selten vor, daß ein Auftraggeber mit einer klar umrissenen Problemstellung an den Forscher herantritt. Viel eher ist es so, daß der Auftraggeber eine mehr oder weniger genaue Vorstellung von dem hat, was er wissen will, was ihn interessiert. Die erste Aufgabe des Forschers wird es daher sein, dieses Erkenntnisinteresse in eine für ihn praktikable Fragestellung umzuwandeln. Zunächst wird er sich einmal darüber informieren, ob zu diesem Thema schon Untersuchungen gemacht worden sind. Wenn ja, wird er versuchen herauszubekommen, nach welchen theoretischen Ansätzen und Hypothesen dabei vorgegangen worden war und welche Ergebnisse dabei erzielt wurden. Diese wird man dann darauf überprüfen, inwieweit sie für die eigene Untersuchung verwendet werden können.

Bei der Theoriebildung sind Gespräche mit Kollegen und anderen Experten, die sich mit dem Untersuchungsgegenstand beschäftigen, eine weitere wichtige Informationsquelle. Je nach Fragestellung können daneben auch Gespräche mit Freunden und Bekannten eine zusätzliche Informationsquelle sein. In der Regel kristallisiert sich dabei ganz allmählich aus einer zunächst allgemein formulierten Problemstellung eine exakte Definition praktikabler Forschungshypothesen heraus. Ein wesentlicher Schritt ist dabei die genaue Definition der verwendeten Begriffe. Ziel einer derartigen Definition muß es sein, daß sowohl der Forscher, als auch die an der Studie teilnehmenden Personen, dasselbe unter den verwendeten Begriffen verstehen. Um dies zu gewährleisten, muß man zunächst den **Objektbereich** der verwendeten Begriffe definieren. Man bestimmt dabei die Grundgesamtheit all derjenigen Elemente, für die die verwendeten Begriffe gelten sollen. Im zweiten Schritt definiert man dann den Inhalt der verwendeten Begriffe. Dies geschieht durch die **Zuordnung beobachtbarer Eigenschaften**, sprich Merkmale.

3.2. Der Begründungszusammenhang

Unter dem Begründungszusammenhang faßt man alle die methodologischen Schritte zusammen, die für die Umsetzung des Forschungsprojekts notwendig sind. Dieser fängt mit der Erstellung eines Forschungsdesigns an und endet mit der Interpretation der erzielten Ergebnisse.

3.2.1. Die Erstellung des Forschungsdesigns

In dieser Phase wird man sich darüber Gedanken machen, welche empirischen Methoden (Interview, schriftl. Befragung, Beobachtung etc.) und Instrumente (Skalen und Indizes) am besten geeignet sind, die formulierten Hypothesen zu überprüfen. Für welche Methode und welches Instrument man sich letztendlich entscheidet, hängt von zahlreichen Faktoren ab. Hier spielt nicht nur die Zusammensetzung der Untersuchungspopulation (respektive der Stichprobe) und die gewählte Fragestellung, sondern auch der Umfang der verfügbaren Ressourcen (sowohl finanzieller, zeitlicher als auch personeller Art) eine Rolle. Bis vor wenigen Jahren dominierte die schriftliche und telefonische Befragung die empirische Forschung. Erst in den letzten Jahren nahm die Bedeutung qualitativer Untersuchungsmethoden zu. Doch kommt der quantitativen Befragungsmethode immer noch eine herausragende Bedeutung zu. Daher wird hier der Schwerpunkt der Betrachtungen auf der Durchführung einer schriftlichen Befragung liegen.

Beide Methoden vereinigen zwei wichtige Bedingungen. Man kann einerseits mit einem "relativ" geringen Aufwand "relativ" große Populationen erfassen und deren Meinungen, Einstellungen und Wertehaltungen analysieren. Andererseits sind gerade für diese beiden Methoden zahlreiche mathematisch-statistische Analyseverfahren entwickelt worden, mit deren Hilfe man komplexe gesellschaftliche, soziale und ökonomische Abläufe simulieren und/oder erklären kann.

3.2.2. Der Fragebogenentwurf

Nachdem man sich also für eine geeignete Methode entschieden hat, in unserem Fall für die schriftliche Befragung, wird man als nächstes dazu übergehen, den Fragebogen zu entwerfen. Falls es bereits Untersuchungen zu diesem Thema gibt, wird man diese darauf überprüfen, ob man den Fragebogen (der hoffentlich veröffentlicht ist) als Ganzes oder zumindest Teile davon für die eigene Untersuchung verwenden kann, ebenso, welche Probleme bei der Untersuchung entstanden waren und wie sie gelöst worden sind.

Es ist schwierig, allgemeingültige Kriterien anzugeben, nach denen ein guter Fragebogen konzipiert sein muß. Gilt doch der Entwurf eines Fragebogens, die Formulierung von Fragen als eine "Gefühlssache", ja als "Kunst". Dies deutet einerseits darauf hin, daß es bei der Fragebogengestaltung sehr viel auf die persönliche Erfahrung und das Fingerspitzengefühl des Forschers ankommt. Gerade diese Erfahrungen lassen sich nur bedingt theoretisch erklären und begründen. Andererseits ist zu beachten, daß Fragen bzw. deren Beantwortung immer durch das Umfeld, in das sie plaziert worden sind, beeinflußt werden, bzw. daß sie dieses beeinflussen. Die Wirkung einer Frage hängt also in entscheidender Weise von dem jeweiligen Kontext, in dem sie sich befindet, ab. Dieser wird von Umfrage zu Umfrage anders sein und läßt sich in einem Lehrbuch nur bedingt antizipieren. Daher im folgenden nur einige, eher allgemein gehaltene Hinweise für die Qualität von Fragebögen.

Bei der Gestaltung von Fragebögen sollte man zwei grundsätzliche Aspekte auseinanderhalten: einerseits die inhaltliche und andererseits die optische Aufbereitung eines Fragebogens.

3.2.2.1 Die inhaltliche Gestaltung des Fragebogens

In Anlehnung an die **klassische Testtheorie**[7] wurden als zentrale Gütekriterien für empirische Forschungsinstrumente (in unserem Fall des Fragebogens) die **Zuverlässigkeit** (Reliabilität) und die **Gültigkeit** (Validität) einer Messung festgelegt.[8] Bei der Reliabilität eines Meßinstruments geht es im Prinzip darum, inwieweit dieses bei wiederholtem Einsatz und Konstanz der Rahmenbedingungen immer wieder die gleichen Ergebnisse produziert. Ein Meßinstrument, das laufend neue, d.h. unterschiedliche Ergebnisse zu Tage fördern würde, wäre nicht reliabel. Unter der Validität eines Meßinstruments versteht man das Maß der wissenschaftlichen Brauchbarkeit, die danach beurteilt wird, inwieweit dieses Instrument auch tatsächlich das mißt, was mit ihm festgestellt und gemessen werden soll. Beide Gütekriterien hängen eng miteinander zusammen. Das Verhältnis der beiden ließe sich in etwa wie folgt umschreiben: "Ein Instrument ist um so reliabler, je weniger zufällige Fehler die Messung beeinflußen; ein Instrument ist um so valider, je weniger systematische Fehler die Messung beeinflußen." (**Schnell 1988:151**) Auf all diese Probleme kann in diesem Rahmen nicht näher eingegangen werden.[9] Hier sei nur auf einige Faktoren, die in unserem Zusammenhang wichtig sind, hingewiesen.

* Bei der Formulierung der Fragen und der Antwortvorgaben ist darauf zu achten, daß alle verwendeten Begriffe möglichst eindeutig formuliert sind sind. Wären Sie beispielsweise daran interessiert zu erfahren, welche Schriftsteller ein Bibliotheksbesucher kennt, so müßten Sie genau erklären was Sie unter dem Wort "kennen" verstehen. Meinen Sie damit, ob jemand einen Schriftsteller gelesen hat, oder ob er ihn nur vom Hörensagen kennt?

* Versuchen Sie nie mit einer Frage gleichzeitig zwei und mehr Meinungen bzw. Einstellungen abzufragen. Eine Frage, in der Sie versuchen herauszufinden, ob eine bestimmte Literaturgattung als schön **und** interessant bewertet wird, ist nach wissenschaftlichem Verständnis nicht auswertbar.

---

[7]   Die argumentative Ausgangsbasis der klassischen Testtheorie geht von der Vorstellung eines **wahren Wertes** aus. Dieser wird in der Regel von dem **tatsächlich gemessenen Wert** abweichen. Die Differenz zwischen diese beiden Werten wird als **Meßfehler** bezeichnet. In der Praxis gilt es nun, diesen Meßfehler zu so klein wie möglich zu halten.

[8]   Beide Kriterien beziehen sich primär auf den eigentlichen Meßvorgang.

[9]   Ein knappe aber dennoch sehr kompakte Darstellung der aufgezeigten Problematik finden sie in den beiden folgenden Aufsätzen: **Kurt Holm**: Theorie der Frage. in: KZfSS, 1974, H.1, S.91-114; **ders.**: Theorie der Fragebatterie. in: KZfSS, 1974, H.2, S.316-341.

* Wichtig ist auch, daß sich die vorgegebenen Antwortvorgaben nicht überlappen. Die einzelnen Antwortkategorien sollten möglichst trennscharf formuliert sein. Ein Beispiel für eine unscharfe Trennung wäre, wenn Sie bei der Abfrage von Lesegewohnheiten als Antwortkategorie sowohl die Antwort "Belletristik", als auch "Kriminalromane" zulassen würden.

* Versuchen Sie bei der Konstruktion der Fragen, den Befragten das Gefühl zu vermitteln, daß diese von Ihnen als Experten angesprochen werden. Dazu gehört, auch Antwortvorgaben zu bestimmen, in denen sich möglichst viele Befragungsteilnehmer wiederfinden. Die Befragten sollten das Gefühl haben, daß sie ihre Meinung und Einstellungen umfassend und eindeutig mitteilen können.

Bei der Gestaltung des Fragebogens sollte man sich immer wieder klarmachen, daß einerseits die Bereitschaft, die gestellten Fragen zu beantworten und andererseits die Fähigkeit sich zu konzentrieren mit der Dauer der Befragung abnimmt. Fragen, die komplex und schwierig sind, sollten daher nicht an das Ende eines Fragebogens gesetzt werden. Genauso sollten Sie aber auch nicht am Anfang des Fragebogens stehen. Derart plazierte Fragen könnten bei den Befragten die Meinung fördern, daß alle weiteren Fragen ähnlich schwierig sind und damit deren Bereitschaft erhöhen, die Beantwortung abzubrechen. Das gleiche gilt auch für Fragen, deren Beantwortung als heikel oder unangenehm gelten könnte. Derartige Fragen sollten in der Mitte des Fragebogens stehen. Versuchen Sie Fragen, von denen Sie glauben, sie könnten das Interesse der Befragten anregen, an den Anfang zu plazieren. Sie erhöhen damit auf jeden Fall die Motivation, den Fragebogen bis zum Schluß auszufüllen. Erfahrungsgemäß nimmt die Konzentrationsfähigkeit der Befragten im Verlauf der Untersuchung ab. Daher sollte man an das Ende des Fragebogens nur die Fragen positionieren, die sich ohne größere Denk- und Erinnerungsprobleme beantworten lassen. Dazu gehören beispielsweise Fragen, die die Sozialdemographie der untersuchten Population (also Alter, Geschlecht, Einkommen u.ä.) ermitteln.

Zentrales Problem bei der Gestaltung von Fragebögen sind sogenannte Fragebogeneffekte (z.B. Plazierungs- und Rangfolgeeffekte u.a.). Im allgemeinen wird man ein bestimmtes theoretisches Problem nicht durch eine einzelne Frage klären können. Daher wird man versuchen, ein bestimmtes Themengebiet durch mehrere Fragen abzudecken. Diese werden dann zu thematisch zusammenhängenden Fragekomplexen zusammengestellt. Daraus ergibt sich allerdings das Problem, daß sich die einzelnen Fragen, eben weil sie in einer bestimmten Beziehung zueinander stehen, nicht nur wechselseitig, sondern auch anderen Fragekomplexe beeinflussen können. Versuchen Sie bei der Konstruktion der Fragen, diese so zu gestalten, daß die einzelnen Komplexe nicht unmittelbar aufeinander folgen. Der Fragebogen wirkt dann allzusehr "abgehackt". Es ist besser, die einzelnen Fragekomplexe mit sogenannten Übergangsfragen einzuleiten.

Bezogen auf die Ebene der Auswertung ist es wichtig, daß man bereits bei der Fragebogengestaltung eine klare Vorstellung davon hat, welche theoretischen Hypothesen man mit welchen mathematisch-statistischen Analyseverfahren auswerten will. Dabei kommt der Wahl des Skalenniveaus eine entscheidende Rolle zu. Man sollte dabei beachten, daß die gewählten Analyseverfahren nur dann sinnvolle Ergebnisse liefern, wenn die mathematisch-statistischen Prämissen nicht verletzt worden sind. Unabhängig davon, daß einige Verfahren im Hinblick auf die Verletzung dieser Prämissen robuster sind als andere, erspart man sich hinterher eine Menge Ärger, wenn man von Anfang an diese Prämissen berücksichtigt. Eine Regressionsanalyse setzt z.B. nun einmal ein Intervallniveau voraus. Will man diese verwenden, muß man die entsprechenden Fragen auf dieses Niveau hin konzipieren. Die Schwierigkeit, mit der vor allem Sozialwissenschaftler konfrontiert sind, liegt darin, daß nahezu alle kausalanalytischen Verfahren Intervallniveau voraussetzen.[10]

3.2.2.2. Die optische Gestaltung des Fragebogens

Einen nicht unwesentlichen Teil seiner Arbeit wird man darauf verwenden, den Fragebogen so zu gestalten, daß seine optische Wahrnehmung die Bereitschaft, den Fragebogen überhaupt auszufüllen, fördert. Ein wichtiger und oft vernachläßigter Gesichtspunkt ist die graphische Gestaltung des Fragebogens. Hier kommt es darauf an, den Fragebogen graphisch so zu gestalten, daß diejenigen, die ihn ausfüllen sollen, dies ohne größere Mühe und Verständnisschwierigkeiten tun können. Achten Sie beispielsweise darauf, daß die vorgegebenen Antwortkategorien dem dazugehörenden Item eindeutig zuzuordnen sind. Hier gilt es vor allem darauf zu achten, nicht zuviele Fragen auf eine Seite zu plazieren. Der Gewinn an Platz, den Sie durch die kompaktere Darstellung erhalten, steht in keinem Verhältnis zu der Gefahr des Abbruchs der Befragung, der durch die Verärgerung über die Unübersichtlichkeit der Fragen verursacht sein könnte.

Insbesondere bei Fragenkomplexen wird es hin und wieder vorkommen, daß einzelne Fragen nicht für alle Befragten relevant sind. Man wird daher mit Hilfe von sogenannten Filtern, diejenigen Befragten über Fragen hinwegleiten, die nicht von ihnen beantwortet werden sollen. Filter werden vor allem dann eingesetzt, wenn man sicher gehen will, daß nach einer trennenden Merkmalsausprägung die nachfolgenden Fragen nur von denjenigen beantwortet werden, auf die diese Ausprägung auch tatsächlich zutrifft (respektive nicht zutrifft). Achten Sie darauf, daß der Text des Filters deutlich vom Fragetext abgesetzt ist.

Ein weiteres wichtiges Kriterium für die Qualität eines Fragebogens ist seine datentechnische Aufbereitung. Hier geht es vor allen darum, diesen so zu gestalten, daß sich die Ergebnisse möglichst leicht vom Fragebogen in den Computer übertragen lassen. Es gilt zu

---

[10]   Die Schwierigkeit liegt nun darin, daß es bei sozialwissenschaftlichen Untersuchungen nur sehr wenig Items gibt, die die Bedingungen für Intervallniveau erfüllen. In den allermeisten Fällen hat man es mit Ordinal- oder Nominalniveau zu tun. Wir werden im Verlauf der Arbeitssitzungen auf dieses Problem noch näher eingehen.

beachten, daß der Fragebogen so gestaltet sein muß, daß die abgegebenen Antworten möglichst einfach kodiert und redigiert werden können. Dazu gehört beispielsweise, daß der Fragebogen am rechten Rand einen genügend breiten Raum hat, in den die entsprechenden Codes der Antworten übertragen bzw. Editierhilfen vermerkt werden können. Der Aufwand, die Fehler zu korrigieren, die durch eine unübersichtliche Vercodung entstanden sind, ist wesentlich größer, als derjenige, den Sie haben, wenn Sie den Fragebogen übersichtlich gestalten.

3.2.3. Ziehung einer Stichprobe

Oft ist es weder möglich noch sinnvoll, eine Grundgesamtheit (Gesamtpopulation) zu erheben. Daher ist man in der empirischen Forschung recht bald dazu übergegangen, nach festgelegten mathematisch-statistischen Methoden, Stichproben aus der Grundgesamtheit zu ziehen. Man verfolgt dabei zwei grundlegende Intentionen. Einerseits sollen **Hypothesen entwickelt** werden, die es ermöglichen, generalisierende (verallgemeinernde) Rückschlüsse von der Stichprobe auf die Grundgesamtheit zu ziehen (Repräsentationsschluß), andererseits sollen **Hypothesen** an der Stichprobe **getestet** werden, die sich dann auf die Grundgesamtheit übertragen lassen (Inklusionsschluß). Der Vorteil einer derartigen Vorgehensweise ist, daß man mit einem vergleichsweise geringen Aufwand an Zeit und Geld recht genaue Aussagen über die Grundgesamtheit machen kann. Die zentrale Forderung, die man an eine Stichprobe zu stellen hat, ist, daß sie in ihrer Struktur soweit wie nur irgend möglich die Grundgesamtheit abbildet. Je höher der Grad der Übereinstimmung zwischen Stichprobe und Grundgesamtheit ist, desto höher ist der Grad der Güte der Stichprobe. Mit diesem steigt auch die Übertragbarkeit der ermittelten Ergebnisse.

3.2.4. Der Pretest

Beim Pretest handelt es sich um eine Voruntersuchung an einer begrenzten Zahl von Versuchspersonen, die in ihrer Zusammensetzung in etwa der der endgültigen Stichprobe entspricht. Damit soll geprüft werden, ob das theoretische Konzept und die entwickelten Instrumente auch wirklich die erhofften Ergebnisse erzielen können. Je komplexer eine Untersuchung ist, desto dringender bedarf sie einer derartigen Voruntersuchung. Fehler, die bei der Fragebogengestaltung (z.B. mißverständliche Formulierungen), bei der Stichprobenzusammenstellung (eine bestimmte Art von Personen ist nicht erreichbar) oder bei der Kodierung (ein Teil der abgegebenen Antworten fällt aus der gewählten Kodierung heraus) gemacht wurden, lassen sich in dieser Phase noch korrigieren.

3.2.5. Die Datenerhebung

Je nach gewählter Erhebungsmethode werden die einzelnen Schritte in dieser Phase des Forschungsprozesses unterschiedlich ausfallen. Bei einer Inhaltsanalyse wird man mit völlig anderen Problemen konfrontiert sein als bei einer teilnehmenden Beobachtung. Sie unterscheiden sich von der terminlichen Planung, bis hin zur Wahl der benötigten Hilfsmittel. Bei einer schriftlichen Befragung müssen zunächst die Fragebögen (evtl. unter Zuhilfenahme von Textverarbeitungsprogrammen und Desktop-Publishing-Programmen) gestaltet und anschließend gedruckt werden. Danach werden sie kuvertiert und mit den aus der Stichprobe gezogenen Adressen versehen. Je nach den zur Verfügung stehenden Ressourcen wird man den Rücklauf der versandten Fragebögen kontrollieren. Daraus läßt sich die Rücklaufquote (das Verhältnis zwischen versandten und zurückgekehrten Fragebögen) berechnen. Nimmt diese nur sehr zögernd zu und erreicht sie nicht nach der projektierten Zeit ihr Soll, so wird man im allgemeinen versuchen, diese durch wiederholtes Anschreiben und Anmahnen der Befragten zu erhöhen. Erst dann, wenn die Rücklaufquote eine angemessene Höhe erreicht hat, ist die Phase der Datenerhebung beendet.

3.2.6. Die Datenanalyse

Erst durch die Datenanalyse werden aus Daten Informationen. Daher wird das Hauptaugenmerk des Forschers besonders auf dieser Phase ruhen. Die Datenanalyse vollzieht sich dabei in zwei Schritten: der **Datenaufbereitung** und der **Datenauswertung**.

3.2.7. Die Datenaufbereitung

Bevor man mit der eigentlichen Auswertung beginnen kann, müssen die erhobenen Daten in eine Form gebracht werden, die der Computer und das Datenanalysesystem "verstehen". Zwei grundlegende Arbeitsgänge sind dazu notwendig. Zum einen müssen die Daten vom Fragebogen auf einen Datenträger (Lochkarten, Magnetbänder, Disketten), den der Computer "lesen" kann, übertragen werden. Anschließend wird man prüfen müssen, ob bei der Eingabe oder Übertragung der Daten keine Fehler gemacht wurden bzw. diese korrigieren. Am Ende dieser Phase steht der **bereinigte Datensatz**. Die Datenaufbereitung vollzieht sich dabei in vier Arbeitsschritten (vgl. Abb.2). Wir unterscheiden zwischen:

a) **der Datencodierung**
b) **der Datenaufnahme**
c) **der Prüfung und Korrektur der Daten**
d) **der Gewichtung der Daten**

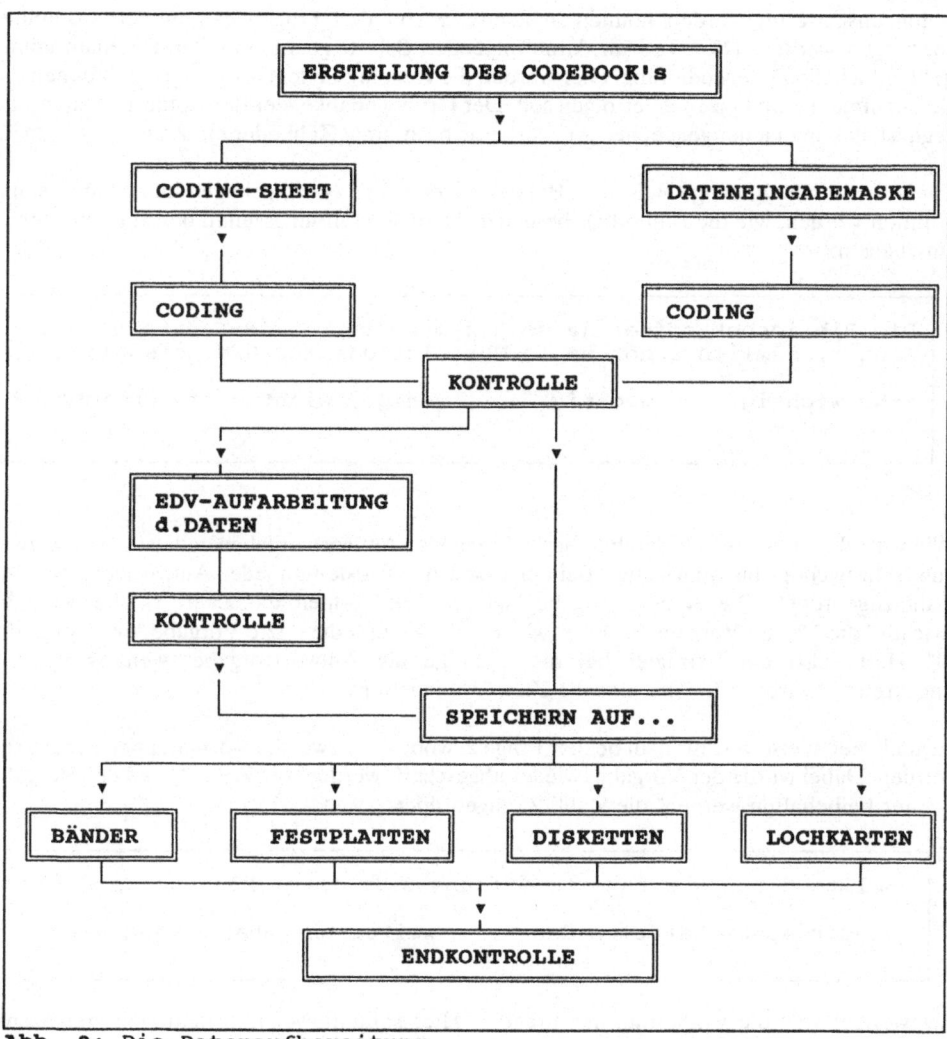

Abb. 2: Die Datenaufbereitung

3.2.7.1. Die Datencodierung

In dieser Phase befindet sich der Datensatz noch im Rohzustand. Das heißt, die abgegebenen Fragebögen liegen uns in ausgefüllter, aber noch nicht bearbeitbarer Form vor. Bevor die Daten ausgewertet werden können, müssen sie von den Fragebögen in den Computer übertragen werden. Dies wird im darauffolgenden Schritt getan. Vor der Datenaufnahme steht jedoch die Datencodierung. Hier werden die Regeln (Codes) festgelegt, nach denen die Datenaufnahme im einzelnen erfolgen soll. Der Grundgedanke, der der Kodierung zugrunde liegt, ist, daß man jeder gegebenen Antwort eine bestimmte Zahl oder ein Zeichen zuordnet.

Zur Verdeutlichung einige Beispiele. Bei der ersten Frage (s. Fragebogen im Anhang) sollte ermittelt werden, wie die Bibliotheksbesucher die neuen Öffnungszeiten der Stadtbibliothek einschätzen:

```
Die Bibliothek öffnet ja seit dem September 1986 eine Stunde
früher, nämlich schon um 10 Uhr. Ist das für Sie persönlich...

sehr wichtig        wichtig        weniger wichtig        unwichtig?
```

Wie wir sehen können, wurden bei dieser Frage vier Antwortvorgaben zugelassen, und zwar von "sehr wichtig" bis "unwichtig". Bei der Codierung wurde nun jeder Antwortvorgabe eine Zahl zugeordnet. Die Antwortvorgabe "sehr wichtig" erhielt die Zahl "1", die Vorgabe "wichtig" die "2", die Vorgabe "weniger wichtig" die "3" und die letzte Vorgabe "unwichtig" die "4". Hatte also ein Befragter bei dieser Frage die Antwortvorgabe "weniger wichtig" angekreuzt, so wurde für ihn hier die Zahl "3" eingetippt.

In ähnlicher Weise verfuhr man bei der Frage 2, wobei hier zwei Antwortvorgaben zugelassen wurden. Dabei wurde der Vorgabe "wieder abgeschafft werden" die Zahl "1" und der Vorgabe "weiter beibehalten werden" die Zahl "2" zugeordnet.

```
Sollte diese verlängerte Öffnungszeit Ihrer Meinung nach ...

wieder abgeschafft werden        weiter beibehalten werden?
```

Schwieriger war die Codierung der Frage 3. Hier sollten zwei Informationen gleichzeitig ermittelt werden. Zum einen interessierte uns der Tag, an dem die Bibliothek **zusätzlich** genutzt werden sollte, zum andern die Uhrzeit. Wir haben das Problem dadurch gelöst, indem wir zunächst jedem Tag (bis auf Sonntag) eine Zahl zugeordnet haben. Der Montag bekam die "1", der Dienstag die "2" usw. Das Problem der Uhrzeit wurde in der Weise gelöst, daß die Bibliotheksbesucher vorab aufgefordert wurden, die Uhrzeit anzukreuzen, von wann bis wann sie die Bibliothek auch außerhalb der regulären Öffnungszeiten benutzen wollten (V31). Die angekreuzten Zahlen wurden dann direkt eingegeben. In der gleichen Weise gingen wir bei der Frage nach der tatsächlichen Nutzungsdauer der Bibliothek (V32) vor. Zur Verdeutlichung werden wir den in der unteren Abbildung markierten Fall besprechen.

```
   V1 V2        V3   V31    V32

    1  2         .  99999  99999

    2  2         .  11416  51315

    4  2         .  71920  99999
    1  2         .  99999  99999
    2  2         .  61314  99999
    2  2         .  11019  99999
    4  9         .  11416  60910
```

Abb. 3: Auszug aus der Datenmatrix

Der Person im markierten Feld wurde bei der Variablen V31 die Merkmalsausprägung "11416" zugeordnet. Aufgeschlüsselt bedeutet dies folgendes: Die entsprechende Person möchte die Bibliothek, zusätzlich zu den regulären Öffnungzeiten, auch am Montag (=1) in der Zeit zwischen 14 und 16 Uhr (=1416) benutzen. Dieselbe Person gibt bei der Frage nach der persönlichen Bibliotheksnutzung (V32) an, daß sie diese am häufigsten am Freitag (=5) in der Zeit zwischen 13 und 15 Uhr (=1315) besucht.

Es gibt natürlich eine Vielzahl von Möglichkeiten, Daten zu codieren. Grundsätzlich sollte die Codierung so erfolgen, daß sie den späteren Erfordernissen der Datenanalyse nicht im Wege steht. Dabei gilt es vor allem zu berücksichtigen, daß jegliche Aggregation von Daten (z.B. das Zusammenfassen der Altersangabe zu Altersklassen) zu irreparablem Informationsverlust führt. Daher sollte man bei der Anwendung dieses Verfahrens sehr umsichtig sein. Auf jeden Fall ist zu empfehlen, sich ein Code-Buch (Codebook) anzulegen. Unter einem Code-Buch versteht man die Zusammenstellung aller Kodes, nach denen jede einzelne Frage vercodet worden ist. Dies ist nicht nur wegen der größeren Übersichtlichkeit (die wiederum die Fehlerhäufigkeit senkt) hilfreich. Es ist vor allem unerläßlich für diejenigen, die die Daten später eingeben sollen, da es ihnen jederzeit die Möglichkeit bietet, sich schnell über die Vercodung jeder einzelnen Frage zu informieren.

Je nach technischer Ausstattung wird man nun entweder Codeblätter (Coding sheets) oder Dateneingabemasken entwerfen. Beim ersteren handelt es sich um mit Raster versehene Blätter, in die die abgegebenen Antworten übertragen werden; erst anschließend werden diese dann in den Computer eingetippt. Das etwas umständliche Verfahren hat den entscheidenden Vorteil, daß die Kontrolle der Verkodung recht einfach ist. Zwei von einander unabhängige Personen übertragen die Daten auf die coding-sheets, die dann anschließend miteinander verglichen werden. Wesentlich weniger arbeitsintensiv und vor allem zuverlässiger ist die Eingabe der Daten mit Hilfe von Dateneingabemasken. Dabei handelt es sich um Programme, mit deren Hilfe es möglich ist, eine Art nachgebildeten Fragebogen auf dem Monitor des Computers zu erzeugen. Die Eingabe der Daten erfolgt hier direkt vom

Fragebogen in den Computer. Besonders interessant ist die Möglichkeit, die Felder, in die die Daten eingetragen werden, mit logischen Verknüpfungen zu belegen. Dazu ein Beispiel: Bei der Frage nach dem Geschlecht des Befragungsteilnehmers wird man in der Regel drei Antwortvorgaben zulassen, also beispielsweise die "1" für "weiblich", die "2" für "männlich" und die "9" für "keine Antwort". Würde nun bei der Dateneingabe die Zahl "3" eingetippt, so würde das Programm dies verweigern und uns auffordern, die Eingabe zu überprüfen und korrekt zu wiederholen.

3.2.7.2. Die Datenaufnahme

Jetzt erst können die Daten von den Fragebögen auf den Datenträger übertragen werden. In der Regel wird diese Übertragung immer noch von Hand, also durch Abtippen geschehen. Erst in den letzten Jahren haben sich sogenannte elektronische "Klarschriftleser" durchgesetzt, die in der Lage sind, die Daten direkt vom Fragebogen auf den Datenträger zu übertragen.

3.2.7.3. Die Korrektur der Daten

Nachdem nun die Daten vercodet und in den Computer übertragen worden sind, müssen sie auf Vollständigkeit und Richtigkeit überprüft werden. Dabei gilt es zwei Arten von Fehlerquellen zu berücksichtigen. Zum einen Fehler, die durch eine falsche Dateneingabe entstanden sind: Beispielsweise, wenn bei einer Frage, bei der nur vier Antwortvorgaben zugelassen sind, auf einmal ein weiteres fünftes Merkmal auftaucht. Solange ein Fehler derartig auffällig ist, ist die Korrektur recht einfach. Schwieriger wird es, wenn Fehler gemacht werden, die innerhalb des Wertebereichs liegen und sich daher nur schwer identifizieren lassen. Zwar hat man auch hier die Möglichkeit, durch eine Verknüpfung von Bedingungen bestimmte Fehleingaben zu erkennen, doch sind diese nur begrenzt zuverlässig.[11]

Besonderes Augenmerk, und damit wären wir beim zweiten Punkt, muß man auf die Behandlung fehlender Werte legen. Da man bei einer freiwilligen Teilnahme an der Befragung

---

[11]   Man kann z.B. aufgrund des Vergleichs von Schriftproben überprüfen, ob eine Person den Fragebogen mehrmals ausgefüllt hat. Dies wird, wie man sich leicht vorstellen kann, umso schwieriger, je größer die verwendete Stichprobe ist. Eine weitere technische Möglichkeit der Fehleridentifikation ist die logische Verkettung von Antworten. Dies läuft in der Regel über Wenn-Dann-Verküpfungen ab. Man könnte sich z.B. diejenigen Personen heraussuchen lassen, die bei der Angabe der Schulbildung "Grund- und Hauptschule" und gleichzeitig bei der Berufstätigkeit "Universitätsprofessor" angegeben haben. Dem Kontextbezug des Fragebogens entsprechend, müßte man eine der beiden Antworten korrigieren.

immer wieder davon ausgehen muß, daß bestimmte Fragen nicht beantwortet werden (z.B. heikle Fragen), oder, daß eine bestimmte Art von Personen überhaupt nicht bereit ist zu antworten (wenn sie z.B. Nachteile durch die Beantwortung erwarten), können beträchtliche Verzerrungen des Datenmaterials entstehen. Dies ist umso problematischer, als etliche Verfahren der Datenanalyse einen vollständigen Datensatz voraussetzen. Zwar gibt es auch zu diesem Problem einige pragmatische Korrekturverfahren, doch auch für sie gilt was oben angeführt worden ist, nämlich nur begrenzte Anwendbarkeit und Zuverlässigkeit. Letztendlich ist auch hier zu sagen, daß man für die Bereinigung des Datensatzes sehr viel Fingerspitzengefühl und empirische Erfahrung braucht, um sie korrekt durchzuführen.

3.2.7.4. Die Gewichtung der Daten

Wie wir im vorausgegangenem Abschnitt erfahren haben, stellt die Behandlung fehlender Werte ein wichtiges Problem der empirischen Forschung dar. Die Gründe für die Verzerrung der Stichprobe können dabei unterschiedlichster Art sein. Sie reichen von nicht zustande gekommenen Interviews bis hin zur mißverständlichen und daher nicht beantwortbaren Formulierung bestimmter Fragen. Problematisch sind diese Ausfälle besonders dann, wenn sie systematischer Natur sind. Diese führen zwangsläufig auch zu einer systematischen Verzerrung der Antwortverteilung und entwerten die Analyse in einer nicht vertretbaren Weise. Daher wird man versuchen, so viele dieser Verzerrungen wie möglich zu beseitigen. Dafür verwendet man bestimmte Ausgleichsverfahren, bei denen spezifische Gewichtungsfaktoren gebildet werden, die die Sollgröße bestimmter Subpopulationen mit der tatsächlich erwarteten Istgröße vergleichen und bei Bedarf einander angleichen. Ziel derartiger Verfahren ist es, die Repräsentativität der Stichprobe weitestgehend wiederherzustellen.

3.2.8. Die Datenauswertung

Kommen wir nun zum vorletzten Schritt des empirischen Forschungsprozesses. Das Ziel einer Auswertung ist es, diesen nun bereinigten Datensatz daraufhin zu überprüfen, ob die aufgestellten Hypothesen auch tatsächlich zutreffen. Die Auswertung sollte sich, unter Berücksichtigung methodologischer Kriterien, daher immer hypotheseorientiert vollziehen. Ein mehr oder weniger planloses Suchen nach Zusammenhängen oder Unterscheidungen ist letztlich nicht nur sehr zeitaufwendig, sondern vor allem unter methodischen Gesichtspunkten äußerst fragwürdig. Gerade in dieser Phase zeigt es sich besonders deutlich, ob die in der Phase der Theoriebildung entwickelten Hypothesen so umfassend und eindeutig formuliert worden sind, daß sie sich für eine sinnvolle Auswertung eignen. Daher ist es gerade hier unvermeidlich, immer wieder Rückbezüge zur Theorie herzustellen und diese den empirischen Erkenntnissen anzupassen (vgl. Abb.4).

Generell stehen uns bei der Auswertung der Daten zwei mögliche Ansatzpunkte zur Verfügung: einerseits die deskriptive und andererseits die induktive Analyse. Dies ist natürlich nicht so zu verstehen, daß man sich für eine der beiden entscheiden muß. Vielmehr bilden beide zusammen erst eine sinnvolle Grundlage zur Analyse der Problemstellung.

3.2.8.1. Deskriptive Datenanalyse

Der Kerngedanke, der hinter der deskriptiven Analyse steht, ist die Notwendigkeit der Zusammenfassung von Informationen. Da man in der Regel weder in der Lage noch daran interessiert ist, umfangreiche Einzelinformationen aus einem bearbeiteten Datensatz zu verarbeiten, greift man auf vereinfachende mathematisch-statistische uni- und multivariate Verfahren der Informationsreduktion (z.B. Mittelwertberechnung, Varianzanalyse etc.) zurück. Erst durch diese komprimierende Beschreibung wird es möglich, Informationen aus dem Datensatz überhaupt zu erfassen und zu bewerten. Hier ein kurzer Überblick über die Methoden der deskriptiven Datenanalyse:

* Überprüfung der Häufigkeitsverteilung

Der erste Schritt bei der deskriptiven Analyse wird normalerweise darin bestehen, sich einen ersten Überblick über die Verteilung innerhalb der Variablen zu verschaffen. In der Regel werden die einzelnen Merkmalsausprägungen mit unterschiedlichen Fallzahlen belegt sein. Jede Variable verfügt daher über eine spezifische, auf die Stichprobe bezogene empirische Häufigkeitsverteilung. Diese gibt nun mit Hilfe von absoluten oder prozentualen Häufigkeiten an, wie die erhobenen Merkmalsträger über die einzelnen Merkmalsausprägungen verteilt sind.

* Univariate Kennwerte

Univariate Kennwerte werden dazu eingesetzt, die Häufigkeitsverteilung einer Variablen mit Hilfe einer komprimierten statistischen Größe zu beschreiben. Hier spielen vor allem der **Mittelwert** als ein Maß für die Lage der Verteilung und die **Standardabweichung** als ein Maß für die Abweichung einer individuellen Ausprägung von diesem Mittelwert eine zentrale Rolle.

* Kreuztabellen

Mit Hilfe einer Kreuztabelle versucht man, das Verhältnis von zwei (oder mehr) Variablen zueinander zu beschreiben. Man geht dabei der Frage nach, inwieweit ein Zusammenhang zwischen zwei (oder mehr) Variablen besteht, und falls er besteht, wie dieser geartet ist.

* Bivariate Kennwerte

Bivariate Kennwerte repräsentieren statistische Größen, mit denen man die Abhängigkeit von Variablen beschreiben kann. Je nach Skalenniveau der Variablen stehen die drei folgenden Zusammenhangsmaße zur Verfügung: **Assoziationsmaße, Kontingenz- und Korrelationskoeffizienten.**

* Multivariate Analysemethoden

Insbesondere bei der Analyse komplexer Probleme kommt man nicht umhin, sich multivariater Analysemethoden zu bedienen. Es liegt in der Natur komplexer Probleme, daß ihre Struktur nur bedingt einsichtig ist. In der Regel hängen konkrete Meinungen und Einstellungen von Personen nicht nur von einer einzigen Einflußgröße ab. Schon aus dem eigenen Erfahrungsbereich wissen wir, daß mehrere unterschiedliche Faktoren unseren Meinungsbildungsprozeß beeinflußen. Will man nun das Beziehungsgeflecht zwischen diesen einzelnen Faktoren beschreiben, so ist man sehr schnell an der Grenze dessen, was man "per Augenschein" erfassen bzw. erklären kann. Hier setzen die multivariaten Analysemethoden ein.

Regressionsanalyse, Faktorenanalyse und **Diskriminanzanalyse** sind typische Verfahren in diesem Bereich. Die Wahl der Analysemethode hängt zunächst von dem zur Verfügung stehendem Skalenniveau ab. Da das Ziel multivariater Verfahren zunächst einmal darin besteht, einen zu untersuchenden Sachverhalt in möglichst komprimierter Form darzustellen, gleichzeitig aber den Informationsverlust, der sich aus der Reduktion der urspünglichen Einzelaspekte ergibt, so gering wie möglich zu halten, wird die letztendliche Entscheidung, für welches Verfahren man sich entscheidet, davon abhängen, mit welchem man die optimalsten Ergebnisse erzielt.

3.2.8.2. Induktive Datenanalyse

Bei der induktiven Analyse fragen wir nach der Verallgemeinerbarkeit der durch die Studie ermittelten Ergebnisse auf die Gesamtpopulation. Wir verwenden dabei als Analysemethoden vor allem unterschiedliche Schätz- und Prüfverfahren. Da wir im weiteren Verlauf des Buches nicht weiter auf diesen Bereich der Datenanalyse eingehen, begnügen wir uns mit dieser kurzen Anmerkung.

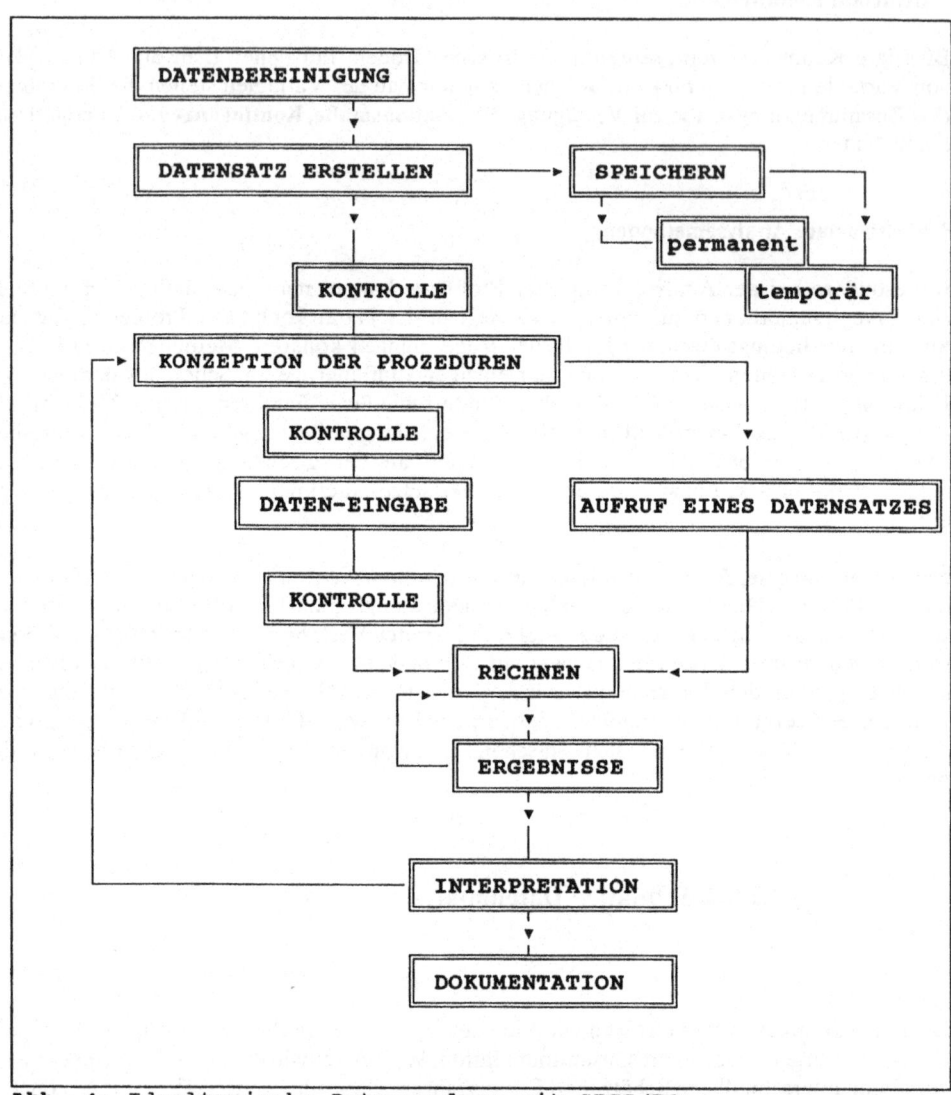

Abb. 4: Idealtypische Datenanalyse mit SPSS/PC+

4. Systematik der SPSS/PC+ Befehlssprache

Wenn man mit SPSS/PC+ arbeiten will, sollte man beachten, daß die Befehle, mit denen man SPSS/PC+ anweist, für uns irgend etwas zu tun, ganz spezifischen syntaktischen Regeln unterworfen sind. Es handelt sich dabei um eine in einem hohen Grad standardisierte und formalisierte Befehls-"Sprache". Sie orientiert sich an der englischen Umgangssprache. Man kann dadurch relativ schnell erkennen, wozu ein Befehl dient. Der hohe Grad der Standardisierung und des sich daraus ergebenden Formalismus hat den Vorteil, daß die einzelnen Befehle bzw. Befehlsketten[12] relativ einfach aufgebaut werden können. Oft genügen nur einige wenige Befehlskürzel, um umfangreiche Datenanalysen aufzurufen. Andererseits hat dies zur Folge, daß selbst kleinste Abweichungen von dieser spezifischen Syntax vom System als Fehler interpretiert und mit dem Abbruch des laufenden Programms, sowie der Ausgabe von Fehlermeldungen beantwortet werden. Dabei ist es für SPSS/PC+ im Prinzip unerheblich, ob man beispielsweise einen Rechtschreibfehler oder einen Fehler bei dem formalen Aufbau eines Befehls begangen hat. Beide werden in gleicher Weise vom System beantwortet und zwar mit der Ausgabe von Fehlermeldungen. Wie jeder Einsteiger werden auch Sie relativ schnell erkennen, daß Computersysteme bzw. deren "Sprachen" manchmal sehr inflexibel sind. Deshalb wurde SPSS/PC+ als ein interaktives System konzipiert. Das bedeutet, daß unmittelbar nach jeder abgeschlossenen Befehlseingabe eine systemimmanente Überprüfung der Eingabesyntax erfolgt. Findet das System keinen Fehler, so führt es die gewünschte Prozedur bzw. Operation[13] durch, oder es meldet mit der Ausgabe des Bereitschaftszeichens (prompt), daß es für die Entgegennahme weiterer Befehle bereit ist. Wird dagegen ein Fehler entdeckt, so erhält man vom System sofort eine **Fehlermeldung**. Mit dieser wird man darauf aufmerksam gemacht, daß der eingegebene Befehl nicht korrekt ist und dementsprechend nicht bearbeitet werden kann. Man kann dadurch den Fehler lokalisieren und sofort korrigieren. Da man besonders als Anfänger sicherlich des öfteren Fehler machen wird, kommt der Ausgabe von Fehlermeldungen eine wichtige Bedeutung zu. Darum werden Sie bei einigen Sitzungen diese Meldung durch beabsichtigte Fehler ganz bewußt erzeugen und sie anschließend exemplarisch besprechen und korrigieren. Auf diese Weise werden Sie auch lernen, worauf es bei der Befehlseingabe ankommt, und wie man Fehler vermeidet.

---

[12]   Unter Befehlsketten versteht man die Möglichkeit, mehrere Befehle, Unterbefehle und Spezifikationen miteinander zu verknüpfen. Sie können dabei über mehrere Zeilen hinweg geschrieben werden.

[13]   Der Unterschied zwischen einer Prozedur und einer Operation wird in Kapitel 6.0 erklärt.

5. Syntaktische Unterschiede zwischen den Versionen 1.0, 2.0 und 3.0 von SPSS/PC+

Im Prinzip besteht hinsichtlich der Syntax zwischen der Version 1.0 und 2.0/3.0 kein grundlegender Unterschied. Die nachfolgenden Regeln für den Aufbau und die Modifikation der SPSS/PC+ Befehle gelten also im vollem Umfang für beide Versionen. Dennoch haben die neueren Versionen (zumindest für den Einsteiger) durch ihre Menüsteuerung mehrere entscheidende Vorteile (vgl. auch Kapitel 9). Dadurch, daß man mit Hilfe der Menüsteuerung quasi im Baukastenprinzip die einzelnen Befehle und Befehlsketten Schritt für Schritt zusammensetzen kann, lassen sich vor allem Rechtschreibfehler und Fehler beim Aufbau der Befehle weitestgehend vermeiden. Auch finden Sie im Menü zu allen Prozeduren Beispiele für einen möglichen Aufbau und die Modifikation derselben. Dies erleichtert dem Einsteiger nicht nur die Umsetzung der z.T. doch recht komplexen Befehle, sondern hilft ihm auch bei der Orientierung, wann welcher Befehl wo eingesetzt wird. Dadurch, daß einem die Funktion der einzelnen Befehle, Unterbefehle und Spezifikationen auf dem Bildschirm erklärt wird, erspart man sich das zeitraubenden Nachschlagen in dem SPSS/PC+ Handbuch. Dies gilt jedoch nur für den Anfang. Sowohl aus Platzgründen, aber auch wegen der Übersichtlichkeit, werden jeweils nur einfache Beispiele vorgestellt. Je gezielter man die Analyseverfahren einsetzen will, um so mehr wird auch der Grad der Komplexität der Befehlseingabe ansteigen. Man wird es daher mit der Zeit nicht umgehen können, doch öfter mal im SPSS/PC+ Handbuch nachzuschlagen.

Die Nachteile der Menüsteuerung liegen in der etwas umständlichen und zeitraubenden Vorgehensweise bei der Zusammenstellung und Spezifikation der Befehle. Dies macht sich besonders bei umfangreichen Befehlsketten, bei denen man des öfteren nach vorn bzw. wieder zurückspringen muß, bemerkbar. Andererseits ist man durch die Menüsteuerung z.T. der Möglichkeit der Feinsteuerung beraubt. Vor allem bei der Spezifikation einzelner Unterbefehle werden teilweise nicht alle möglichen Optionen angeführt. Dadurch relativiert sich der oben angesprochene Zeitvorteil doch recht deutlich. Wenn man mit SPSS/PC+ vertrauter ist, wird man die Menüsteuerung in der Regel nicht mehr benötigen und sie ausschalten.

5.1. Die SPSS/PC+ Syntax

Die SPSS/PC+ "Sprache" setzt sich aus sprachlichen, numerischen und symbolischen Elementen zusammen. In dem nun folgenden Kapitel sollen diese und der dazugehörende syntaktische Aufbau besprochen werden. Die Sprachelemente von SPSS/PC+ lassen sich in mehrere Klassen einteilen. Wir müssen folgende Begriffsklassen unterscheiden:

```
1.) Befehle (commands)

2.) Unterbefehle (subcommands)

3.) Schlüsselbegriffe (keywords)

4.) Begrenzer (delimiters)

5.) Dateien (files)
```

ad 1.)   Unter Befehlen versteht man die Anweisung an SPSS/PC+, Daten in einer
bestimmten Weise zu bearbeiten. Es kann sich dabei um die Erstellung von
statistischen Prozeduren oder um reine Datenumformungen (z.B. Datenmodifikationen) handeln. An erster Stelle steht immer ein Schlüsselbegriff, welcher im
allgemeinen der Name des auszuführenden Befehls ist. Dieser kann nun entweder
durch einen oder mehrere Unterbefehle und/oder durch Spezifikationen ergänzt
werden. Jeder Befehl bzw. jede Befehlskette muß mit einer Endmarkierung (als
Voreinstellung dient dazu ein Punkt (.)) beendet werden. Er wird auch als "command
terminator" bezeichnet. Mit ihm signalisiert man SPSS/ PC+, daß **dieser** Befehl nun
abgeschlossen ist und keine weiteren Subbefehle oder Spezifikationen folgen.
Dementsprechend darf kein weiteres Zeichen nach ihm folgen. Erst in einer **neuen**
Eingabezeile können weitere Befehle aufgerufen werden. Man kann dabei einen
Befehl, wenn es notwendig ist, über mehrere Zeilen verteilen. Allerdings stehen
dabei nur 80 Zeichen pro Zeile zur Verfügung[14]. In der Regel können nahezu alle
syntaktischen Elemente (also alle Befehle, Unterbefehle, Operatoren etc.) durch
die ersten drei Buchstaben abgekürzt werden. Eine Ausnahme wäre hier z.B. das
Schlüsselwort **WITH**, das ausgeschrieben werden muß.

Beispielsweise kann man den Befehl:

CROSSTABS durch das Kürzel **CRO** ersetzen.

Auch ist die folgende Abkürzung zulässig:

DATA LIST FILE   =   **DAT LIS FIL** etc.

---

[14]   Dabei werden sowohl das Bereitschaftszeichen, als auch die Endmarkierung (command
terminator) mitgerechnet.

ad 2.)   Mit Unterbefehlen kann man Befehle erweitern und/oder begrenzen. Sie werden meist unmittelbar nach dem Schlüsselbegriff des Befehls gesetzt und enthalten in der Regel die auf die Variable bezogenen Spezifikationen. Unterbefehl und Spezifikation werden durch ein "=" Zeichen getrennt. Der Befehlsaufruf für eine statistische Prozedur kann entweder nur durch einen oder durch mehrere Unterbefehle ergänzt werden. Falls man mehrere Unterbefehle gleichzeitig verwendet, sollte man diese jeweils mit einem Schrägstrich (slash) voneinander abgrenzen. Teilweise sind die Schrägstriche jedoch notwendig. Wo dies der Fall ist, wird es angegeben. Dabei ist die Reihenfolge, in der die Unterbefehle angeführt werden, generell (bis auf einige Ausnahmen wie z.B. bei **REPORT**) beliebig. Auch Unterbefehle können abgekürzt werden.

Hier einige Beispiele:

FRE VAR=   steht für   **FREQUENCIES VARIABLES=**

Eine ganze Befehlskette wird man wie folgt abkürzen:

```
CRO TAB= ┐                        ┌  CROSSTABS TABLES=
/OPT=    ├──── steht für ────┤    /OPTIONS=
/STA=    ┘                        └  /STATISTICS=
```

Aber auch die folgende Eingabe ist möglich:

```
CRO TAB=┐                         ┌  CROSSTABS TABLES=
/STA=   ├──── steht für ────┤     /STATISTICS=
/OPT=   ┘                         └  /OPTIONS=
```

Dagegen ist der folgende Aufbau nicht zulässig:

```
/OPT=   ┐                         ┌  /OPTIONS=
CRO TAB=┘──── steht für ────┤     CROSSTABS TABLES=
```

ad 3.)   Schlüsselbegriffe sind alle die Begriffe, die dazu da sind, die einzelnen Elemente der SPSS/PC+ "Sprache" zu identifizieren. Also alle Befehle, Subbefehle, Funktionen, Operatoren und Spezifikationen sind Schlüsselwörter. Ein Teil der Schlüsselwörter ist ausschließlich für SPSS/PC+ reserviert und darf nicht von Hand eingegeben werden. Es handelt sich dabei vor allem um die Operatoren. Wir unterscheiden mehrere Arten von Operatoren:

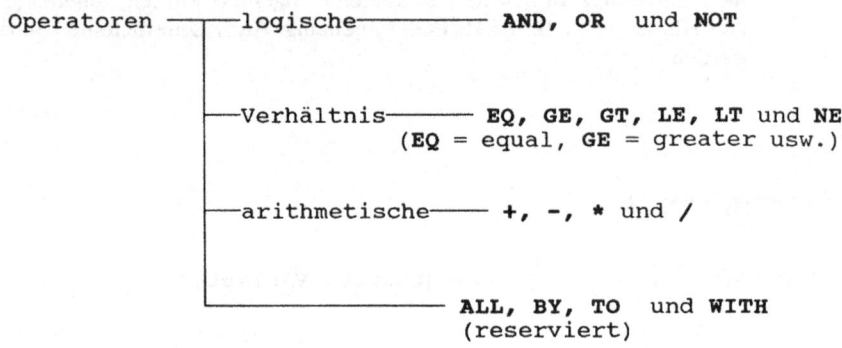

Hier zunächst einige einfache Beispiele dafür, wie Operatoren eingesetzt werden. Der Operator **TO** eignet sich beispielsweise dazu, eine Variablenliste zu erzeugen.

So hat die Eingabe:

    FREQUENCIES VARIABLES= V1 **TO** V10.

im Prinzip die gleiche Wirkung wie:

    FREQUENCIES VARIABLES= V1,V2,V3,V4,V5,V6,V7,V8,V9,V10.

Bei beiden Befehlseingaben würden Sie eine Häufigkeitsverteilung der Variablen V1 bis V10 erhalten. Auf spezifische Besonderheiten einer auf diese Art erzeugten Variablenliste gehen wir im Kapitel 9 und 10 noch intensiver ein. Sie haben aber auch die Möglichkeit, einen Operator mehrmals in einem Befehl zu verwenden. Durch die Eingabe:

    FREQUENCIES VARIABLES= V1 **TO** V2, V5 **TO** V10.

definieren Sie, daß Sie jeweils die ersten zwei und zusätzlich die Variablen V5 bis V10 ausgezählt haben möchten. Dadurch lassen sich gezielt bestimmte Variablen(-klassen) aus- bzw. je nach Bedarf eingrenzen. Das Komma in der obigen Anweisung kann, muß aber nicht gesetzt werden. Auf jeden Fall erleichtert es die Orientierung.

Operatoren können ferner auch dazu eingesetzt werden, um Variablen miteinander zu verknüpfen.

Durch die Eingabe:

CROSSTABS TABLES= V1 **BY** V2.

erhält man eine Kreuztabelle, bei der die Variable V1 mit der Variablen V2 verknüpft ist. Beachten Sie bitte ferner, daß Sie durch diese Angabe auch den Aufbau der Kreuztabelle festlegen. Die zuerst angegebene Variable befindet sich immer in der Vertikalen, die zweite, über **BY** verknüpfte, in der Horizontalen.

Daneben besteht auch die Möglichkeit, die Operatoren miteinander zu verknüpfen.

CROSSTABS TABLES= V1 **BY** V2 **TO** V10.

Eine Eingabe in der obigen Form bewirkt, daß Sie neun Kreuztabellen erhalten! Sie verknüpfen nämlich die Variable V1 mit den Variablen V2 bis V10.

Bevor wir zum Schluß noch auf zwei etwas kompliziertere Beispiele für den Einsatz von arithmetischen Operatoren und Verhältnisoperatoren eingehen, noch eine Nachbemerkung. Sie sollten unbedingt darauf achten, daß bestimmte Funktionen durchaus von unterschied- lichen Operatoren (die untereinander nicht austauschbar sind) wahrgenommen werden können. So erfolgt die **Verknüpfung** zweier oder mehrerer Variablen beim **CROSSTABS** Befehl über den Operatoren **BY**, bei der varianzanalytischen Prozedur **T-TEST** dagegen über den Operator **WITH**.

Daher ist die folgende Eingabe:

CROSSTABS TABLES= V1 **WITH** V2.

nicht zulässig und provoziert eine Fehlermeldung.

Nun zu den arithmetischen Operatoren und Verhältnisoperatoren. Nehmen Sie einmal an, daß die Variable V1 "Familieneinkommen" und die Variable V2 "persönliches Einkommen des Haushaltsvorstands" bedeuten.

Mit der folgenden Eingabe:

```
IF ((V1 - V2) GT 5000) resteink = 1
```

ziehen Sie zunächst vom "Familieneinkommen" V1 das "persönliche Einkommen des Haushaltsvorstands" V2 ab. Diese Subtraktion werden Sie über den arithmetischen Operator "-" bewerkstelligen. Anschließend würden Sie durch den Verhältnis Operator **GT** (= größer als) bestimmen, daß, wenn die Summe daraus größer ist als 5000, eine neue Variable mit dem Namen "resteink" (= Resteinkommen der Familie) gebildet wird. Dieser ordnen Sie für die verwendete Bedingung die Merkmalsausprägung "1" zu. Bei der Angabe **IF** handelt es sich **nicht** um einen Operator sondern um einen Selektionsprozedur. Wir werden im Kapitel 17 noch genauer auf sie eingehen. Um dem obigen Beispiel einen Sinn zu geben, können Sie nun eine zweite Datenselektion durchführen.
Durch die Angabe:

```
IF ((V1 - V2) LT 2000) resteink = 2
```

würden Sie der neu definierten Variablen "resteink" eine zweite Merkmalsausprägung, nämlich "2", zuordnen. Für diese würden Sie bestimmen, daß gilt: Wenn die Summe aus der Subtraktion (V1 - V2) kleiner ist als 2000 (**LT** = kleiner als), so soll ihr der Wert "2" zugeordnet werden.

ad 4.) "Begrenzer" werden dazu verwendet, einzelne Daten, Schlüsselbegriffe, Variablen und Spezifikationen voneinander zu trennen. Im allgemeinen stehen für jedes Problem spezielle Begrenzer zur Verfügung. Sie können untereinander nicht ausgetauscht werden. Schrägstriche werden dazu verwendet, Unterbefehle zu trennen. Kommata oder Leerschritte trennen Variablen oder zusammengesetzte Befehle. Anführungsstriche begrenzen frei wählbare Kommentare und Überschriften.

Auch hierzu einige Beispiele.

```
CROSSTABS TABLES= V1 BY V2 V3,V4.
```

Bei dem obigen Befehl trennen die Leerstellen vor und nach dem Operator **BY** diesen von den Variablen. Dagegen können die Variablen entweder durch eine Leerstelle oder durch ein Komma voneinander getrennt werden. Zwecks der Übersichtlichkeit der Variablenliste empfiehlt es sich, die Variablen durch ein Komma voneinander zu trennen.

Bei dem nachfolgenden Beispiel wird der SPSS/PC+ Befehl **TITLE** dazu verwendet, eine Kreuztabelle (V1 **BY** V2) mit einer Überschrift ("Benutzerbefragung der Bibliotheksbesucher") zu versehen.

```
TITLE "Benutzerbefragung der Bibliotheksbesucher".
CROSSTABS TABLES= V1 BY V2.
```

Hier dienen die Anführungsstriche als Begrenzer. Der Text, der sich zwischen den Anführungsstrichen befindet, kann natürlich beliebigen Inhalts sein. Allerdings werden maximal 58 Zeichen ausgegeben. Ist der Text länger, so wird er nach dem 58sten Zeichen abgeschnitten.

Bei dem nächsten Beispiel dient das Hochkomma als Begrenzer. Hier werden den einzelnen Variablen Variablenetiketten zugeordnet.

```
/V11 'Alter'
/V12 'Geschlecht' ...
```

Im Prinzip sind Anführungsstriche und Hochkomma austauschbar. Allerdings dürfen sie nicht miteinander kombiniert werden. Das folgende abschließende Beispiel ist also unzulässig:

```
TITLE 'Benutzerbefragung der Bibliotheksbesucher".
```

Es würde eine Warnmeldung (WARNING 415 ... Missing Closing Quote...) provozieren.

ad 5.)   SPSS/PC+ unterscheidet eine Vielzahl von Dateien. Dadurch ist es möglich, je nach Erfordernis entweder Befehle, Daten oder Ausgabelisten getrennt abzuspeichern und/oder getrennt aufzurufen. Im folgenden werden Sie die wichtigsten von ihnen kennenlernen. Hier nur ein kurzer Überblick. Im weiteren Verlauf des Buches werden die Unterschiede noch im einzelnen behandelt.

*   Die **Arbeitsdatei** (active file): Bei ihr handelt es sich um eine interne, im Arbeitsspeicher des Computers gehaltene und daher nur temporär existierende Datei. Sie setzt sich aus den Daten, den Datendefinitionen und den entsprechenden Formatanweisungen zusammen. Verläßt man das System, oder schaltet man den Computer aus, so wird sie automatisch gelöscht. Ihrer zentralen Bedeutung entsprechend, ist ihr ein gesamtes Kapitel (vgl. Kapitel 18.1.) gewidmet.

*   Die **Systemdatei** (system file): Sie enthält im Prinzip die gleichen Angaben wie die Arbeitsdatei. Bei ihr handelt es sich allerdings nicht um eine temporäre, sondern um eine permanent abgespeicherte Datei. Diese wird über den **SAVE** Befehl erzeugt (vgl. Kapitel 19).

*   Die **Datendatei** (data file): In ihr wird der gesamte Rohdatensatz abgespeichert.

*   Die **Datendefinitionsdatei** (data definition file): In ihr befinden sich die für die Datendatei notwendigen Datendefinitionen.

*   Die **Ausgabedatei** (listing file): In ihr befinden sich die durch Prozeduren erzeugten Ergebnisse.

*   Die **Befehlsprotokolldatei** (log file): In ihr sind alle während einer Sitzung verwendeten Befehle aufgezeichnet. Daneben enthält sie neben Hiweisen auf die Position der erzielten Ergebnisse (Next command's output on page   3), auch Verweise auf evtl. aufgetretene Fehlermeldungen (*** Previous line caused on error ***).

*   Die **Befehlsdatei** (scratch.pad): Sie enthält im Gegensatz zur Befehlsprotokolldatei nur die verwendeten Befehle. Sie ist nur bei der Version 2.0 von SPSS/PC+ verfügbar.

Ein Dateiname (file name) setzt sich aus maximal acht Zeichen zusammen, dann folgt ein Punkt, der diesen von der Erweiterung (extension) trennt. Diese kann aus maximal drei Zeichen zusammengesetzt sein. Beide sind grundsätzlich frei wählbar, allerdings empfiehlt es sich, sie so zu wählen, daß man durch sie auf den Inhalt zurückschließen kann. So wird die Datei "rtdata.dat" wahrscheinlich den Rohdatensatz der Befragung der Stadtbibliothek Reutlingen enthalten, während die Datei "rtdata.sys" die entsprechende Systemdatei repräsentiert.

Eine Besonderheit bilden die Protokolldateien: "spss.log", "spss.lis" und "scratch.pad". Sie werden vom System automatisch angelegt. Da es sich bei allen drei um temporäre Dateien handelt, werden sie automatisch bei jeder neuen SPSS/PC+ Sitzung überschrieben und neu angelegt. Möchte man die protokollierten Ergebnisse nicht verlieren und sie evtl. für weitere Analysen verwenden, so sollte man sie, bevor man mit einer neuen Sitzung beginnt, unbedingt mit einem neuen Namen versehen und abspeichern.

Zum Schluß noch einige Beispiele zur Aufschlüsselung der SPSS/PC+ Syntax:

```
TITLE "Universität Stuttgart".
CROSSTABS TABLES= V1 BY V2 TO V11,V14,V15.

oder

FREQUENCIES VARIABLES= V1 TO V11.
/FORMAT=ONEPAGE
/STATISTICS.

oder

SET PRINTER= ON SCREEN= OFF.
```

Alle in unserem Beispiel verwendeten Wörter sind Schlüsselwörter (sie werden dementsprechend in GROSSBUCHSTABEN und in **Fettschrift** dargestellt). Darunter fallen natürlich nicht die Variablenliste und der Text zwischen den Anführungsstrichen beim **TITLE** Befehl. Bei **CROSSTABS**, **FREQUENCIES** und **SET** handelt es sich um Befehle; bei **VARIABLES**, **TABLES** und **STATISTICS** etc. dagegen um Unterbefehle. "**PRINTER**=ON" und "**SCREEN**=OFF" sind dagegen genauso wie die Variablenliste Spezifikationen. Die Begriffe **BY** und **TO** sind reservierte Operatoren. Dabei ist beispielsweise der Operator **BY** für die Prozedur **CROSSTABS** (aber nicht **nur** für sie) reserviert. Bei der **FREQUENCIES** Prozedur ist er dagegen nicht zugelassen. Im Gegensatz dazu gilt der Operator **TO** bei beiden Prozeduren. Die Kommata in der Variablenliste, die Schrägstriche zwischen den Unterbefehlen und das Gleichheitszeichen zwischen den Unterbefehlen und der Variablenliste sind Begrenzer.

5.2. Variablen - generelle Vorgaben

Variablennamen dürfen nicht mehr als acht Zeichen enthalten. Sie können entweder aus alphanumerischen oder rein alphabetischen Zeichen zusammengesetzt sein. Neue Variablennamen können über die folgenden Befehle definiert werden: **DATA LIST, COMPUTE, COUNT** und **IF**. Zwecks der Übersichtlichkeit und schnelleren Orientierung erwies es sich als sinnvoll, Variablennamen so zu wählen, daß aus ihnen entweder auf die Reihenfolge (V1, V2, V3... V333... usw.) oder auf den Inhalt (ALTER, GESCHLE, NUTZEN usw.) zu schließen ist. Hinsichtlich der Gestaltung des Variablennamens gelten ansonsten die üblichen Beschränkungen,[15] bis auf die spezielle Vorgabe, daß das erste Zeichen einer vom Benutzer definierten Variable entweder ein Buchstabe oder das Zeichen "§" sein muß.

5.3. Systemvariablen

Neben den vom Benutzer definierten Variablen gibt es noch sogenannte Systemvariablen. Dabei handelt es sich, wie man unschwer aus dem Namen erkennen kann, um Variablen, die vom System gebildet werden. Dazu gehört die Variable: $date, mit ihr wird das Datum an dem ein spezifischer Fall (eine Beobachtung) über den **DATA LIST** eingelesen wurde gespeichert. Daneben existiert auch noch die Variable: $casesum. Diese enthält die Sequenzsumme der über die Befehle **DATA LIST** und **IMPORT** eingelesenen Fälle. Über die dritte und letzte Variable: $weight wird jedem Fall als voreingestellter Wert die Zahl "1,00" zugeordnet. Mit Hilfe des **WEIGHT** Befehls kann diese Vorgabe aufgehoben werden.

---

[15]   Die Variablennamen dürfen weder Schlüsselwörter enthalten, noch dürfen Sonderzeichen wie z.B. das Dollarzeichen "$" oder das Untersteichungszeichen "_" verwendet werden.

6. Die verschiedenen Arten von SPSS/PC+ Anweisungen

SPSS/PC+ unterscheidet drei Arten von Anweisungen (Befehlen):

```
1.) Operationen
2.) Datendefinitionen und Datenmodifikationen
3.) Prozeduren
```

ad 1.) Unter Operationen versteht man Anweisungen, die auf das Betriebssystem des verwendeten Computers Bezug nehmen. Mit ihnen kann man beispielsweise das Ausgabeformat auf dem Bildschirm oder das Druckerbild verändern.

```
Beispiel: SET SCREEN= OFF oder SET WIDTH= 24
```

So hat die Anweisung SET SCREEN= OFF zur Folge, daß die erzielten Ergebnisse zwar gerechnet werden, aber nicht auf dem Bildschirm erscheinen. Mit der Anweisung SET WIDTH= 24 verkürzen Sie das Ausgabeformat des Druckers auf 24 Zeichen pro Zeile.

ad 2.) Mit Hilfe der Datendefinitions bzw. -modifikationsbefehle werden die Rohdaten einer Untersuchung so aufbereitet, daß sie von SPSS/PC+ (in einer neuen Art) verarbeitet werden können. Das bedeutet, daß die Daten, die analysiert werden sollen, in einer vom System auch verarbeitbaren Weise[16] vorliegen müssen bzw., daß sie nachträglich in dieses Format überführt werden können. Man hat damit die Möglichkeit, bereits vorhandene Merkmalsausprägungen einer Variablen zu modifizieren oder eine neue Variable auf der Grundlage alter Variablen zu erstellen (vgl. - Kapitel 18.3.4 bis 18.3.6).

---

[16] Konkret bedeutet dies, daß sie in der Form einer Datenmatrix vorliegen müssen. Dabei stehen uns zwei Möglichkeiten des Formats zur Verfügung: das FIXED Format oder das FREE-FIELD Format (vgl. dazu Kapitel 18.3.1.1 und 18.3.1.2).

```
Beispiel: SELECT IF (V12 EQ 1).  oder

          IF (V11 LE 2 AND V12 EQ 1) JUMANN= 1.
```

ad 3.)   Unter Prozeduren versteht man spezifische statistische Datenanalysen. Darunter
fallen z.B. Häufigkeitsauszählungen, Kreuztabellen aber auch Faktorenanalysen u.ä.
Eine Prozedur muß dabei mindestens den Prozedurbefehl und eine Variablenliste
enthalten. Sie kann entweder durch weitere Unterbefehle oder Spezifikationen
ergänzt werden.

```
Beispiel: FREQUENCIES V1,V2,V3  oder

          CROSSTABS TABLES= V1 BY V2.
```

7. Die Reihenfolge der Befehle

Die Reihenfolge der einzelnen SPSS/PC+ Befehle ergibt sich primär aus der Aufgaben- bzw. Problemstellung. Die einzelnen Befehle, Unterbefehle und Spezifikationen etc. müssen demnach in der Reihenfolge angeordnet werden, in der sie später von SPSS/PC+ bearbeitet werden sollen.

Formal muß man nur die folgenden **Grundregeln** beachten:

1.) Bevor man auf eine Variable zurückgreifen kann, muß diese vorher definiert worden sein. Unter Zuhilfenahme folgender Befehle kann man einzelne Variablen oder eine komplette Variablenliste (varlist) definieren (vgl. Kapitel 18):

```
DATA LIST
GET
JOIN
AGGREGATE
IMPORT
```

Im Gegensatz dazu kann man mit folgenden Anweisunge eine einzelne Variable (neu-) definieren oder aus mehreren "alten" eine "neue" Variable erstellen (vgl. Kapitel 17):

```
IF
COUNT
COMPUTE
```

2.) Was für die Variablen gilt, ist auch für die Dateien gültig. Auch sie müssen zuerst bestimmt (initialisiert) werden, bevor auf sie zurückgegriffen werden kann.

3.) Unterbefehle, wie beispielsweise **OPTIONS, STATISTICS** und **FORMAT,** müssen unmittelbar auf eine Befehlseingabe folgen. Sie können nicht allein verwendet werden. Jeder Befehl hat eigens auf ihn bezogene Unterbefehle[17]. In der Regel können die Unterbefehle in beliebiger Reihenfolge angeordnet werden. Ist dies nicht der Fall, wird es angezeigt.

4.) Arbeitet man bei dem Einlesen der Arbeitsdatei **nicht** mit einer externen Datei (vgl. Kapitel 18), so muß der Befehl **BEGIN DATA** unmittelbar auf eine Prozeduranweisung folgen; der Befehl **END DATA** muß dagegen unmittelbar nach der letzten Dateneingabezeile erfolgen.

5.) Die Anordnung der Befehle kann die Struktur der Arbeitsdatei (activ file) von SPSS/PC+ beeinflussen. Eine permanente Datenselektion verändert die Arbeitsdatei grundsätzlich. Die Daten, die aufgrund der Datenselektion von der weiteren Analyse ausgeschlossen wurden, stehen einem für die **gesamte** Sitzung nun nicht mehr zur Verfügung. Erst durch einen erneuten Aufruf der Arbeitsdatei sind sie wieder für uns verfügbar (vgl. Kapitel 18).

7.1. Aufbau eines SPSS/PC+ Jobs

Wie im vorangegangenem Abschnitt dargelegt wurde, wird die Reihenfolge der SPSS/PC+ Anweisungen in erster Linie von der "Aufgabenlogik" der beabsichtigten Analyse bestimmt. Will man beispielsweise mehrere Subpopulationen untereinander vergleichen (vgl. Kapitel 13), so muß man diese natürlich zunächst aus der Gesamtpopulation herausfiltern und erst dann mit Hilfe anderer statistischer Prozeduren bearbeiten. Prinzipiell unterscheidet man vier Elemente eines Jobs.[18] Im allgemeinen wird ein SPSS/PC+ Job alle vier Elemente enthalten, dies ist aber **nicht** unbedingt notwendig. Dabei kann es durchaus vorkommen, daß ein

---

[17]   Dies bedeutet, daß Unterbefehle **nicht** zwischen den Befehlen vertauscht werden dürfen. Die beiden Prozeduren **CROSSTABS** und **DESCRIPTIVES** verfügen beide über die Unterbefehle: **OPTIONS** und **STATISTICS**. Nur unterscheidet sich der allergrößte Teil der Ziffern, mit denen diese spezifiziert werden können, voneinander. Während man bei der **CROSSTABS** Prozedur mit dem Unterbefehl **STATISTICS = 1** einen Chi^2-Test aufruft, erhält man mit der gleichen Unterbefehlsspezifikation der **DESCRIPTIVES** Prozedur die Ausgabe eines Mittelwertes.

[18]   Unter einem Job versteht man eine Anzahl von Anweisungen, die den Computer veranlassen, bestimmte Operationen für uns zu erledigen. Dies können reine Rechenprozesse, aber auch Datenmodifikationen sein. Bei der Einteilung orientiere ich mich an der von **SCHUBÖ/UEHLINGER (1984), S. 397f.** vorgeschlagenen Vorgabe.

Element überhaupt nicht erscheint, dafür ein anderes mehrmals. Die folgende Abbildung soll verdeutlichen, in welcher Reihenfolge die einzelnen Jobelemente angeordnet werden können[19].

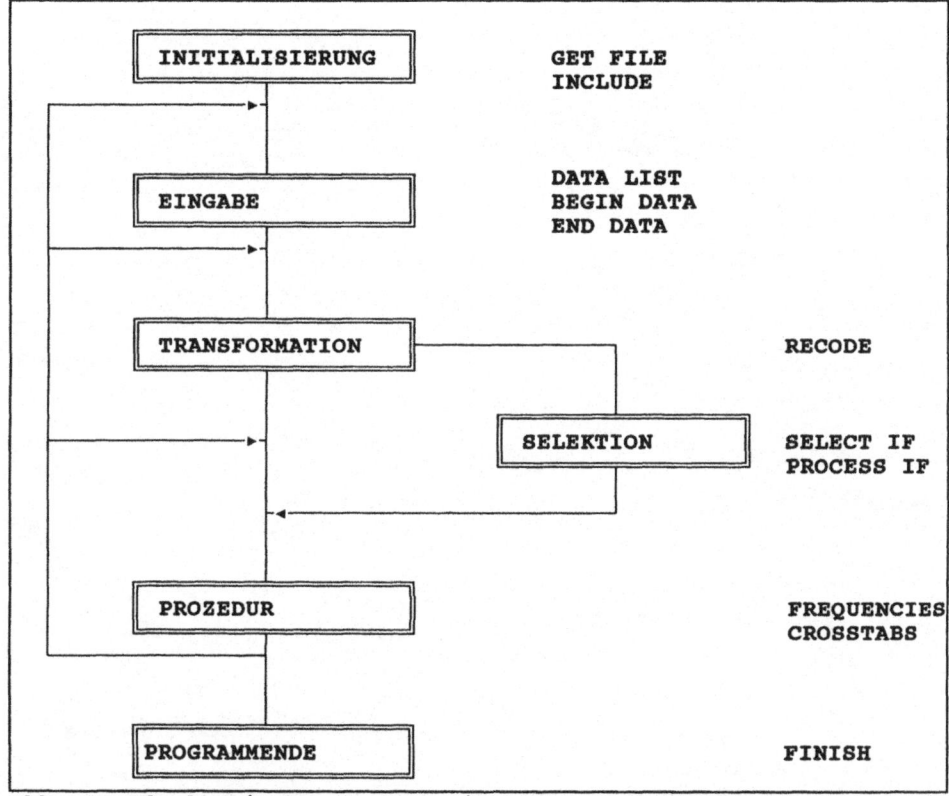

Abb. 5: Idealtypischer Aufbau eines SPSS/PC+ Jobs

---

[19]   vgl. auch hier **SCHUBÖ/UEHLINGER** S. 398

8. Der Einstieg in SPSS/PC+

Ziel dieses ersten Kapitels ist es, Ihnen zu zeigen, wie man das Datenanalysepaket SPSS/PC+ aufruft. Daran schließt sich eine kurze Einführung in die unterschiedlichen Modi, mit denen man SPSS/PC+ steuern kann, an.

Der Aufruf (man sagt dazu auch die Aktivierung) von SPSS/PC+ erfolgt bei jeder Arbeitssitzung immer in der gleichen Weise. Wir werden ihn daher nur dieses eine Mal durchführen. Bei allen anderen Kapiteln wird er als bekannt vorausgesetzt. Grundsätzlich kann man SPSS/PC+ über mehrere Modi steuern. Dem Anwender von SPSS/PC+ Version 2.0 oder 3.0 stehen drei Modi zur Verfügung. Er kann SPSS/PC+ entweder **interaktiv** oder über den **Menü-Modus** bzw. über den **Editor-Modus** steuern. Dem Anwender der SPSS/PC+ Ver. 1.0 stehen dagegen "nur" die ersten zwei Modi zur Verfügung. Worin liegen die Unterschiede zwischen den einzelnen Modi? Hier ein erster Überblick.

Unter **interaktiver Steuerung** versteht man eine Arbeitsweise, bei der die eingegebenen Befehle unmittelbar nach der Bestätigung durch die Return-Taste von SPSS/PC+ verarbeitet werden. Diese Arbeitsweise ist dann effektiv (weil besonders schnell), wenn man mit Befehlen arbeitet, die sehr einfach d.h. wenig modifiziert sind, und wenn man auf die Hilfen, die einem die Menüsteuerung zur Verfügung stellt, verzichten kann. Arbeitet man dagegen mit mehreren bzw. stark spezifizierten Befehlen oder ganzen Befehlssätzen[20], so ist diese Arbeitsweise nur bedingt anwendbar. Möchte man beispielsweise aus dem kompletten Datensatz zunächst einige Personen mit einem spezifischen Einstellungsmuster herausziehen und diese dann hinsichtlich ihrer sozialdemographischer Eigenschaften untersuchen, so bedarf es dazu zweier Arbeitsschritte. Zunächsteinmal gibt man die Bedingungen an, nach denen diese Gruppe herausgesucht werden soll. Erst wenn der erste Arbeitsgang (das Heraussuchen der Personen) abgeschlossen ist, kann man mit der Eingabe der zweiten Bearbeitungsprozedur (Ausgabe der sozialdemographischen Merkmale) weitermachen.

Beim **Editor-Modus** hat man dagegen die Möglichkeit, die beiden unterschiedlichen Prozeduren zunächst zu schreiben und sie dann an SPSS/PC+ zu übergeben. Unter einem Editor versteht man daher eine Art von Schreibprogramm, mit dessen Hilfe man SPSS Befehle schreiben, verändern und korrigieren (kurz editieren) kann. Zusätzlich zu diesen beiden Modi verfügt SPSS/PC+ ab Version 2.0 über die sogenannte **Menü Steuerung**.[21] Hier werden die SPSS/PC+ Befehle über eine Benutzeroberfläche in einer Art Baukastensystem zusammensetzt, d.h., die einzelnen Befehle sind in den entsprechenden Menüs bereits fertig geschrieben und müssen nur noch Stück für Stück zusammengesetzt werden.

---

[20]   Beziehen sich mehrere Befehle unmittelbar aufeinander, so werden diese als Befehlssatz bezeichnet.

[21]   Die Hauptunterschiede bestehen vor allem darin, daß die Version 2.0 und 3.0 über eine deutsche Benutzeroberfläche, mit deren Hilfe man quasi im Baukastenprinzip die SPSS Anweisungen zusammensetzt, verfügt. Daneben wurden die Oberfläche und der Aufbau des Editors grundlegend verändert, die Hilfsfunktion **HELP** wurde völlig neu konzipiert und der **REPORT** Befehl in wesentlichen Punkten neu gestaltet.

Falls Sie nun verwirrt sind über die zahlreichen Möglichkeiten und Modi, mit denen Sie SPSS/PC+ steuern können, so sollte Sie dies nicht beunruhigen. Im weiteren Verlauf der Arbeit und zunehmender Vertrautheit mit dem Analysesystem werden Ihnen die Unterschiede und Besonderheiten der einzelnen Modi immer deutlicher werden. Generell kann man davon ausgehen, daß jeder Modus seine spezifischen Vorteile bzw. Nachteile hat. Je nach individueller Neigung bzw. Art der gestellten Aufgabe, werden Sie "Ihre" persönliche Arbeitsweise mit SPSS/PC+ entwickeln.

Noch eine abschließende Anmerkung. Im Prinzip kann man davon ausgehen, daß die einzelnen SPSS/PC+ Befehle in allen Versionen gleich geblieben sind.[22]

Nur die Art des Aufrufes und des Zusammenfügens hat sich geändert. Diese Buch richtet sich primär an die Anwender, die über die neuste Version (SPSS/PC+ Version 3.0) verfügen. Von Anwendern, die über eine ältere Version verfügen, muß eine gewisse Transferleistung bei der Übertragung der einzelnen Anweisungen erwartet werden.

Die einzelnen Arbeitsschritte werden dabei im einzelnen sein:

1.) Wechseln zwischen verschiedenen Datei(unter-) verzeichnissen.
2.) Erstellen eines Inhaltsverzeichnisses.
3.) Aufruf von SPSS/PC+.
4.) Einstieg in den Menü-Modus.
5.) Beenden der Sitzung.

Schalten Sie zunächst den Computer ein. In der Regel wird damit auch gleichzeitig der Bildschirm aktiviert. Sollten Sie allerdings über ein Computersystem verfügen, bei dem der Bildschirm separat eingeschaltet werden muß, holen Sie dies nach.

Unmittelbar nach dem Einschaltvorgang führt der Computer eine automatische Überprüfung seiner elektronischen Bauteile und Systemvorgaben durch. Sobald diese abgeschlossen ist, wird das

---

[22] Auch hier gibt es Ausnahmen. Ist dies der Fall, wird darauf ausdrücklich hingewiesen. Ansonsten empfielt es sich, in die Handbücher der einzelnen SPSS Versionen zu schauen.

Betriebssystem, in unserem Fall MS/DOS Version
3.3 automatisch geladen. Nach diesem Ladevor-
gang erhalten Sie einige Systemmitteilungen. Sie
werden, je nach Voreinstellung des Computers,
unterschiedlich ausfallen. Sie könnten beispielsweise so aussehen:

```
C>keybgr
C>prompt $p$g
C:\>verify on
C:\>date Datum ist: Fr.16.03.1990
Neues Datum eingeben: (tt.mm.jj):
C:\>time Zeit ist: 13.35.53,62
Neue Zeit eingeben:
```

Als Vorgabe für die weitere Arbeit soll gelten, daß das Datenanalyseprogramm SPSS/PC+
im Verzeichnis SPSS und die hier verwendeten Datendateien (rtdata.sys etc.) im Verzeichnis
rtfiles abgelegt worden sind. Weiterhin soll in die autoexec-Datei ein Pfadbefehl gesetzt
werden, der es erlaubt SPSS/PC+ aus allen Verzeichnissen heraus aufzurufen. (vgl. auch
Kapitel 20.1.2.)

Nach der letzten Systemmitteilung erhalten Sie
ein erstes Bereitschaftszeichen (prompt). Dieses
zeigt Ihnen an, in welchem Bereich, bzw. in welchem Verzeichnis des Computers Sie sich gerade
befinden. In der Regel befinden Sie sich im
Stammverzeichnis (root-directory) der Festplatte.

```
C:\>
C:\>cls
C:\>ver
IBM Personal Computer DOS-Ver-
sion 3.30
C:\>path\spss
C:\>path\;\dos
C:\>path\;\spss;\;\rtfiles
```

Die erste Schwierigkeit, die Sie zu überwinden
haben, besteht darin, aus dem Stammverzeichnis
in das Unterverzeichnis zu wechseln.

Der Befehl dafür lautet "**change directory**" oder
abgekürzt "**cd**". Mit dem Betriebssystembefehl **cd
rtfiles** weisen Sie also MS-DOS an, aus dem
Stammverzeichnis in das Unterverzeichnis **rtfiles**
hinüberzuwechseln.

```
C:\>cd rtfiles
```

Vergessen Sie nicht, nach jeder Befehlseingabe
die Return-Taste zu betätigen!

Ob dieser Befehl richtig ausgeführt wurde, läßt
sich an der Veränderung des Bereitschaftszeichens   C:\RTFILES>
erkennen.

Wir wollen nun überprüfen ob sich die Systemdatei: "rtdata.sys" auch wirklich im gewählten Unterverzeichnis befindet. Dazu lassen wir uns das Inhaltsverzeichnis des entsprechenden Unterverzeichnisses am Monitor darstellen. Dies erfolgt
mit dem Befehl "**directory**", oder abgekürzt "**dir**".   C:\RTFILES>dir

Nach der Befehlseingabe und der Übergabe durch
die Return-Taste erhalten Sie ein Inhaltsverzeichnis, daß in etwa so aussieht:

```
    Diskette/Platte, Laufwerk C, hat den
    Namen DISK1_VOL1
    Verzeichnis von C:\RTFILES

    .              <DIR>        4.01.91    11.58
    ..             <DIR>        4.01.91    11.58
    KAP17   LIS     19359      31.12.90    17.26
    KAP10   LIS      8735      31.12.90    17.34
    KAP12   LIS     10020      31.12.90    17.46
    KAP13   LIS     32159      31.12.90    17.56
    KAP15   LIS     11183      31.12.90    18.04
    KAP14   LIS     16548      31.12.90    18.12
    KAP16   LIS     26477      31.12.90    18.34
    KAP11   LIS     69162      31.12.90    17.44
    RTDATA  SYS     82123      13.02.89    18.21
```

Abb. 6: Auszug aus dem Inhaltsverzeichnis rtfiles

Dem Inhaltsverzeichnis können Sie entnehmen, daß in Ihrem Unterverzeichnis (mindestens)
zwei Dateien enthalten sind. Zum einen die Datei "**rtdd**" und zum zweiten die Datei:
"**rtdata.sys**". In der ersten befinden sich ausschließlich die Datendefinitionen, das heißt die
Angaben, die SPSS/PC+ angeben, in welchem Format und mit welchen Merkmalsausprägungen unsere Daten abgespeichert worden sind, sowie mit welchen Merkmalsetiketten
diese versehen wurden (vgl. dazu Kapitel 18.3.5.). Diese Datei hat für ihre derzeitige Arbeit
keine unmittelbare Bedeutung. Sie können Sie später als Orientierungshilfe einsetzen, falls

Sie eine **neue** Datendefinition schreiben wollen. Die eigentlichen Daten, mit den dazugehörigen Datendefinitionen, finden Sie in der Datei mit dem Namen **rtdata.sys**. Sie wird auch
als **Systemdatei** bezeichnet. Vergessen Sie bitte nicht, daß Sie SPSS/PC+ nur dann
veranlassen können, etwas für Sie zu tun, also irgendwelche Berechnungen, Analysen oder
Modifikationen zu erstellen, wenn es auf einen bereits definierten Datensatz zurückgreifen
kann. Ihre erste Aufgabe wird also in der Regel darin bestehen, einen Datensatz entweder
zu erzeugen oder ihn einzulesen. Doch dazu später mehr.

Bevor Sie nun endgültig das Datenanalyseprogramm SPSS/PC+ aufrufen, noch einige wenige
Anmerkungen zu den Betriebssystembefehlen.

Bisher sind Sie beim Wechseln der Verzeichnisse
immer vom übergeordneten ("C:\>") ins spezielle
(z.B.: in das "C:\RTFILES>") Verzeichnis ge-
wechselt.

Nun werden Sie den umgekehrten Weg vom   C:\RTFILES>cd..
untergeordneten Verzeichnis in das Stammver-
zeichnis kennenlernen. Der Befehl dazu heißt:

Sie müßten sich nun wieder im Stammverzeichnis   C:\>
("C:\>") befinden. Lassen Sie sich auch hier das
Inhaltsverzeichnis ausgeben.

Durch eine kleine Modifikation des **dir** Befehls   C:\>dir
haben Sie die Möglichkeit, sich das Verzeichnis
anstatt auf einmal, nun Seite für Seite ausgeben
zu lassen. Vor allem bei Verzeichnissen mit vielen
Dateien ist diese Art der Auflistung sinnvoll, da
man dadurch viel besser und ruhiger verfolgen
kann, welche Dateien sich in diesem Verzeichnis
befinden und welche nicht. Die Anweisung dafür
lautet: C:\>dir/p

Falls Sie keinen Fehler gemacht haben, müßten
Sie nun den Inhalt des Stammverzeichnisses auf
dem Monitor sehen.

Hier sehen Sie einen exemplarischen Auszug:

```
      Diskette/Platte, Laufwerk C, hat den
      Namen DISK1_VOL1
      Verzeichnis von C:\DOS

         .            <DIR>       11.03.89   18.36
         ..           <DIR>       11.03.89   18.36
      ATTRIB   EXE      8248      28.05.86   12.00
      BACKUP   COM      6330      28.05.86   12.00
      CHKDSK   COM     10379      28.05.86   12.00
      COMP     COM      4276      28.05.86   12.00
      DISKCOMP COM      5914      28.05.86   12.00
      DISKCOPY COM      6346      28.05.86   12.00
      EDLIN    COM      7639      28.05.86   12.00
      EXE2BIN  EXE      3178      28.05.86   12.00
      FDISK    COM      8301      28.05.86   12.00
      FIND     EXE      6420      28.05.86   12.00
      FORMAT   COM     11474      28.05.86   12.00
      GRAFTABL COM      1163      28.05.86   12.00
      GRAPHICS COM      3220      28.05.86   12.00
```

Abb. 7: Auszug aus dem Stammverzeichnis (root-directory)

Ihr nächster Schritt wird darin bestehen, erneut in das Unterverzeichnis **rtfiles** zu wechseln. Aus diesem heraus werden wir das Programm SPSS/PC+ aufrufen. Diese Vorgehensweise hat einen ganz wichtigen Vorteil. Zunächst einmal erlaubt sie Ihnen eine übersichtliche Arbeitsweise. Sie wissen immer ganz genau, in welchem Unterverzeichnis sich die von Ihnen eingesetze Systemdatei: **rtdata.sys** befindet. Zum anderen werden von nun an alle anderen Dateien, die Sie im weiterem Verlauf der Arbeit anlegen werden, auch in diesem Verzeichnis abgespeichert. Damit haben Sie die Möglichkeit, sehr gezielt und strukturiert vorzugehen.

Wechseln Sie also nochmals aus dem Stamm-
verzeichnis (C:\>) in das Unterverzeichnis: C:\>cd rtfiles
C:\RTFILES>

Der Aufruf des Datenanalysepakets geschieht mit   C:\RTFILES>spsspc
Hilfe des folgenden Befehls:

Unmittelbar danach erhalten Sie das Erkennungs-
bild von SPSS/PC+, das sogenannte **Logo**. Es
zeigt Ihnen an, daß Sie SPSS/PC+ geladen haben
und macht Sie auf das Copyright aufmerksam.

```
Version 2.0

Copyright (c) SPSS Inc. 1984, 1985, 1986, 1987
        Licensed material--property of SPSS.
              All rights reserved.



        Unauthorized duplication of this program is
                   prohibited by law.

Portions Copyright (c) Microsoft Corp. 1981, 1983, 1984, 1985, 1986.
              All rights reserved.
```

Falls Sie vergessen haben sollten, die Schlüsseldis-
kette (key diskette) in das Laufwerk A: zu schieben, erhalten Sie nun am unteren Rand des Bildschirms die folgende Systemmeldung:

```
***Please insert valid KEY DISKETTE in drive A and type OK when
ready or QUIT to stop.
```

Nachdem Sie dies nachgeholt und "OK" eingetippt   ok
haben, verschwindet das Logo und der Bildschirm
leert sich.

Gleich darauf erscheint das Hauptmenü von
SPSS/PC+ auf dem Bildschirm.

Hier zur ersten Orientierung zunächst das Hauptmenü von SPSS/PC+ Version 2.0:

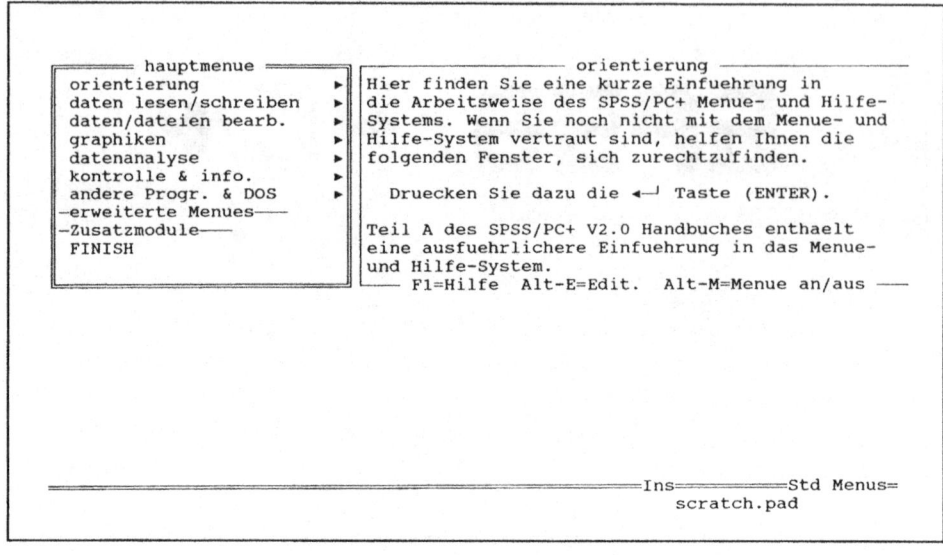

```
╔══════ hauptmenue ══════╗  ┌─────────── orientierung ───────────
║ orientierung         ► ║  │ Hier finden Sie eine kurze Einfuehrung in
║ daten lesen/schreiben ►║  │ die Arbeitsweise des SPSS/PC+ Menue- und Hilfe-
║ daten/dateien bearb.  ►║  │ Systems. Wenn Sie noch nicht mit dem Menue- und
║ graphiken            ► ║  │ Hilfe-System vertraut sind, helfen Ihnen die
║ datenanalyse         ► ║  │ folgenden Fenster, sich zurechtzufinden.
║ kontrolle & info.    ► ║  │
║ andere Progr. & DOS  ► ║  │   Druecken Sie dazu die ◄─┘ Taste (ENTER).
║ ─erweiterte Menues──── ║  │
║ ─Zusatzmodule──────    ║  │ Teil A des SPSS/PC+ V2.0 Handbuches enthaelt
║ FINISH                 ║  │ eine ausfuehrlichere Einfuehrung in das Menue-
║                        ║  │ und Hilfe-System.
╚════════════════════════╝  └── F1=Hilfe  Alt-E=Edit.  Alt-M=Menue an/aus ──


                                                    ═Ins══════════Std Menus═
                                                        scratch.pad
```

Damit haben Sie die erste Hürde genommen und
wissen jetzt, wie man in das Datenanalyseprogramm SPSS/PC+ einsteigt. Sie können nun
entweder die Sitzung beenden, sie noch einmal
wiederholen, oder Sie können gleich mit dem
nächsten Kapitel weitermachen.

Falls Sie sich entschließen sollten, hier aufzuhören
und noch einmal den Einstieg bzw. das Wechseln
zwischen den einzelnen Verzeichnissen zu üben,
so fahren Sie mit der Cursor-Taste in die Zeile, in   **FINISH.**
der der Befehl: **FINISH** steht (linkes Fenster in
der oberen Hälfte des Bildschirms). Der Befehl
müßte nun durch den schwarzen Balken inventiert
dargestellt werden. Betätigen Sie hier die Return-
Taste. Dadurch wird der Befehl in die zweite
(graue) Hälfte des Bildschirms kopiert.

                                                            F10

Drücken Sie nun die Funktionstaste F10. Damit
öffnen Sie am unteren Rand des Bildschirms ein
kleines Menü mit zwei Optionen:

```
run: run from Cursor    Exit to prompt
```

Wählen Sie hier die erste Option und bestätigen   **run from cursor**
Sie sie mit der Return-Taste. Sie befinden sich
dadurch wieder im Betriebssystem.

Falls Sie über die ältere Version verfügen, so
müssen Sie nur den **FINISH** Befehl eintippen und
über die Return-Taste an SPSS/PC+ übergeben.   **SPSS/PC: FINISH.**
Vergessen Sie nicht, nach dem **FINISH** Befehl
den Punkt als Endmarkierung zu setzen.

9. Erstellen von Übersichten

In dieser Arbeitssitzung soll auf zwei Schwerpunkte eingegangen werden. Ein wesentlicher Schwerpunkt dieses Kapitels wird darin bestehen, einige der vielfältigen Möglichkeiten der Benutzerführung von SPSS/PC+ kennenzulernen. Der zweite Schwerpunkt ist eher inhaltlich ausgerichtet. Hier wird darum gehen, Möglichkeiten aufzuzeigen, an Hand derer man sich einen ersten Überblick über den verwendeten Datensatz, sowie die darin enthaltenen Variablen verschaffen kann.

Wie bereits in Kapitel 5 und 8 ausgeführt wurde, besteht der augenfälligste Unterschied zwischen den Versionen 2.0/3.0 und den älteren Versionen darin, daß sich das neue Programm auch durch eine Benutzeroberfläche (Menü-Modus) steuern läßt. Darüber hinaus wurden einige Prodezuren in ihrer Syntax verändert, bzw. neu gestaltet.[23] Dennoch sei hier noch einmal darauf hingewiesen, daß es hinsichtlich der eigentlichen "Steuersprache" zwischen den beiden Versionen **keinen** wesentlichen Unterschied gibt, d.h. für beide Versionen gelten die gleichen syntaktischen Regeln und systembedingten Beschränkungen.

Insbesondere bei der Datenbereinigung ist es wichtig, einen direkten Einblick in die Daten zu erhalten. Geht es hier doch darum, die bei der Dateneingabe versehentlich eingegebenen falschen Eingaben auszusortieren und nachträglich zu korrigieren. Hierzu eignen sich besonders Übersichtsbefehle. Wie man diese gezielt zur Datenbereinigung einsetzt, soll nachfolgend gezeigt werden. Darüberhinaus wird es immer mal vorkommen, daß man im Laufe einer Arbeitssitzung vergißt, welche Namen, sprich Variablenetiketten, man einer Variablen zugeordnet hat, bzw. welche und wie viele Merkmalsausprägungen sie besitzt. Unter Zuhilfenahme des **DISPLAY** Befehls kann man sich jederzeit nicht nur ein Inhaltsverzeichnis der verwendeten Variablen erstellen lassen. Man hat damit auch die Möglichkeit, sich detaillierte Informationen über die in den Variablen enthaltenen Merkmalsträger ausgeben zu lassen. Im Gegensatz dazu hat man über den **LIST** Befehl die Möglichkeit, sich Daten aus dem Rohdatensatz anzuschauen.

Wir werden auf beide Möglichkeiten eingehen und wie folgt vorgehen:

1.) Aufruf einer Systemdatei.
2.) Erstellen einer Variablenliste.
3.) Aufruf von Einzelinformationen über spezifische Variablen.
4.) Aufruf von Daten aus dem Rohdatensatz.
5.) Aufruf einer kontextbezogenen Hilfe aus dem SPSS/PC+ eigenem Glossar.

---

[23] Als erstes Beispiel wäre hier der **REPORT** Befehl zu nennen, dessen Aufbau und Gestaltungsmöglichkeiten beträchlich verändert wurde. Ein weiteres Beispiel ist der SPSS/PC+ Editor **REVIEW**. Bei ihm wurde nicht nur das Erscheinungsbild gründlich verändert, sondern auch sein Funktionsumfang deutlich erweitert (vgl. Kapitel 8). Die gravierensten Veränderungen wurden beim Hilfsprogramm **HELP** vorgenommen. Im Gegensatz zur Version 1.0 wurde die neuere Version sowohl in ihrem Erscheinungsbild, ihrem Aufbau als auch in der gesamten Konzeption völlig neu gestaltet.

Zunächst starten wir SPSS/PC+:   C:\SPSS > spsspc

Nach dem erfolgreichen Aufruf erscheint zunächst
das Hauptmenü.

Hier das dazugehörende Monitorbild:

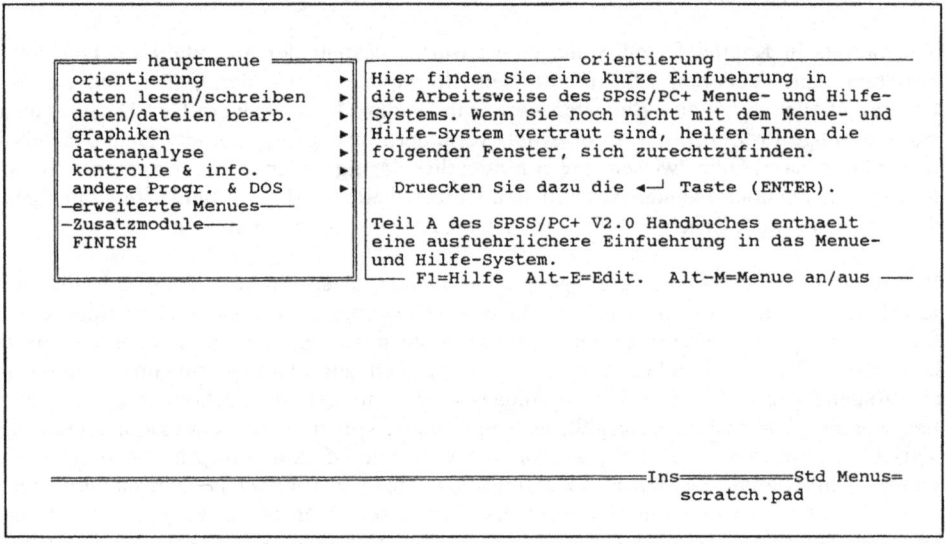

Zunächst einige Worte zum Aufbau und zur Anwendung des Menüs. Wie wir aus der Abb.8 entnehmen können, setzt es sich aus drei Teilen zusammen. Das eigentliche Steuermenü mit den SPSS/PC+ Befehlen befindet sich in der linken oberen Hälfte. Die dazugehörigen Kommentare und Erklärungen finden wir in der etwas größeren rechten oberen Hälfte (mit der Überschrift **orientierung**). Darunter befindet sich über die gesamte Breite des Bildschirms die sogenannte "Arbeitsplatte" (oder auf Englisch **scratch.pad**). Im letzten Fünftel des Bildschirms befindet sich die sogenannte Statuszeile. Sie gibt uns Auskunft darüber, in welchem Arbeitsmodus wir uns gerade befinden (z.B.: scratch.pad oder review.log), welche speziellen Tasten gerade eingeschaltet sind (z.B.: "Ins", "Caps" usw.) und in welcher Spalte sich der Cursor z.Z. befindet.

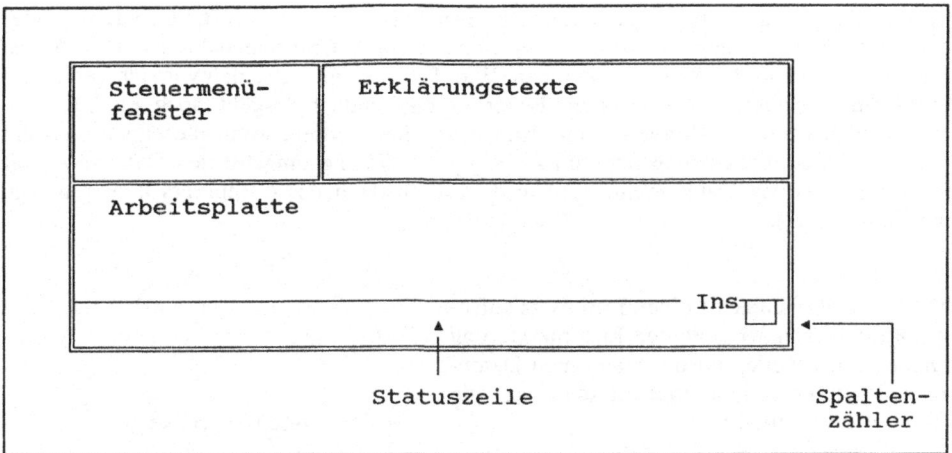

Abb. 8: Aufbau der Menüsteuerung

Die Steuerung von SPSS/PC+, d.h. der Aufruf einzelner Befehle und Operationen, erfolgt im Menümodus immer nach dem gleichen Schema. Zuerst sucht man sich im Steuermenü die gewünschte Option bzw. Befehl heraus. Dazu bewegt man den Cursor in die Zeile, von der man glaubt oder weiß, daß sich der gewünschte Befehl bzw. Spezifikation in ihr befindet. Alle die Zeilen, die am rechten Rand mit einem kleinen schwarzen Dreieck gekennzeichnet sind, verfügen über weitere Untermenüs. Diese Untermenüs werden automatisch in dem Augenblick geöffnet, in dem man in der entsprechenden Zeile die Return-Taste betätigt. Beachten Sie bitte, daß die Menüs so aufgebaut sind, daß man immer vom Allgemeinen zum Speziellen geführt wird. Konkret bedeutet dies, daß man zunächst den gewünschten Hauptbefehl (z.B.: **FREQUENCIES**), danach den oder die entsprechenden Unterbefehle (z.B.: **VARIABLES**) und zum Schluß alle notwendigen Spezifikationen (entweder die Variablenliste, oder Schlüsselwörter wie **MEAN, STDRV**) anwählt. Möchte man aus einem untergeordnetem Menü in ein übergeordnetes Menü zurückspringen, um beispielsweise einen Befehl zu wiederholen, so kann man dies über die Esc-Taste tun. Jedes Mal, wenn man die Esc-Taste betätigt, gelangt man in das übergeordnete Menü. Rechts neben dem Fenster des Steuermenüs befindet sich ein Fenster mit Erklärungstexten. Jede Zeile im Steuermenü verfügt über einen entsprechenden Erklärungstext. Um uns die Orientierung innerhalb der Menüs zu erleichtern, werden alle Fenster mit einer Überschrift versehen. Diese befindet sich immer in der obersten Zeile des entsprechenden Menüs. Es wird hin und wieder vorkommen, daß die Erklärungen zu einem Befehl oder Menü nicht ganz in das entsprechende Fenster passen. Um nun auch den Teil des Textes, der nicht in den Ausschnitt paßt, lesen zu können, hat man die Möglichkeit, die Tastenkombination "Alt-↓" zu betätigen. Dadurch "rutscht" der Text im dem Fenster, in dem sich die Erklärung befindet, nach unten. Möchte man wieder an den Anfang der Erklärung, so kann man dies mit Hilfe der Tastenkombination "Alt-↑" erreichen. Befindet man sich nun in der gewünschten Zeile des Steuermenüs, so betätigt man hier die Eingabetaste (also entweder die Return-Taste oder die Enter-Taste). Unmittelbar danach wird der gewählte Befehl auf die Arbeitsplatte kopiert.

Je nachdem, ob man nun diesen weiter ergänzen (z.B. durch weitere Unterbefehle) oder
sofort verarbeiten lassen will, wird man entweder weitere Untermenüs aufrufen oder den
gewählten Befehl an das System übergeben. Wie dies alles im einzelnen vor sich geht, werden wir im nächsten Beispiel sehen. Bevor es nun endlich losgeht noch ein Hinweis.
Grundsätzlich kann ein Datensatz nur dann bearbeitet werden, wenn dieser vom System
eingelesen wurde. Daher muß man am Anfang jeder Sitzung zunächst den Datensatz samt
den dazugehörenden Datendefinitionen in die Arbeitsdatei des Computers kopieren (vgl.
auch Kapitel 18.1).

Wir werden also zunächst einen Datensatz aufrufen. Dafür fahren wir mit der Lichtmarkierung
(Cursor) in die Zeile, mit der man einen Daten-   **daten lesen/schreiben**
satz einlesen kann und zwar in diejenige, die
folgenden Text enthält:

Hier angelangt, betätigen wir die Return-Taste.

Bitte beachten Sie die Veränderungen in dem
Fenster mit den Erklärungstexten. Die Menüs
müßten sich nun in der folgenden Art verändert
haben:

```
┌─ daten lesen/schreiben ─┌──────────────── DE ─────────────────┐
│ DE                      │ Fuer DE benoetigen Sie das Zusatzpaket SPSS/PC+
│ GET                  ►  │ Data Entry II.
│ SAVE                 ►  │
│ TRANSLATE FROM       ►  │ Mit dem DE-Befehl wird SPSS Data Entry II (falls
│ TRANSLATE TO         ►  │ installiert) aufgerufen. Data Entry ist ein be-
│ DATA LIST            ►  │ nutzerfreundliches, menuegesteuertes Paket zur
│ BEGIN DATA              │ Maskenerstellung, Dateneingabe (mit Zusatz-
│ erlaeuterungen/formate► │ funktionen), Dateikonvertierung und Daten-
│ IMPORT               ►  │ bereinigung. SPSS/PC+ Data Entry II erstellt
│ EXPORT               ►  │ Dateien, die sofort von SPSS/PC+ ausgewertet
│ MODIFY VARS          ►  │ werden koennen.
└─────────────────────── ▼ └─ F1=Hilfe  Alt-E=Editieren  Alt-M=Menue an/aus ─┘



                                            ═════Ins═════════Std Menus═
                                                  scratch.pad
```

Wie Sie dem Menü "daten lesen/schreiben" entnehmen können, gibt es eine ganze Fülle von Möglichkeiten, einen Datensatz in die Arbeitsdatei des Computers einzulesen, bzw. diesen zu erstellen. Sie können nun mit dem Cursor auf und ab fahren und sich die Erklärungstexte zu den einzelnen Befehlen durchlesen.

Wir werden nun mit Hilfe des GET-Befehls eine bereits erstellte Systemdatei (rtdata.sys) in die Arbeitsdatei hineinkopieren.

Öffnen Sie zunächst das GET Menü. Fahren Sie   GET
dazu mit dem Cursor in die entsprechende Zeile, und betätigen Sie dort erneut die Return-Taste.

Der GET Befehl wird dadurch auf die Arbeitsplatte kopiert, und ein neues (Unter-)Menü wird geöffnet.

Wie man dem GET Menü entnehmen kann, sind nun zwei Optionen offen. Allerdings ist nur eine von beiden optional, nämlich "/DROP". Mit ihr kann man, wie dem Erklärungstext rechts daneben zu entnehmen ist, bestimmte Variablen beim Aufruf der Systemdatei ausschließen. Dies wird man in der Regel dann tun, wenn einige Variablen nur sehr selten verwendet werden, oder eine bestimmte Variable nicht brauchbar ist. Dagegen ist der Unterbefehl "/FILE" obligatorisch. Zu beachten ist dabei, daß alle Optionen in den Menüs, die mit einem Ausrufezeichen gekennzeichnet sind, unbedingt für die korrekte Befehlseingabe erforderlich sind. Ähnlich dem GET Befehl, soll nun der "/FILE" Unterbefehl auf die Arbeitsplatte kopiert werden.

Wenn Sie sich in der entsprechenden Zeile befinden, bestätigen Sie die "/FILE" Anweisung.   /FILE

Danach müßten zwei Dinge passieren. Zunächst erscheint die "/FILE" Anweisung auf der Arbeitsplatte. Anschließend öffnet sich ein schmales, aber über die gesamte Breite des Bildschirms gehendes Fenster.

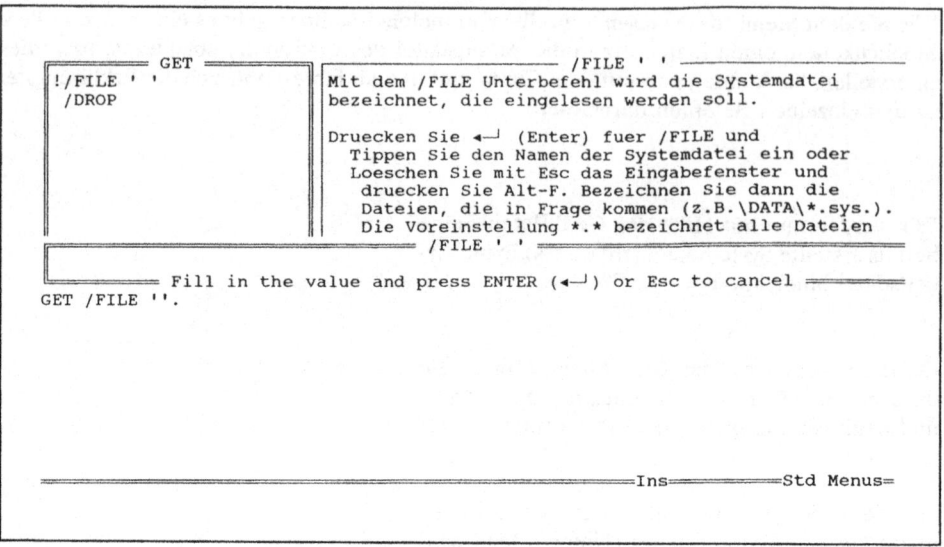

```
╔════════════════════════════════════════════════════════════════════════╗
║  ═════════ GET ═════════    ───────────────── /FILE ' ' ──────────────  ║
║  ┌──────────────────────┐   Mit dem /FILE Unterbefehl wird die Systemdatei ║
║  │!/FILE ' '            │   bezeichnet, die eingelesen werden soll.     ║
║  │ /DROP                │                                               ║
║  │                      │   Druecken Sie ◄─┘ (Enter) fuer /FILE und     ║
║  │                      │     Tippen Sie den Namen der Systemdatei ein oder ║
║  │                      │     Loeschen Sie mit Esc das Eingabefenster und ║
║  │                      │     druecken Sie Alt-F. Bezeichnen Sie dann die ║
║  │                      │     Dateien, die in Frage kommen (z.B.\DATA\*.sys.). ║
║  │                      │     Die Voreinstellung *.* bezeichnet alle Dateien ║
║  └──────────────────────┘   ════════════════ /FILE ' ' ══════════════  ║
║  └════════════ Fill in the value and press ENTER (◄─┘) or Esc to cancel ════ ║
║  GET /FILE ''.                                                          ║
║                                                                         ║
║                                                                         ║
║                                                                         ║
║                                                                         ║
║  ════════════════════════════════════════════════Ins══════════Std Menus═  ║
╚════════════════════════════════════════════════════════════════════════╝
```

SPSS/PC+ erwartet nun, daß Sie den Namen der Systemdatei eingeben, mit der Sie weiterarbeiten wollen. Doch zuvor sollte man sich überlegen, in welchem Unterverzeichnis man diese abgelegt hat. Falls sie sich nicht in dem Unterverzeichnis befindet, in dem sich auch SPSS/PC+ befindet (und dies wird in der Regel der Fall sein), müssen Sie SPSS/PC+ auch den entsprechenden Pfadbefehl angeben. Unsere Systemdatei sollte sich im Unterverzeichnis RTFILES befinden. Um Schwierigkeiten mit der Partition ihrer Festplatte zu umgehen, sollten Sie auch die entsprechende Laufwerksangabe miteingeben, auch wenn dies nicht unbedingt notwendig ist.

Geben Sie nun den Namen der Systemdatei und die Pfadangabe ein, und bestätigen Sie die Eingabe mit der Return-Taste.   c:\rtfiles\rtdata.sys

Das Fenster schließt sich, und die Eingabe wird auf die Arbeitsplatte kopiert.

Nun ist der Aufrufbefehl vollständig, und die Befehlseingabe hat die folgende Form: **GET /FILE 'c:\rtfiles\ rtdata.sys'.**

Mit der Funktionstaste F10 weisen Sie SPSS/PC+ an, die eingegebene Anweisung auszuführen.   F10

Unmittelbar danach erscheint am unteren Rand
des Bildschirms eine kleine Eingabezeile, die die
folgende Angabe erfragt:

run: run from cursor
Exit to prompt

Mit der Wahl ersten Option **run from cusor**
werden alle nachfolgenden Anweisungen ausgeführt. Über die zweite Option **Exit to prompt**
kann in den Interaktivbetrieb von SPSS/PC+   **run from cursor**
umgeschaltet werden. Da wir vorläufig im Menü-
Modus bleiben wollen, bestätigen wir die erste
Option.

Nun wird unsere Anweisung von SPSS/PC+ bearbeitet. Nach kurzer Zeit erhalten wir die folgende
Systemmitteilung:

```
The SPSS/PC+ system file is read from file rtdata.sys
The file was created on  3/20/89 at 19:32:18 and is titled
The SPSS/PC+ system file contains
     250 cases, each consisting of
      32 variables (including system variables).
      32 variables will be used in this session.
```

Abb. 9: Systemmitteilung zur Identifikation einer Arbeitsdatei

Der Systemmitteilung können Sie entnehmen, daß Sie von nun an über eine **Arbeitsdatei**
(active file) verfügen, mit der Sie jede gewünschte Analyse machen können. Daneben werden
Sie darüber in Kenntnis gesetzt, an welchem Tag (3/20/89) und zur welcher Uhrzeit
(19:32:18) diese Datei erstellt wurde, sowie wieviel Fälle (250) und Variablen (32) sie enthält.
Wobei in dieser Sitzung alle Variablen und Fälle in die Analyse miteinbezogen werden.

Im Verlauf der Mitteilung erhalten Sie in der   **MORE**
rechten oberen Ecke, ein neues hell aufleuchten-
des und blinkendes Bereitschaftszeichen (beep).
SPSS/PC+ informiert Sie damit darüber, daß die
Bildschirmkapazität erschöpft ist, aber noch
weitere Informationen vorhanden sind. Indem Sie
eine beliebige Taste betätigen, erhalten Sie den
Rest der Meldung.

```
┌─────────────────────────────────────────────────────────────┐
│ This procedure was completed at 12:16:09                    │
└─────────────────────────────────────────────────────────────┘
```

Bevor Sie mit der weiteren Analyse fortfahren, sollten Sie sich zwei Dinge einprägen. Erstens, zu Anfang jeder Sitzung muß SPSS/PC+ immer mitgeteilt werden, mit welchem Datensatz man arbeiten will. Dies bedeutet: man muß entweder eine Arbeitsdatei selbst erstellen (vgl. dazu Kapitel 18.1), oder man liest eine bereits erstellte Systemdatei ein. Zweitens, die Arbeitsdatei bleibt solange aktiv bis Sie SPSS/PC+ verlassen, oder eine neue Systemdatei aufrufen. Es ist daher **nicht** notwendig, vor jeder neuen Prozedur die Daten erneut aufzurufen. Allerdings verändert ein Teil der SPSS/PC+ Befehle die im Arbeitsspeicher des Computers stehende Arbeitsdatei in dauerhafter Weise. Diese Änderungen bleiben solange aktiv, bis eine neue Arbeitsdatei erstellt wird. Eine Veränderung der Arbeitsdatei hat **keine** Auswirkungen auf eine separat gespeicherte Systemdatei!

Nach der Ausgabe der Systemmitteilung erscheint automatisch das Hauptmenü. Der Bildschirm müßte etwa so aussehen:

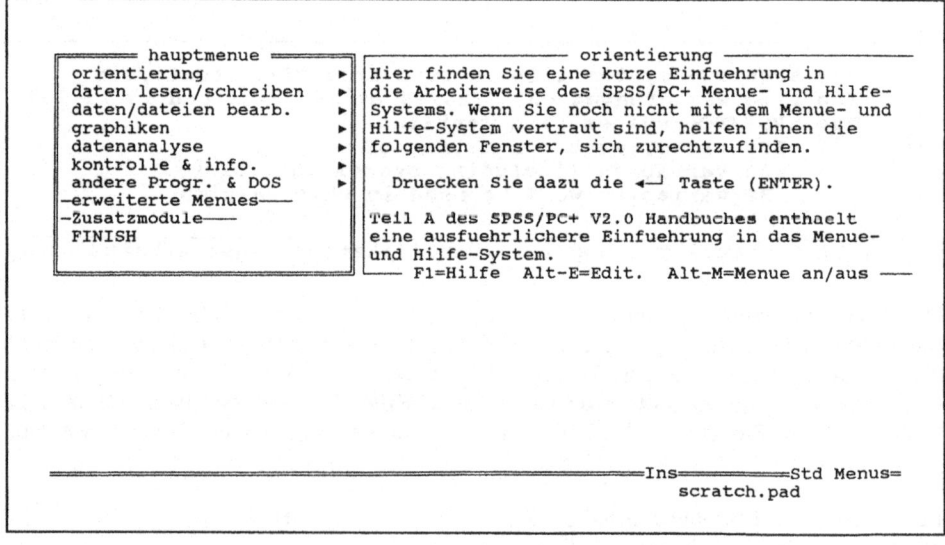

Der Cursor müßte nun am Ende des **GET /FILE** Befehls stehen. Alle weiteren Befehle, die Sie im Verlauf der Arbeitssitzung eingeben werden, werden in der entsprechenden Reihenfolge auf der Arbeitsplatte aufgeführt. Sie haben dadurch die Möglichkeit, genau nachzuvollziehen, welche Prozeduren und Operationen Sie bisher erstellt haben und können diese bei Bedarf modifizieren. Wie dies im einzelnen geht, werden Sie im Kapitel 11 lernen. Nun können wir mit der eigentlichen Datenanalyse beginnen. Als erstes werden wir uns einen ersten Überblick über die im Datensatz enthaltenen Variablen verschaffen.

Öffnen Sie zunächst das Menü **datenanalyse** und daran anschließend das Menü **kontrolle & info**.

datenanalyse
kontrolle & info

Aus den sich dort bietenden Optionen, soll der Befehl **DISPLAY** verwendet werden. Dafür fahren wir nun mit dem Cursor in die dritte Zeile und bestätigen den Befehl mit der Return-Taste. Dadurch wird dieser auf die Arbeitsplatte kopiert.

DISPLAY

Da wir zunächst auf eine weitere Spezifizierung verzichten wollen, übergeben wir ihn mit der Funktionstaste F10 an SPSS/PC+.

F10

Unmittelbar nach der Eingabe erhalten wir die folgende Übersichtstabelle:

```
V1   - Bedeutung d. vorgez. öff   V2   - Vorgezogene öffnungszeit
V3   - Ausdehnung der öffnungsz   V31  - * No label *
V32  - * No label *               V4   - Zeitliches Benutzungspro
V41  - * No label *               V42  - * No label *
V6   - Nutzung der Bereiche       V61  - Am häufigsten benutzter
V62  - Am zweithäufigsten benut   V63  - Am dritthäufigsten benut
V64  - Am vierthäufigsten benut   V8   - Besuchsfrequenz
V10  - Besuch der Veranstaltung   V101 - Schaufenster
V102 - Autorenlesung              V103 - Galerie auf dem Podest
V104 - Blaue Stunde               V105 - Ausstellungseck
V106 - Literatur und Film         V107 - Konzerte Groe Studio
V108 - Sonstige Veranstaltungen   V11  - Altersgruppen
V12  - Geschlecht                 V13  - Erwerbsgruppen
V14  - Berufsgruppe               V15  - Wohnort
V16  - Leseausweis
```

Wenn der **DISPLAY** Befehl nicht weiter spezifiziert wird, erhält man, wie wir sehen können, ein Inhaltsverzeichnis aller vorhandenen Variablen samt den dazugehörigen Namensetiketten. Die Variablen werden dabei in der Reihenfolge ausgegeben, in der sie erzeugt worden sind. Der Variablen V10 ("Besuch einer Veranstaltung") folgt nicht die Variable V11 ("Altersgruppen"), sondern die Variablen V101 bis V108. Dies ist deswegen der Fall, weil es sich bei der Variable V10 um eine Frage handelt, bei der mehrere Antworten zugelassen wurden, daher war es notwendig, diese Frage in die entsprechenden Antwortkategorien aufzuspalten. Jeder Antwortkategorie wurde dann eine Variable zugeordnet. In der Regel wird man die Variablen mit derartigen Etiketten versehen, so daß man aus ihnen relativ leicht auf den Inhalt schließen kann. Wie wir unserem Inhaltsverzeichnis entnehmen können, verfügen nicht alle Variablen über ein Etikett. Bei V31 und V32 ist es der Fall, weil wir die Variable V3 in zwei "Untervariablen" aufgespalten haben. Die Variable V3 selbst ist leer. Sie wird von uns quasi als Überschrift für die darauffolgenden Variablen V31 und V32 genutzt. Will man sich also über das zeitliche Benutzerprofil der Bibliotheksbesucher informieren, so muß man dafür die Variablen V31 und V32 bearbeiten. Dabei handelt es sich um eine rein logische Aufspaltung. SPSS/PC+ selbst ist nicht in der Lage, zwischen einer "leeren" und einer "echten" Variablen zu unterscheiden. Man kann sich beispielsweise also auch die Häufigkeitsverteilung der Variable V3 berechnen lassen. Dabei bekommt man aber die Meldung, daß diese Variable 250 ungültige Fälle enthält.

Daneben besteht die Möglichkeit, den **DISPLAY** Befehl auch gezielter einzusetzen. Ist man beispielsweise an der Ausgabe der Merkmalsträger samt der dazugehörenden Etiketten für die ersten zwei Variablen interessiert, so würde man in der folgenden Weise fortfahren:

Über das Menü **"kontrolle & info"** wird der **DISPLAY** Befehl auf die Arbeitsplatte kopiert.	**kontrolle & info** **DISPLAY**
Betätigen Sie nun die Tastenkombination "Alt-v". Sie erhalten dadurch die folgende Variablenübersicht:	Alt-v

```
┌──────────────────────────────────────────────────────────────────────┐
│                                                                        │
│  ╔══════════════════════════ Variables ═══════════════════════╗        │
│  ║ALL        TO        $CASENUM $DATE    $WEIGHT   V1       V2       V3 ║│
│  ║V31        V32       V4       V41      V42       V5       V6       V61║│
│  ║V62        V63       V64      V10      V101      V102     V103     V104║
│  ║V105       V106      V107     V108     V11       V12      V13      V14║│
│  ║V15        V16                                                       ║│
│  ╚═══════════════════════════════════════════════════════════════╝ ─────│
│  ┌───────────────────────── ALL ───────────────────────────┐   /23/9  │
│  │(ALL is used to select all user variables)                │          │
│  │                                                          │ ─────    │
│  └─────────── Press Esc to remove the Variables menu ───────┘   /23/9  │
│  GET /FILE 'c:\rtfiles\rtdata.sys'.                                     │
│                                                                        │
│                                                                        │
│                                                                        │
│                                                                        │
│══════════════════════════════════════════════════════Ins══════Std Menus═│
│                                                    scratch.pad         │
└──────────────────────────────────────────────────────────────────────┘
```

Man kann nun mit dem Cursor im oberen Fenster hin- und herfahren. Je nach dem, auf welcher Variablen sich der Cursor befindet, erhält man im unteren Fenster die dazugehörende Variablenbeschreibung. Mit der Return-Taste können nun entweder einzelne Variablen oder mit Hilfe der beiden Operatoren **"ALL"** und **"TO"** ganze Variablenklassen auf die Arbeitsplatte kopiert werden.

Wir begnügen uns mit den Variablen V1 und V2. Kopieren Sie nun unter Zuhilfenahme der Return-Taste diese beiden Variablen auf die Arbeitsplatte.

`V1 V2`

Mit Hilfe der Esc-Taste können Sie das Fenster wieder schließen.

`Esc`

Der neue **DISPLAY** Befehl müßte nun die folgende Form haben:

DISPLAY V1 V2.

Mit der Funktionstaste F10 übergeben wir ihn an SPSS/PC+.

`F10`
run from cursor

Kurz danach erhalten wir die folgende Tabelle:

```
Page    3             SPSS/PC+                     1/21/90

   Variable: V1            Label: Bedeutung d. vorgez. öffnungszeit
     Value labels follow   Type: Number  Width:  1  Dec: 0
   Missing: * None *
         1.00    sehr wichtig            2.00    wichtig
         3.00    weniger wichtig         4.00    unwichtig
         9.00    k.A./k.M.

   Variable: V2            Label: Vorgezogene öffnungszeit
     Value labels follow   Type: Number  Width:  1  Dec: 0
   Missing: * None *
         1.00    abschaffen              2.00    beibehalten
         9.00    k.A./k.M.
```

Dem Etikett (label) der Variable V1 können wir entnehmen, daß es sich bei ihr um die Einschätzung der Bedeutung der vorgezogenen Öffnungszeit handelt. Sie verfügt über fünf Merkmalsausprägungen (von "1" = "sehr wichtig" bis "9" = "k.A./k.M."). Daneben wird uns mitgeteilt, daß es sich bei dieser Variablen um eine numerische Variable (Type: Number) ohne Dezimalstellen (Dec: 0) handelt, die nur eine Spalte in der Datenmatrix benötigt (Width: 1). Wie wir sehen können, kann man sich mit dem **DISPLAY** Befehl recht gut über die einzelnen Variablen informieren.

Insbesondere bei der Korrektur von Fehlern, die sich beispielsweise bei der Eingabe von Daten ergeben haben, oder der gezielten Suche nach einer spezifischen Merkmalsausprägung, wird es hin und wieder notwendig sein, einen Blick in den Rohdatensatz zu werfen. Über den **LIST** Befehl kann man diese Informationen recht schnell erhalten. Dieser befindet sich jedoch nicht in dem uns schon bekannten **"kontrolle & info"** Menü, sondern in einem neuen Untermenü.

Nach der Beendigung der Prozedur erscheint auf dem Monitor automatisch das Hauptmenü. Nun fahren wir zunächst in die Zeile, in der sich das Menü **"datenanalyse"** befindet. Dieses rufen wir, wie gehabt, durch die Betätigung der Return-Taste auf. Danach stehen uns wieder mehrere Optionen zur Verfügung. Wir entscheiden uns für das Untermenü **"berichte u. tabellen"**. Hier erst befindet sich der eigentliche **LIST** Befehl. Um ihn weiter zu spezifizieren, rufen wir das entsprechende **LIST** Menü auf.	**datenanalyse** **berichte u. tabellen** **LIST**
Wie wir dem Erklärungstext im rechten Fenster entnehmen können, verfügen wir über zwei Möglichkeiten, den **LIST** Befehl weiter zu spezifizieren. Wenn wir in die unterste Zeile des Menüs fahren, so finden wir dort einige Beispiele für einen möglichen Aufbau des **LIST** Befehls. Diese Option stellt uns SPSS/PC+ immer wieder zur Verfügung. Wir werden dieses Beispiel übernehmen, es allerdings auf unseren Datensatz übertragen.	**LIST /VARIABLES**
Zunächst definieren wir über den **VARIABLES** Unterbefehl, von welchen Variablen die Merkmalsausprägungen aufgelistet werden sollen. Um die einzelnen Variablen einzugeben, greifen wir auf die uns schon bekannte Tastenkombination "Alt-v" zurück. Mit der Return-Taste kopieren wir die ersten fünf Variablen, also: V1, V2, V3, V31 und V32 auf die Arbeitsplatte.	**/VARIABLES** Alt-v V1 V2 V3 V31 V32

Danach bestimmen wir, wie viele Fälle (Beobachtungen) ausgegeben werden sollen. Begrenzt man hier die Fallzahl nicht, so werden als Voreinstellung alle Fälle aufgelistet. Um uns die zeitraubende Ausgabe aller zweihundertundfünfzig Beobachtungen zu ersparen, schränken wir die Fallzahl unter Zuhilfenahme des Unterbefehls **CASES** sowie der Operatoren **"FROM"** und **"TO"**, auf die ersten fünfzehn Fälle ein. Über den Operator **"BY"** hat man die Möglichkeit, ein Intervall, für das die Daten ausgegeben werden sollen, zu definieren. Hier gilt als Voreinstellung "1". Diese akzeptieren wir und verzichten daher auf die Verwendung dieses Operators.

Über die Tastenkombination "Alt-v" haben wir die Variablen bestimmt, für die ein Teil des Rohdatensatzes ausgegeben werden soll. Nun müssen wir noch die Fallzahl auf die ersten fünfzehn Fälle eingrenzen. Dafür werden wir eine neue Tastenkombination einsetzen. Indem wir die Tasten "Alt" und "t" betätigen, öffnen wir ein Fenster, ähnlich dem, welches wir benutzt haben, um unsere Systemdatei zu definieren.

Alt-v

In dieses nun geöffneten, Fenster geben wir das gewünschte Intervall ein. Nach der vollständigen Eingabe drücken wir erneut die Return-Taste. Damit wird die Eingabe auf die Arbeitsplatte kopiert und das Fenster geschlossen.

Der vollständige Befehlsaufbau sieht so aus:

LIST /VARIABLES V1 V2 V3 V31 V32
/CASES FROM 1 **TO** 15.

Wie gewohnt übergeben wir den Befehl über die   F10
Funktionstaste F10 an SPSS/PC+.   **run from cursor**

Hier das Ergebnis:

Page   5   SPSS/PC+   1/21/90

```
LIST /VARIABLES V1 V2 V3 V31 V32 /CASES FROM 1 TO 15.


V1 V2        V3    V31    V32

   1  2       .  99999  99999
   2  2       .  11416  61315
   4  2       .  71920  99999
   1  2       .  99999  99999
   2  2       .  61314  99999
   2  2       .  11019  99999
   4  9       .  11416  60910
   1  2       .  99999  99999
   2  2       .  61317  71920
   3  2       .  71920  61320
   1  2       .  99999  99999
   1  2       .  10910  20910
   1  9       .  11019  99999
   2  2       .  10910  20910
   1  2       .  41920  99999


Number of cases read =    15    Number of cases listed =      15
```

Diesem Output lassen sich zahlreiche Informationen entnehmen. Ein möglicher Ansatzpunkt einer "Interpretation" wäre, daß man primär auf den Inhalt der Variablen achtet. So kann man der Tabelle entnehmen, daß die Variable V3 leer ist. Ein weiterer Ansatzpunkt für eine eingehende "Interpretation" wäre, daß man gezielt nach einer spezifischen Tages- und Uhrzeitkombination sucht. Beispielsweise könnte man fragen, wie oft die Zahlenkombination "11019" bei der Variablen V31 vorkommt. Es wäre auch denkbar, gezielt nach Zahlenkombinationen zu suchen, die entweder aus dem vorgegebenen Definitionsraum fallen oder, die aufgrund logischer Überlegungen, nicht möglich sind. Ein dritter und letzter Ansatzpunkt wäre, daß man nach ganz spezifischen Strukturen innerhalb einer Variablen sucht. Wenn beispielsweise die Kombination V31 = "99999" und V32 ="99999" besonders oft vorkommt, so könnte man untersuchen, ob sich hinter dieser (recht häufigen) Kombination eine spezifische Gruppe von Personen (Subpopulation) befindet, die Fragen V31 und V32 mit "k.A./k.M." (keine Antwort/keine Meinung) beantworten.

Damit wären wir am Ende der ersten Arbeitssitzung. Bevor wir diese Arbeitssitzung beenden
noch ein Wort zum SPSS/PC+ eigenen Hilfssy-
stem.

SPSS/PC+ bietet Ihnen neben den Erklärungstexten im rechten oberen Fenster des Menü-
Modus auch eine weitere kontextbezogene Hilfe
an. Über die Funktion **Glossary** hat man - in
jeder Phase der Arbeit - die Möglichkeit sich
zusätzlich Informationen seitens des Systems zu
holen. Die Funktionsweise dieses Hilfssystems soll
nun anhand eines Beispiels demonstriert werden.

Betätigen Sie zunächst die Funktionstaste F1.   F1

```
info: Review help  Var list  File list  Glossary    menu Hlp off
```

Am unteren Rand des Monitors öffnet sich da-   **Glossary**
durch ein Fenster, welches Ihnen fünf Optionen
anbietet. Fahren Sie mit dem Cursor auf die
vierte Option und bestätigen Sie sie mit der
Return-Taste.

Erneut öffnet ein neues Dialogfenster.

```
Search string:
```

In dieses Dialogfenster kann nun ein Begriff eingegeben werden zu dem man eine Hilfe bzw.
einen Erklärungstext wünscht. Das Glossar ist in
englischer Sprache abgefaßt und dabei so konzipiert, daß es immer nur die ersten drei Zeichen
akzeptiert.

Möchte man beispielsweise eine zusätzliche Information zum Begriff "Systemdatei", so würde es genügen, wenn Sie in das obige Fenster "sys" eingeben. Sie erhalten dadurch den folgenden Text:

sys

```
──────────────── SYSTEM FILE ────────────────
system file
A binary file specially formatted for use by SPSS/PC+,
containing both data and the dictionary that is written by the
SPSS/PC+ SAVE command.  See also portable file.




 └ ^PgUp: SYNTAX                    ^PgDn: SYSTEM VARIABLE
GET /FILE 'c:\rtfiles\rtdata.sys'.
DISPLAY.
DISPLAY v1 v2.
LIST /VARIABLES v1 v2 v3 v31 v32 /CASES FROM 1 TO 15.



══════════════════════════════════════════════Ins═════════Std Menus═
                                              scratch.pad
```

Mit den Tastenkombinationen Crtl-PgDn und Crtl-PgU hat man die Möglichkeit im Glossar zu blättern. Über die Esc-Taste kann das Glossarfenster wieder geschlossen werden.

Crtl-PgDn oder Crtl-PgUp

Esc

Damit wären wir am Ende der ersten Arbeitssitzung.

Man hat nun zwei Möglichkeiten SPSS/PC+ zu verlassen. Entweder kopiert man aus dem **hauptmenü** den Abschlußbefehl **FINISH** auf die Arbeitsplatte (scratch.pad) und bringt diesen zur Ausführung (s. Kapitel 8) oder man betätigt zunächst die Funktionstaste F10, wählt dann aber nicht wie gewohnt die Option **run from cursor**, sondern die zweite Option **Exit to prompt**.

(hauptmenü

FINISH.
F10
run from cursor)

F10
Exit to prompt

Dadurch wird man in den Interaktivbetrieb von
SPSS/PC+ versetzt. Der Monitor müßte nun das
folgende Aussehen haben:

```
SPSS/PC:



```

Tippen Sie nun den **FINISH** Befehl von Hand ein   **FINISH.**
und bestätigen Sie ihn mit der Return-Taste.
Achten Sie dabei darauf, daß Sie den **FINISH**
Befehl mit einem Punkt beenden.

Unmittelbar darauf wird SPSS/PC+ beendet, und
Sie befinden sich im Betiebssystem.

10. Eine erste Datenanalyse

Der erste Schritt bei einer Datenanalyse wird sinnvollerweise darin bestehen, sich zunächst einmal einen Überblick über die vorhandenen Variablen und deren Antwortverteilung zu verschaffen. SPSS/PC+ verfügt über mehrere Prozeduren, mit denen derartige Informationen abgerufen werden können. Wir werden auf zwei von ihnen genauer eingehen. Es handelt sich dabei um die Prozeduren **FREQUENCIES** und **DESCRIPTIVES**.

Hier sei nochmals daran erinnert, daß wir, der Vorgabe entsprechend, nur einige Gestaltungsmöglichkeiten der einzelnen Prozeduren besprechen werden. Insbesondere die **FREQUENCIES** Prozedur verfügt über ein sehr umfangreiches Modifikationspotential, sowohl hinsichtlich der Ausgabe statistischer Kennwerte, als auch bezüglich der graphischen Darstellung der Ergebnisse.

Wir werden dabei nach dieser Arbeitsfolge vorgehen:

1.) Aufruf von SPSS/PC+ aus dem Betriebssystem.
2.) Aufruf einer Systemdatei.
3.) Erstellen eines ersten Überblick über die Antwortverteilungen mit der Prozedur **FREQUENCIES**.
4.) Exemplarische Besprechung der Prozedurausgabe.
5.) Verändern des Ausgabeformats von **FREQUENCIES**.
6.) Erstellen eines Zusatzüberblicks über das Antwortverhalten mit Hilfe der Prozedur **DESCRIPTIVES**.
7.) Vergleich der zwei Ausgaben.
8.) Ausgabe der Ergebnisse beider Prozeduren auf dem Drucker.
9.) Beenden der Sitzung.

Wechseln Sie zunächst in das Unterverzeichnis rtfiles.

```
C:\>
C:\>cd rtfiles
C:\RTFILES>
```

Starten Sie von dort aus SPSS/PC+.

```
C:\RTFILES>spsspc
```

Ist alles in Ordnung, erhalten wir von SPSS/PC+ zunächst das **Logo.** Unmittelbar darauf leert sich der Bildschirm, und wir befinden uns im Hauptmenü von SPSS/PC+.

Hier sei nochmals darauf hingewiesen, daß SPSS/PC+ für Sie nur dann irgendwelche Analysen durchführen kann, wenn es über einen spezifisch definierten Datensatz verfügt. Daher muß zu Anfang jeder Arbeitssitzung entweder eine Systemdatei neu erstellt oder eine bereits existierende in den Arbeitsspeicher des Computers kopiert werden. In den meisten Fällen wird man nicht jedesmal eine neue Systemdatei erstellen, sondern auf eine zuvor erstellte und gespeicherte zurückgreifen.

Sie haben daneben natürlich auch die Möglichkeit, auf einen externen Datensatz zurückzugreifen. Gegen relativ geringe Gebühren können Sie von verschiedenen Institutionen bereits aufbereitete Datensätze beziehen. Der Datensatz, auf den sich dieses Buch bezieht, wurde in der Systemdatei mit dem Namen **rtdata.sys** abgespeichert. Sie ist bereits den Erfordernissen für die Analysen dieses Buches angepaßt, d.h., sie wurde in einer spezifischen Form aufbereitet und von Fehlern bereinigt. Die verwendeten Daten sind einer tatsächlich durchgeführten Untersuchung entnommen (vgl. auch Vorwort), aber **nicht** repräsentativ.

Der Aufruf der Systemdatei erfolgt, wie wir im vorangegangenem Kapitel gesehen haben, über den **GET /FILE** Befehl. Dieser befindet sich im Menü: **"daten lesen/schreiben"**. Fahren Sie daher mit dem Cursor in die entsprechende Zeile des Steuermenüs, und betätigen Sie dort die Return-Taste. Dadurch kopieren Sie zunächst den **GET** Befehl und daran anschließend den **FILE** Unterbefehl auf die Arbeitsplatte (scratch.pad) des Bildschirms.

daten lesen/schreiben

GET
/FILE

Definieren Sie anschließend die Systemdatei, mit der Sie arbeiten wollen. In unserm Fall die Datei **rtdata.sys.**

c:\rtfiles\rtdata.sys

Ist der komplette Datensatz in den Arbeitsspeicher eingelesen, erhalten Sie zunächst die übliche Systemmitteilung, mit der die Arbeitsdatei identifiziert wird.

Nun können wir mit der eigentlichen Datenanalyse anfangen. Wie angekündigt, verschaffen wir uns als erstes einen Überblick über die Antwortverteilung der einzelnen Variablen. Die Variablen sollen dabei mit Hilfe der Prozedur: **FREQUENCIES** ausgezählt werden.

Dazu wechseln wir aus dem Hauptmenü in das   **datenanalyse**
Menü: **"datenanalyse"**.

Erneut stehen uns hier wieder mehrere Untermenüs zur Verfügung. Da die statistische Methode "Häufigkeitsauszählung" samt den dazugehörigen statistischen Kennwerten, (Mittelwert,
Median, Standardabweichung, Schiefe usw.) zu der
Kategorie der deskriptiven Statistiken gehört,   **deskriptive**
öffnen wir nun mit der Return-Taste das entspre-   **Statistiken**
chende Untermenü.

Das entsprechende Menü müßte dieses Aussehen
haben:

```
┌deskriptive Statistiken┐┌───────── FREQUENCIES ──────────
│ FREQUENCIES         ► ││Mit FREQUENCIES erhalten Sie Haeufigkeits-
│ DESCRIPTIVES        ► ││verteilungen, Balkendiagramme, Histogramme
│ CROSSTABS           ► ││und univariate Statistiken (alle Statistiken
│ MEANS               ► ││aus DESCRIPTIVES plus Median und Modus).
│                       ││Z-Werte koenne nicht berechnet werden.
│                       │
│                       │
│                       │
│                       │
│                       └ F1=Hilfe Esc=Abbruch Alt-E=Edit. Alt-M=Menue an/aus
└───────────────────────
GET /FILE 'c:\rtfiles\rtdata.sys'.




─────────────────────────────────────────=Ins════════════=Std Menus=
                                              scratch.pad
```

Neben der Prozedur **FREQUENCIES** stehen drei weitere Prozeduren, nämlich **DESCRIPTIVES, CROSSTABS** und **MEANS** zur Auswahl. Im Laufe der nächsten Arbeitssitzungen werden wir auf die meisten von ihnen eingehen. Zunächst wollen wir die Möglichkeiten und Optionen der **FREQUEN-CIES** Prozedur ausloten.

FREQUENCIES

Im entsprechendem Menü angekommen, können wir erkennen, daß diese Prozedur über zahlreiche Modifikationsmöglichkeiten verfügt. Wenn man mittels des Cursors die Zeilen wechselt, so kann man den rechts daneben stehenden Erklärungs-texten die Funktion der einzelnen Unterbefehle entnehmen. Lesen Sie sich die einzelnen Erklä-rungstexte genau durch, sie werden Ihnen helfen, den Ablauf der Analyse besser zu verstehen.

Fünf der insgesamt neun Unterbefehle gliedern sich in weitere Untermenüs. Die Unterbefehle, die über weitere Untermenüs verfügen, sind durch ein schwarzes Dreieck am rechten Rand gekenn-zeichnet.

Doch nur **/VARIABLES** ist obligatorisch. Mit seiner Hilfe können die Variablen in die Analyse miteinbezogen werden.

/VARIABLES

Ihre nächste Aufgabe wird daher darin bestehen, SPSS/PC+ mitzuteilen, welche Variablen ausge-zählt werden sollen. Sie können die entsprechende Variablenliste über die Ihnen bereits bekannte Tastenkombination Alt-v aufrufen.

Alt-v

Für eine allgemeine Übersicht über die verfügba-ren Variablen werden wir uns unter der Ver-wendung des Schlüsselwortes **ALL** alle Variablen auszählen lassen.

ALL

Hier zum Vergleich der vollständige Befehls-aufbau:

FREQUENCIES   /VARIABLES ALL.

Bevor wir diese Anweisung an SPSS/PC+ übergeben, noch einige Erläuterungen zum Befehlsaufbau. Wie schon mehrfach betont, weist der Befehl "FREQUENCIES" SPSS/PC+ an, eine oder mehrere Variablen (genauer gesagt, deren Merkmalsausprägungen) auszuzählen. Sowohl der Unterbefehl (subcommand) "/VARIABLES" als auch das Gleichheitszeichen (bei der Version 1.0) sind zwar **obligatorisch,** aber nicht notwendig.

Es würde also auch genügen, wenn wir folgendes
eingeben: **FREQUENCIES ALL.**

Der Übersichtlichkeit zuliebe, werden wir jedoch zunächst bei der ausführlichen Befehls-eingabe bleiben. Das Wort "ALL" ist ein Schlüsselwort (keyword). Dies bedeutet, daß Sie beispielsweise bei der Variablendefinition nicht auf dieses Kürzel zurückgreifen dürfen. Dieses Schlüsselwort veranlaßt SPSS/PC+ **alle** Variablen, die in der aktivierten Datei enthalten sind, auch auszuzählen. Man sollte daher umsichtig mit diesem Schlüsselwort umgehen, da man sonst eine sehr ausführliche Ergebnisliste erhält, von der man nur einen Bruchteil benötigt. In den allermeisten Fällen wird es nicht nötig sein, alle Variablen in die Analyse miteinzubeziehen. Bei dieser Aufgabe handelt es sich um eine Ausnahme. Wie man den **FREQUENCIES** Befehl selektiv einsetzen kann, werden Sie im weiteren Verlauf der Sitzungen sehen.

Doch nun wieder zurück zur Datenanalyse. Be-
reits unmittelbar nach der Bestätigung der Einga-   F10
be erhalten Sie erneut eine Systemmitteilung:

```
**** Memory allows a total of 2020 Values, accumulated across
     Variables.
     There also may be up to   252 Value Labels for each Variable.
```

Wir werden damit auf systembedingte Begrenzungen dieser Prozedur aufmerksam gemacht. Unmittelbar darauf erhalten wir die ersten Ergebnisse. Nach jeder Bildschirmausgabe werden wir durch die Ausgabe des **MORE** beep aufgefordert, den nächsten Bildschirminhalt aufzurufen. Dies tun wir, indem wir immer wieder eine beliebige Taste betätigen.

Noch ein zusätzlicher Hinweis: Wir haben mit dieser ersten Analyse SPSS/PC+ veranlaßt, uns alle Variablen auszählen zu lassen. Da es sich immerhin um 32 Variablen mit zum Teil recht zahlreichen Merkmalsausprägungen handelt (z.B. V31, V32), wird es eine ganze Weile dauern, bis diese ausgezählt und auf dem Bildschirm ausgegeben sind. Wem die Ausgabe der Ergebnisliste zu lange dauert, hat jederzeit die Möglichkeit, über einen Abbruch-Befehl diese zu stoppen und die Bearbeitung abzubrechen.

Dafür muß man nur die Tastenkombination "Ctrl-   Ctrl-c
c" betätigen. Die Bearbeitung wird damit sofort
unterbrochen, und wir erhalten die Systemmit-   **--Interrupted--**
teilung:

Das System kehrt nun wieder zum Hauptmenü
zurück, und Sie können in der normalen Arbeitsweise fortfahren.

Auf dieser und der nächsten Seiten finden Sie zunächst ein Auszug aus der Ergebnisliste
(listing):

```
***** Memory allows a total of    6342 Values, accumulated across
all Variables.
There also may be up to       792 Value Labels for each   Variable.


Page    3                              SPSS/PC+


V1          Bedeutung d. vorgez. Öffnungszeit

                                              Valid    Cum
Value Label             Value  Frequency  Percent  Percent  Percent

sehr wichtig              1         88      35.2     35.2     35.2
wichtig                   2         79      31.6     31.6     66.8
weniger wichtig           3         56      22.4     22.4     89.2
unwichtig                 4         26      10.4     10.4     99.6
k.A./k.M.                 9          1       .4       .4    100.0
                                 -------  -------  -------
                       TOTAL      250     100.0    100.0

     Valid Cases     250     Missing Cases       0
```

V2   Vorgezogene Öffnungszeit

Value Label	Value	Frequency	Percent	Valid Percent	Cum Percent
abschaffen	1	7	2.8	2.8	2.8
beibehalten	2	230	92.0	92.0	94.8
k.A./k.M.	9	13	5.2	5.2	100.0
		-------	-------	-------	
	TOTAL	250	100.0	100.0	

Valid Cases   250   Missing Cases   0

V3   Ausdehnung der Öffnungszeit

Value Label	Value	Frequency	Percent	Valid Percent	Cum Percent
	.	250	100.0	MISSING	
		-------	-------	-------	
	TOTAL	250	100.0	100.0	

Valid Cases   0   Missing Cases   250

Page   6   SPSS/PC+

V31

Value Label	Value	Frequency	Percent	Valid Percent	Cum Percent
	10910	5	2.0	2.5	2.5
	10911	1	.4	.5	2.9
	10912	1	.4	.5	3.4
	10919	6	2.4	2.9	6.4
	10920	1	.4	.5	6.9
	11011	2	.8	1.0	7.8
	11012	3	1.2	1.5	9.3
	11013	4	1.6	2.0	11.3
	11014	2	.8	1.0	12.3
	11016	3	1.2	1.5	13.7
	11018	2	.8	1.0	14.7
	11019	19	7.6	9.3	24.0
	11020	1	.4	.5	24.5
	11112	1	.4	.5	25.0
	11113	2	.8	1.0	26.0
	11114	1	.4	.5	26.5
	11116	1	.4	.5	27.0
	11118	1	.4	.5	27.5

--Interrupted--

Wie wir sehen, handelt es sich bei diesem Ausgabeformat der Häufigkeitsauszählung um eine Datenmatrix. Der obersten Zeile können wir die Nummer der ausgezählten Variablen und deren verbale Beschreibung, das sogenannte Variablenetikett (**VARIABLE LABELS**) entnehmen. In der zweiten Zeile befinden sich die Überschriften zu den jeweiligen Spalten. Wir verfügen über sechs Spalten. In der ersten Spalte (**VALUE LABEL**) stehen die verbalen Äußerungen ("sehr wichtig", "wichtig", "unwichtig", "k.M"...), die zugleich die einzelnen Merkmalsausprägungen darstellen. Sie werden auch als **Werteetiketten** bezeichnet. In der zweiten Spalte (Value) befinden sich die den Merkmalsausprägungen zugeordneten Meßwerte. In der dritten Spalte (Frequency) ist die Anzahl der Nennungen, wie oft die entsprechenden Merkmalsausprägung gewählt wurde, aufgelistet. Gleich daneben finden wir die prozentuale Häufigkeit (Percent) jeder Merkmalsausprägung. Diese bezieht sich auf **alle** abgegebenen Antworten. Eine Spalte weiter finden wir die prozentuale Häufigkeit (Valid Percent) jeder **gültigen** Antwort. Dies bedeutet, daß alle diejenigen Personen, die keine Angaben zu dieser Frage gemacht haben, als **fehlend** interpretiert werden und von der weiteren Berechnung ausgeschlossen werden. Dies gilt jedoch nicht für diejenigen, die die Angabe "keine Antwort/keine Meinung" angekreuzt haben. In der sechsten und letzten Spalte finden wir die aufsummierte, prozentuale Häufigkeit der gültigen Antworten (Cum Percent). In der letzten **Zeile** steht jeweils die Gesamtsumme der einzelnen Spalten (TOTAL). Wir werden nun weitere Variationsmöglichkeiten dieser **FREQUENCIES** Prozedur kennenlernen.

Nach der Ausgabe der letzten Häufigkeitstabelle sind Sie wieder automatisch im Hauptmenü von SPSS/PC+ "gelandet".

Nur sehr selten wird man bei der Datenanalyse mit allen Variablen gleichzeitig arbeiten, daher werden wir nun dazu übergehen, die **FREQUENCIES** Prozedur gezielt einzusetzen.

Öffnen Sie nun, vom Hauptmenü ausgehend, alle notwenigen Untermenüs, bis Sie sich wieder im **FREQUENCIES** Untermenü befinden. Kopieren Sie nun diesen Befehl auf die Arbeitsplatte.	**datenanalyse** **deskriptive Statistiken**
Über die **VARIABLES** Anweisung bestimmen wir nun, welche Variablen in die Analyse miteinbezogen werden sollen. Wir können dies über die uns schon bekannte Weise mittels des Aufrufs der Variablenliste tun oder die einzelnen Variablen direkt eingeben. Dafür müssen wir nur statt der Tastenkombination "Alt-v" die Kombination "Alt-t" verwenden. Unmittelbar danach öffnet sich auf der Arbeitsplatte ein schmales Fenster, in das wir die einzelnen Variablen eintippen können.	**FREQUENCIES** **/VARIABLES**

Schließen Sie nun mit der Esc-Taste das Fenster.   Esc

Da Ihnen die genaue Häufigkeitsverteilung der
einzelnen Variablen bereits aus der ersten Analyse bekannt ist, können Sie auf eine nochmalige
Ausgabe der Häufigkeitstabelle verzichten. Diese
kann mittels der Vorgabe: **/FORMAT NOTABLE**   **/FORMAT NOTABLE**
unterdrückt werden.

Wenn wir diese Vorgabe im entsprechenden
Untermenü definiert haben, können wir mittels
der Esc-Taste in das vorangegangene Menü
zurückspringen. Falls man dies wünscht, kann man
sogar über die Tastenkombination "Alt-Esc" aus   (Alt-Esc)
einem beliebigen Untermenü sofort wieder in das
Hauptmenü springen. Wir springen jedoch nur um
eine Stufe zurück und definieren mittels des
STATISTICS Unterbefehls, welche statistische   Alt-t
Kennwerte berechnet werden sollen. Wir können
unter zahlreichen Kennwerten wählen, die jeweili-
ge Bedeutung und Verwendungsweise können wir
den entsprechenden Erklärungstexten rechts dane-   V1 V2 V3 V4 V5
ben entnehmen. Entscheiden Sie sich dieses Mal
dafür, sich alle statistischen Kennwerte ausgeben
zu lassen.   Esc

Der vollständige Befehlsaufbau sieht nun so aus: **FREQUENCIES**
                                                          /VARIABLES V1 V2 V3 V4 V5
                                                          /FORMAT NOTABLE
                                                          /STATISTCS ALL.

Mittels der Funktionstaste F10 und der Bestäti-   F10
gung der Option **run from cursor** wird der Befehl   **run from cursor**
von SPSS/PC+ ausgeführt.

Auch hier wieder ein Teil der Ergebnisliste (listing):


```
***** Memory allows a total of 6342 Values, accumulated across all
Variables.
       There also may be up to   792 Value Labels for each Variable.
```


V1   Bedeutung d. vorgez. Öffnungszeit

```
Mean        2.108    Std Err        .069    Median      2.000
Mode        1.000    Std Dev      1.087     Variance    1.181
Kurtosis    5.096    S E Kurt       .307    Skewness    1.335
S E Skew     .154    Range        8.000     Minimum     1.000
Maximum     9.000    Sum        527.000
```


Valid Cases   250   Missing Cases   0

Page   13   SPSS/PC+

V2   Vorgezogene Öffnungszeit

```
Mean        2.336    Std Err        .099    Median      2.000
Mode        2.000    Std Dev      1.573     Variance    2.473
Kurtosis   14.227    S E Kurt       .307    Skewness    3.979
S E Skew     .154    Range        8.000     Minimum     1.000
Maximum     9.000    Sum        584.000
```


Valid Cases   250   Missing Cases   0

V3   Ausdehnung der Öffnungszeit

Valid Cases   0   Missing Cases   250

Page   14   SPSS/PC+

V4   Zeitliches Benutzungsprofil

Valid Cases   0   Missing Cases   250

V5   Besuchsdauer

```
Mean        2.464    Std Err        .047    Median      2.000
Mode        2.000    Std Dev        .740    Variance     .547
Kurtosis    -.273    S E Kurt       .307    Skewness     .095
S E Skew     .154    Range        3.000     Minimum     1.000
Maximum     4.000    Sum        616.000
```

Valid Cases   0   Missing Cases   250

Obwohl beide Ausgaben durch die Prozedur **FREQUENCIES** erzeugt worden sind, unterscheiden sie sich augenfällig. Zunächst ist das eigentliche Aufrufkommando für beide Ausgaben gleich. Beide werden mit dem Befehl: **FREQUENCIES VARIABLES=** aufgerufen. Unmittelbar nach den "=" Zeichen steht die Variablenliste (varlist), mit der wir dem System mitteilen, **welche** Variablen bearbeitet werden sollen. Diese können entweder einzeln eingegeben (...= V1, V2, V3, V17, V20 usw.) oder mit Schlüsselwörtern verbunden werden (...= V1 **TO** V11, V20).

Nach der Variablenliste kann entweder der command terminator (".") gesetzt und damit die Befehlseingabe beendet werden, oder man kann das Ausgabeformat von **FREQUENCIES** durch **Unterbefehle** (subcommands) verändern. Es gibt eine ganze Fülle von Unterbefehlen. In unserem Beispiel wurden die Unterbefehle **FORMAT** und **STATISTICS** verwendet. Dabei ist zu beachten, daß die jeweiligen Unterbefehle durch einen Schrägstrich ("/") voneinander getrennt werden müssen. Jeder Unterbefehl kann seinerseits entweder durch ein keyword oder durch eine Ziffer spezifiziert werden. Wir haben den Unterbefehl **FORMAT=** durch die Angabe **NOTABLE** spezifiziert; dadurch wird SPSS/PC+ veranlaßt, die Ausgabe der Häufigkeitstabellen zu unterdrücken. Hätte man dagegen die Spezifikation **CONDENSE** gewählt, so hätte dies bewirkt, daß die Darstellung der Häufigkeitstabelle in einer komprimierten Weise erfolgt.

Mit dem Unterbefehl **STATISTICS** können statistische Kennwerte aufgerufen werden. Wir haben das Schlüsselwort **ALL** verwendet und damit bestimmt, daß alle verfügbaren statistischen Kennwerte ausgegeben werden. Genau wie bei der Spezifikation der Variablenliste (varlist), sollte man auch hier sehr sparsam mit dem Schlüsselwort **ALL** umgehen. Die Problemlosigkeit, mit der alle verfügbaren statistischen Kennwerte aufgerufen werden können, verführt leicht dazu, dies auch tatsächlich zu tun. Nun sollte man aber beachten, und dies gilt ganz besonders für den Anfänger, daß je umfangreicher und weniger gezielt die Ausgabe statistischer Kennwerte ist, desto größer ist die Unübersichtlichkeit und damit die Gefahr von Fehlinterpretationen. Man sollte sich also, **bevor** man die entsprechenden Kennwerte aufruft, überlegen, auf welchem Skalenniveau die einzelnen Variablen skaliert sind, und welches Ausgabeformat am geeignetsten für die beabsichtigte Interpretation und Dokumentation ist.

Als Alternative zu der bisher besprochenen Prozedur **FREQUENCIES** bietet sich die Prozedur **DESCRIPTIVES** an. Wir werden jetzt diese Prozedur aufrufen und mit der vorangegangenen vergleichen. Um die Vergleichbarkeit beider Prozeduren zu gewährleisten, werden wir die gleiche Variablenliste wieder verwenden.

Sowohl der Aufbau als auch Aufruf der **DES-CRIPTIVES** Prozedur ähnelt dem der **FREQUEN-CIES** Prozedur. Die **DESCRIPTIVES** Prozedur befindet sich im gleichem Untermenü (deskriptive Statistiken) wie die **FREQUENCIES** Prozedur. Spezifizieren Sie die Variablenliste über den Unterbefehl **/VARIABLES** und die Tastenkombination "Alt-v".

Der **OPTIONS** Unterbefehl wurde allerdings weggelassen, da er für die Vergleichbarkeit nicht von Bedeutung ist und, wie wir dem Erklärungstext entnehmen können, bei dieser Prozedur eine andere Funktion wahrnimmt. Dagegen mußte der **STATISTICS** Befehl modifiziert werden. Hier bedeutet die Spezifikation "13", daß das arithmetische Mittel, die Standardabweichung sowie der kleinste und der größte Wert ausgegeben werden.

datenanalyse

deskriptive
Statistiken

DESCRIPTIVES
/VARIABLES

Alt-v

/STATISTICS 13

Hier nun der vollständige Befehlsaufbau:

DESCRIPTIVES
/VARIABLES V1 V2 V3 V4 V5
/STATISTICS 13.

und erneut die dazugehörende Ergebnisliste:

```
Number of Valid Observations (Listwise) =            .00

Variable    Mean      Std Dev    Minimum    Maximum     N  Label

V1        2.11       1.09         1          9       250  Bedeutung d. vorgez.
V2        2.34       1.57         1          9       250  Vorgezogene Öffnungs
V3        Variable is missing for every case.           Ausdehnung der Öffnu
V4        Variable is missing for every case.           Zeitliches Benutzung
V5        2.46        .74         1          4       250  Besuchsdauer
```

This procedure was completed at 1:25:23

Wie wir sehen, unterscheiden sich die Ausgaben von **DESCRIPTIVES** und der zweiten Ausgabe von **FREQUENCIES** nicht prinzipiell. Bei **DESCRIPTIVES** wird in der ersten Zeile die Zahl der gültigen Beobachtungen (Valid Observations) - wir haben bis jetzt von Fällen (cases) gesprochen - angegeben. In der zweiten Zeile befinden sich die Überschriften (label's) zu den darunterliegenden Spalten. Auf dem Bildschirm werden sieben Spalten dargestellt. In der ersten Spalte wird die Variable angezeigt, gleich daneben befindet sich der dazugehörige arithmetische Mittelwert (Mean). Eine Spalte weiter finden wir die Standardabweichung (Std. Dev.). In den Spalten vier und fünf werden jeweils der niedrigste (Minimum) bzw. der höchste (Maximum) Wert aufgeführt. Wieder eine Spalte weiter steht die Anzahl der **gültigen** Antworten. Am Ende wird das Etikett (label) der Variablen angezeigt.

Der entscheidende Vorteil der **DESCRIPTIVES** gegenüber der **FREQUENCIES** Prozedur besteht in der kompakteren Darstellungsweise der statistischen Kennwerte. Zudem hat man hier die Möglichkeit, sich die standardisierte Variable (oder Z-Variable) ausgeben zu lassen. Bevor wir die erste Sitzung beenden und uns die Ergebnisliste auf dem Drucker ausgeben lassen, gehen wir auf die Verwendung des "TO" Operators ein.

Wir werden dafür die vorangegangene Prozedur noch einmal wiederholen, allerdings soll dabei die Variablenliste modifiziert werden. Statt Variable für Variable anzuführen, werden wir nun das Programm SPSS/PC+ anweisen, uns die statistischen Kennwerte von der ersten bis zur fünften Variablen auszugeben.

Die Anweisungen **DESCRIPTIVES** und **/VARIA-BLES** werden in der gewohnten Weise auf die Arbeitsplatte kopiert. Um die Variablenliste einzugeben, verwenden wir die Tastenkombination Alt-t. Um nicht alle Variablen angeben zu müssen, verwenden wir das Schlüsselwort **TO**.	**DESCRIPTIVES** **/VARIABLES** Alt-t
Geben Sie nun folgendes in das geöffnete Fenster ein:	V1 **TO** V5
und kopieren Sie dies unter Zuhilfenahme der Return-Taste auf die Arbeitsplatte.	
Auch hier der vollständige Befehlsaufbau:	**DESCRIPTIVES** **/VARIABLES** v1 **TO** v5 **/STATISTICS** 13.

Wenn alle Angaben korrekt sind, müßten Sie nach kurzer Zeit die folgende Ergebnisliste erhalten:

```
Number of Valid Observations (Listwise) =            .00

Variable      Mean    Std Dev   Minimum    Maximum    N  Label

V1      2.11     1.09        1         9      250  Bedeutung d. vorgez.
V2      2.34     1.57        1         9      250  Vorgezogene Öffnungs
V3      Variable is missing for every case.       Ausdehnung der Öffnu
V31    30241.01  24360.78    10910     71920     204
V32    45789.22  19114.33    10911     71920     115
V4      Variable is missing for every case.       Zeitliches Benutzung
V41    38297.67  24514.60    11011     71819     249
V42    41504.02  14805.89    11011     71819     212
V5      2.46      .74         1         4      250  Besuchsdauer

Page   19                            SPSS/PC+


This procedure was completed at  1:26:25
```

Wenn wir die Tabellen der beiden letzten Prozeduren vergleichen, so werden wir feststellen, daß sie sich nur in einem Punkt unterscheiden. Während bei der ersten Tabelle nur die Variablen ausgegeben wurden, die auch tatsächlich angegeben worden sind (also V1, V2, V3, V4, V5), wurden bei der zweiten Tabelle auch die "Untervariablen" (V31, V32, V41, V42) ausgezählt, da sie der "inneren Rangordnung" nach zu der entsprechenden "Übervariablen" hinzugezählt werden.

Am Ende dieser Sitzung werden wir SPSS/PC+ verlassen und uns mit Hilfe des Betriebssystems die erstellten Ergebnisse ausdrucken lassen.

Der Befehl, mit dem wir SPSS/PC+ verlassen können, heißt: **FINISH**. Er befindet sich in der untersten Zeile des Hauptmenüs. Fahren Sie nun in diese und kopieren Sie ihn auf die Arbeits- platte.   **FINISH.**

Über die Funktionstaste F10 und die Bestätigung   F10
der Option: **run from cursor** veranlassen Sie
SPSS/PC+, die Sitzung zu beenden und Sie   **run from cursor**
wieder in das Betriebssystem zurückzusetzen.

Hier angelangt, lassen Sie sich zunächst das
Inhaltsverzeichnis des Unterverzeichnisses (sub-   C:\RTFILES>
directories): RTFILES ansehen.

                                                       C:\RTFILES>dir

Neben den uns schon bekannten Dateien: "rtdata.sys" und "rtdd", müßten nun drei neue
Dateien dazugekommen sein, nämlich: "spss.log", "spss.lis" und "scratch.pad". In der Datei
"spss.log" befinden sich alle die Befehle, die wir während der gesamten letzten Sitzung
verwendet haben, sowie Verweise, auf welcher Seite der Ergebnisliste sich die
entsprechenden Ergebnisse befinden. Zusätzlich werden hier alle evtl. aufgetretenen Fehler-
und Warnmeldungen verzeichnet. In der "scratch.pad" werden nur die Befehle festgehalten,
die auf die Arbeitsplatte kopiert worden sind. Daher fehlen hier die Fehler- und Warnmeldungen, sowie die Verweise auf die Ergebnisliste. Die Datei "spss.lis" protokolliert ausschließlich die erzielten Ergebnisse der von uns erzeugten statistischen Analysen. Sie wird daher als
Ergebnisliste bezeichnet.

Es gibt verschiedene Möglichkeiten, sich die
Ergebnisse der Analysen auf dem Drucker ausgeben zu lassen. Da wir uns bereits im Betriebssystem befinden, werden wir dazu einen DOS
Befehl verwenden. Er heißt: **print**. Unser Befehls-
zeile müßte also so aussehen: C:\RTFILES>print
                                                       spss.lis

Ist alles in Ordnung und der Drucker eingeschaltet, müßten wir in Kürze unsere erste Datenanalyse in den Händen halten.

Der Hauptunterschied zwischen **FERQUENCIES** und **DESCRIPTIVES** besteht darin, daß die
Prozedur **DESCRIPTIVES** eher für einen ersten, **schnellen Überblick** verwendet wird,
vorausgesetzt, man ist nicht an einer Ausgabe der Häufigkeitstabelle interessiert. Bei der
Prozedur **FREQUENCIES** stehen einem wesentlich mehr Möglichkeiten zur Verfügung, das
Ausgabeformat nicht nur statistisch, sondern vor allem auch **graphisch** zu gestalten.

Zum Schluß ein **erster, exemplarischer** Versuch, die ermittelten Daten zu interpretieren. Wie wir den Ausdrucken entnehmen können, wurden einige Variablen aufgesplittet, d.h. eine Variable wurde in mehrere Untervariablen aufgeteilt. Es handelte sich dabei vor allem um Fragen, bei denen Mehrfachantworten zugelassen oder sogar erwünscht waren. Auf diese Art der Operationalisierung von Mehrfachantworten werden wir noch genauer in Kapitel 13 eingehen. Jetzt halten wir nur fest, daß es sich bei einigen Variablen um quasi "Etiketten" für darauffolgende handelt.

Was können wir unseren Analysen weiter entnehmen? Wir können z.B. der ersten Prozedur entnehmen, daß sich nahezu 2/3 der Befragten positiv zu den neuen, vorgezogenen Öffnungszeiten geäußert haben. Gleichzeitig bewerten immerhin 32,8 % der Befragten die neuen Öffnungszeiten als für sie persönlich "weniger wichtig" oder "unwichtig". Erfreulicherweise hat nur ein Befragter zu dieser Frage keine Meinung (=0,4 % aller Befragten). Dies ist ein Indikator dafür, daß die Frage so formuliert war, daß sie von allen verstanden worden ist, und daß sich die überwiegende Anzahl der Befragten durch die vorgegebenen Antwortmöglichkeiten repräsentiert fühlte. Diese Einschätzung gilt auch für die nächste Frage. Nur 13 Befragte, dies entspricht 5,2 % der Gesamtheit, haben zu der Frage, ob die neuen Öffnungszeiten beibehalten werden sollen, keine Meinung oder machen keine Angaben dazu. Ganz eindeutig ist die überwiegende Mehrheit der Befragten, nämlich über 90 %, für die Beibehaltung der neuen Öffnungszeiten, nur eine kleine Minderheit von 7 Befragten ist dafür, diese abzuschaffen. Dies ist interessant, da wir aus der ersten Frage wissen, daß immerhin ein Drittel der Befragten die neuen Öffnungszeiten für "weniger wichtig" oder "unwichtig" hält, aber anscheinend nur wenige diese auch abschaffen wollen.

Die Auszählung der Variablen V3, V31, V32, also die Fragen nach der Ausdehnung der Öffnungszeit, erbrachte ein für uns in dieser Form nicht brauchbares Ergebnis. Wir müssen also eine andere Art der Analyse für diese Variablen wählen. Dies gilt eigentlich auch für die Ausgabe der Prozedur **DESCRIPTIVES**. Wie wir SPSS/PC+ mit dem Befehl **STATISTICS 13** angegeben haben, hat es für uns den Mittelwert (Mean), die Standardabweichung (Std. Dev) und das Minimum bzw. Maximum berechnet. Andererseits sind alle fünf angegebenen Variablen **nicht** auf dem Intervallniveau skaliert. Die berechneten statistischen Kennwerte sind also unbrauchbar. Wir werden bei den nächsten Prozeduren darauf achten müssen, nur die Kennwerte aufzurufen, mit denen man die in die Analyse miteinbezogenen Variablen sinnvoll interpretieren kann.

11. Kreuztabellenanalyse

Bisher haben Sie sich ausschließlich im Bereich der **univariaten** Datenanalysen bewegt. Ziel der einzelnen Analysen war es, mit Hilfe geeigneter Statistiken die erhobenen Merkmale (Variablen) zu beschreiben.

Im Vordergrund dieses Kapitels soll dagegen eine **multivariate** Analyse stehen. Als Analysemethode werden Sie die Kreuztabellenanalyse kennenlernen. Mit ihr soll vor allem geprüft werden, ob Zusammenhänge zwischen den einzelnen Variablen bestehen und wenn diese existieren, wie stark sie dann sind. Nicht untersucht werden **Kausalitätsbeziehungen**. Das heißt die Frage, inwieweit ein bestimmtes Merkmal ein anderes verursacht. Dabei soll neben dem formalen Aufbau einer Kreuztabelle auch auf den Einsatz statistischer Kennwerte eingegangen werden.

Ein weiterer wichtiger Punkt wird darin bestehen, eine neue Art der Eingabe und Modifikation von SPSS/PC+ Befehlen zu erlernen. Wurden die bisherigen Befehle ausschließlich über den Menü-Modus eingegeben, so werden Sie nun die verschiedenen Nutzungsmöglichkeiten des SPSS/PC+ Editors **REVIEW** kennenlernen. Um diesen optimal einsetzen zu können, werden wir uns eine neue Vorgehensweise bei der Steuerung von SPSS/PC+, die sogenannte "**Schleifentechnik**" aneignen. Mit ihr werden Sie in die Lage versetzt, die Befehlseingabe und -modifikation noch schneller, bequemer und vor allem gezielter einzusetzen.

Wir werden dabei wie folgt vorgehen:

1.) SPSS/PC+ Aufruf.
2.) Aufruf der Systemdatei.
3.) Erstellen einer Kreuztabelle.
4.) Aufruf des Editors.
5.) Bearbeitung und mehrmalige Modifikation der Kreuztabellen in veränderter Form.
6.) Beendigung der Sitzung.

Zunächst erfolgt, wie üblich, der Aufruf SPSS/PC+:

C:\RTFILES > spsspc

Nach dem Einblenden des Logo befinden Sie sich automatisch im SPSS/PC+ Hauptmenü (main menu).

Bestimmen Sie zunächst mit dem **GET /FILE**
Befehl die Systemdatei, mit der Sie arbeiten
wollen.

GET /FILE 'c:\rtfiles\rtdata.sys'.

Über die Funktionstaste F10 und Bestätigung der
Meldung: **run from cursor** bringen Sie den Befehl
zur Ausführung.

F10
run from cursor

Der inhaltliche Ausgangspunkt dieser Sitzung soll die Vermutung sein, daß derjenige Bibliotheksbesucher, der die Frage (V1) nach der persönlichen Bedeutung der vorgezogenen neuen
Öffnungszeiten positiv (also mit "sehr wichtig" oder "wichtig") beantwortet hat, diese dann
auch beibehalten will (V2). Gleichzeitig vermuten wir, daß derjenige, für den die neuen
Öffnungszeiten eher "weniger wichtig" oder "unwichtig" sind, dazu tendiert, diese auch
abzuschaffen. Wir werden versuchen, diese unterstellten Zusammenhänge mit Hilfe einer
Kreuztabelle zu überprüfen.

Doch bevor wir die eigentliche Kreuztabelle erzeugen, noch einige Überlegungen zum
Aufbau der Tabelle. Bei der oben aufgestellten Hypothese gehen wir von der Annahme aus,
daß die Variable "Bedeutung d. vorgezogenen Öffnungszeit" (V1) als die eigentlich bestim-
mende, sprich **unabhängige** Variable, einen Einfluß auf die Variable "Vorgezogene
Öffnungszeit" (V2) (=**abhängige** Variable) ausübt.

Vereinbarungsgemäß werden statistische Tabellen so aufgebaut, daß sich die **unabhängige**
Variable immer auf der vertikalen Achse (Y -Achse) und die **abhängige** Variable auf der
horizontalen Achse (X - Achse) eines Koordinatensystems befindet.

Die Prozedur **CROSSTABS** gehört wie **FRE-
QUENCIES** zu der Kategorie deskriptiver Statistik. Wechseln Sie daher aus dem Hauptmenü in
das entsprechende Untermenü.

datenanalyse

**deskriptive
Statistiken**

Wie Sie diesem Untermenü entnehmen können,
stehen Ihnen hier vier Optionen offen. Begeben
Sie sich nun in die dritte Zeile und kopieren Sie
zunächst den **CROSSTABS** Befehl auf die Arbeitsplatte.

CROSSTABS

Nachdem Sie dies getan haben, eröffnen sich
Ihnen erneut drei Möglichkeiten. Mit dem Unterbefehl **/TABLES** können Sie den Aufbau der gewünschten Kreuztabelle bestimmen. Der **/OPTI-
ONS** Unterbefehl gibt Ihnen die Möglichkeit, das
Format dieser Tabelle zu beeinflußen. Über die
/STATISTICS Anweisung lassen sich zahlreiche
statistische Kennwerte aufrufen. Wir werden im
Laufe dieser Arbeitssitzung auf alle drei Unterbefehle eingehen. Da die Anweisung als einzige mit
einem Ausrufezeichen versehen und damit notwendig ist, kopieren wir auch diese auf die Arbeitsplatte. Durch diesen Kopiervorgang öffnen
wir das Untermenü **/TABLES**.

Hier zum Vergleich das dazugehörige Monitorbild.

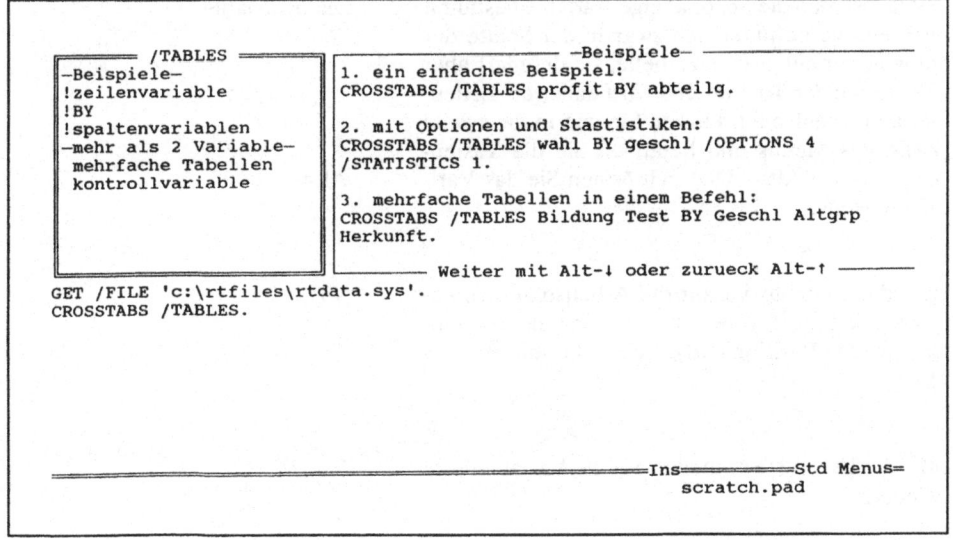

Sie werden vom System automatisch in die erste
Zeile des Untermenüs **/TABLES** geführt. Wenn   **/TABLES**
Sie nun auf die rechte Seite des Bildschirms
schauen, so finden Sie dort fünf Beispiele für

einen möglichen Aufbau einer Kreuztabelle. Diese
reichen von "1. ein einfaches Beispiel", über "2.
mit Optionen und Statistiken", bis zu "5. mehrfa-
che Tabelle mit Kontrollvariable". Die Beispiele
vier und fünf sind nicht sofort im Fenster für die
Erklärungstexte zu erkennen. Durch die Tastenkombination Alt-↓ bewegen Sie den Text nach un-   Alt-↓
ten, mit Alt-↑ kommen Sie wieder nach oben. Wir
werden nun eine erste einfache Kreuztabelle er-   Alt-↑
zeugen.

Solange Sie sich in der Zeile mit den Beispielen
befinden, können Sie keine Variablen definieren.
Um die einzelnen Variablen aufrufen zu können,
müssen Sie sich in die entsprechenden Zeilen begeben.

Zunächst muß die unabhängige Variable bestimmt   **zeilenvariable**
werden. Sie befindet sich zwar in der Spalte der
zu generierenden Kreuztabelle, sie definiert aber
die Zeilen der Tabelle und wird daher als Zeilenvariable bezeichnet. Fahren Sie nun in die zweite
Zeile des Menüs und betätigen Sie die Tastenkombination Alt-v. Dadurch öffnen Sie das Vari-   Alt-v
ablen-Menü.

Um die Variable V1 auf die Arbeitsplatte zu ko-   V1
pieren, fahren Sie mit dem Cursor auf die entsprechende Position und drücken dort die Return-
Taste.

Mit der Esc-Taste schließen Sie die Variablenliste   Esc
wieder.

Um diese unabhängige Variable mit einer abhängigen Variablen verknüpfen zu können, benötigt
man das Schlüsselwort **BY**. Dieses wird ebenfalls   **BY**
mit der Return-Taste auf die Arbeitsplatte kopiert.

Erst jetzt können Sie die abhängige Variable definieren. Sie wird sich später in der Zeile der
Tabelle befinden, definiert aber die Spalten der
Kreuztabelle, daher wird sie als Spaltenvariable   **spaltenvariable**
bezeichnet. Aufgrund der Fragestellung definieren
wir die Variable V2 als Spaltenvariable. Verwen-   V2
den Sie erneut die Tastenkombination Alt-v, um
die Variablenliste aufrufen zu können.   Alt-v

Als Alternative können Sie auch die Tastenkombi-   oder
nation Alt-t zur Definition der Kreuztabelle verwenden. Gerade bei Tabellen mit nur zwei Varia-   Alt-t
blen wird dies sicher der schnellere Weg sein.
Vergessen Sie dabei nicht, Leerstellen zwischen
die einzelnen Variablen und den Schlüsselbegriff
zu setzen.

Die komplette Befehlseingabe müßte nun diese
Form haben.   **CROSSTABS**
    /TABLES V1 **BY** V2.

Übergeben Sie diese nun mit der Funktionstaste   F10
F10 an SPSS/PC+ zur weiteren Bearbeitung.   **run from cursor**

Nach der Bestätigung der Befehlseingabe durch
die Return-Taste erhalten wir nach einer kurzer
Wartezeit zunächst eine Systemmitteilung. Diese
weist Sie auf die systembedingten Beschränkungen
dieser Prozedur hin.

```
***** Given WORKSPACE allows for   3932 Cells with
    2 Dimensions for CROSSTAB problem *****
```

Erst danach erhalten Sie die folgende zweiseitige Kreuztabelle (siehe unten). Da das
Ergebnis nicht auf eine Bildschirmseite paßt, wird es auf mehrere Bildschirmseiten verteilt.

Betätigen Sie daher mehrmals eine beliebige Taste, um den neuen Bildschirminhalt
aufzurufen.

Page   3   SPSS/PC+

Crosstabulation: V1   Bedeutung d. vorgez. öffnungszeit
                        By V2   Vorgezogene öffnungszeit

                                              - - - - Page   1 of   2

	Count	abschaffen	beibehalten	k.A./k.M.	Row
V2–>		1	2	9	Total
V1					
sehr wichtig	1		87	1	88 35.2
wichtig	2		79		79 31.6
weniger wichtig	3	3	50	3	56 22.4
unwichtig	4	4	14	8	26 10.4
(Continued)	Column Total	7 2.8	230 92.0	13 5.2	250 100.0

Page   4   SPSS/PC+

Crosstabulation: V1   Bedeutung d. vorgez. öffnungszeit
                        By V2   Vorgezogene öffnungszeit

                                              - - - - Page   2 of   2

	Count	abschaffen	beibehalten	k.A./k.M.	Row
V2–>		1	2	9	Total
V1					
k.A./k.M.	9			1	1 .4
	Column Total	7 2.8	230 92.0	13 5.2	250 100.0

Number of Missing Observations =   0

Wie wir richtig vermutet haben, will die überwiegende Anzahl derjenigen Befragten, die die neuen Öffnungszeiten als für sie persönlich "wichtig" oder "sehr wichtig" eingeschätzt haben, diese auch beibehalten. Dies stützt unsere Ausgangsvermutung in einer nicht unerheblichen Weise. Allerdings sind immerhin 64 Befragte der Meinung, daß die neuen Öffnungszeiten für sie persönlich zwar "weniger wichtig" bzw. "unwichtig" sind, diese aber **nicht** abschaffen wollen. Dementsprechend haben sich nur sehr wenige Befragte dazu bereitgefunden, für die Abschaffung der neuen Öffnungszeiten zu plädieren. Die Gesamtheit der Befragungsteilnehmer (Gesamtpopulation) unterteilt sich also in zwei unterschiedlich große Gruppen (Subpopulationen). Einerseits in diejenigen, die die neuen Öffnungszeiten tendenziell begrüßen und sie dementsprechend auch beibehalten wollen, andererseits in eine kleinere Gruppe, für die die neuen Öffnungszeiten zwar nicht so wichtig sind, die diese aber **nicht** abschaffen wollen. Bezogen auf die Hypothese, die wir zu Anfang dieser Sitzung formuliert haben, bedeutet dies, daß nur ihr erster Teil richtig ist. Es wäre sicherlich interessant, diese beiden Subgruppen auf weitere Wesensmerkmale zu untersuchen.

Ein Nachteil dieser Kreuztabelle ist, daß sie auf zwei Bildschirmseiten ausgegeben wird. Sie wirkt dadurch unübersichtlich. Der Grund dafür liegt darin, daß durch das SPSS/PC+ Format nur eine bestimmte Anzahl von Spalten (Col) und Zeilen (Row) auf einer Seite ausgegeben werden kann. Würde man die Reihenfolge, in der die beiden Variablen in die Analyse eingezogen werden, vertauschen (also statt V1 **BY** V2 nun V2 **BY** V1 eingeben), erhielte man eine kompaktere Tabelle. Ein weiterer, wesentlich bedeutsamer Nachteil ist der Umstand, daß Ihnen bei der Analyse der Tabelle nur die absoluten Werte zur Verfügung stehen. Um diese Werte ihrer Bedeutung nach gewichten zu können, ist es wichtig deren prozentuale Anteile zu kennen. Erst über diese und weitere statistische Meßgrößen kann überprüft werden, welche Zellenbesetzungen über- oder unterrepräsentiert sind bzw. ob zwischen den ausgewählten Variablen ein statistischer Zusammenhang besteht.

Glücklicherweise kann man dies alles mit Hilfe von SPSS/PC+ Befehlen berechnen lassen. Wenn wir unsere Kreuztabelle mit dem Unterbefehl OPTIONS= 3, 4, 5 erweitern, erhalten wir zunächst den prozentualen Anteil der absoluten Zahl bezogen auf die Zeile (**Row Pct**), anschließend den Anteil bezogen auf die Spalte (**Col Pct**) und zum Schluß den Anteil bezogen auf die Gesamttabelle (**Tot Pct**). Wählen wir zusätzlich die **OPTIONS** Vorgabe 15, so berechnet uns SPSS/PC+ die auf den Chi^2-Test bezogene **Residualhäufigkeit**.[24] Dabei handelt es sich um einen Kennwert, bei dem von der beobachteten die theoretisch erwartete Häufigkeit abgezogen wird. Dadurch erhalten wir, wie oben gefordert, einen Indikator, mit dem man abschätzen kann, welche Zellenbesetzung unter- oder überrepäsentiert ist. Unsere nächste Aufgabe unterteilt sich in zwei Bereiche. Zum einen soll eine Kreuztabelle erstellt werden, bei der die Reihenfolge, in der die beiden Variablen miteinander kreuztabelliert werden, verdreht wird (statt V1 **BY** V2 **nun** V2 **BY** V1). Zum anderen soll eine weitere Kreuztabelle erzeugt werden, bei der neben den verschiedenen prozentualen Anteilen auch die Residuale berechnet werden sollen. Zusätzlich dazu sollen alle verfügbaren statistischen Kennwerte über den **STATISTICS** Befehl abgerufen werden.

---

[24]   Wir lassen uns hier einfachheitshalber nur die simple Residualhäufigkeit berechnen. Mit den **OPTIONS** Vorgaben 16 und 17 können sowohl die standardisierte, als auch die angepaßte standardisierte Residualhäufigkeit berechnet werden.

Die bisherige Arbeitsweise hat den Nachteil, daß praktisch jeder Job immer wieder neu geschrieben werden mußte. Hat man beispielsweise einen **CROSSTAB** Befehl samt verschiedener Unterbefehle definiert, mußte man diesen auch dann vollkommen neu eingeben, wenn man nur die Reihenfolge, in der die Variablen miteinander verknüpft sollten, verändern wollte.

Mit Hilfe des Editors können wir uns ein Teil dieser Arbeit ersparen. Der entscheidende Vorteil des Editors ist nämlich, daß man bereits erstellte Befehle oder ganze Befehlszeilen nicht immer wieder neu schreiben muß, sondern sie einfach noch einmal aufrufen kann. Dadurch wird es möglich, diese zu modifizieren, bei Bedarf ganz zu löschen oder unter einem bestimmten Namen neu abzuspeichern. Diese Arbeitsweise ist natürlich dann besonders effektiv, wenn man mit umfangreichen Befehlsfolgen arbeitet. Der Vorgang läßt sich beliebig oft wiederholen, bis man das optimale Ergebnis hat. Doch wie dies im einzelnen funktioniert, sehen wir am besten bei der unmittelbaren Anwendung. Wir gehen im nächsten Kapitel noch eingehender auf die einzelnen Möglichkeiten des Editors ein. In dieser Sitzung begnügen wir uns damit, ihn einfach aufzurufen. Die SPSS/PC+ Menüsteuerung ist so aufgebaut, daß sie quasi in den Editor integriert ist. Dies hat unter anderem den Vorteil, daß sich der Editor durch eine einfache Tastenkombination aufrufen läßt. Wenn Sie über die SPSS/PC+ Version 2.0 oder 3.0 verfügen, haben Sie nun zwei Möglichkeiten. Durch die Tastenkombination Alt-e gelangen Sie aus der Menüsteuerung direkt in den Editor-Modus. Die Menüfenster bleiben zwar weiterhin sichtbar, werden aber quasi "eingefroren". Beachten Sie bitte die veränderte Umrandung des Steuermenüfensters. Ob Sie sich tatsächlich im Editor-Modus befinden, können Sie an der Meldung in der Statuszeile (**Edit mode - press Esc to resume menu mode**) erkennen. Wie Sie ihr entnehmen können, gelangen Sie mit Hilfe der Esc-Taste wieder in die Menüsteuerung. Die zweite Möglichkeit, den Menü-Modus aus- und den Editor-Modus einzuschalten, besteht darin, die Tastenkombination Alt-m zu betätigen. Im Gegensatz zu der ersten Möglichkeit verschwindet hier die Menüsteuerung vollständig. Sie erhalten eine Bildschirmausgabe, die in zwei Teile, sogenannte Fenster, geteilt ist. Das obere Fenster enthält das **listing-file**, in dem die Ergebnisse des letzten Jobs zu sehen sind[25]. In unserem Fall wäre dies die Kreuztabelle V1 **BY** V2. Das untere Fenster ist die sogenannte Arbeitsplatte (**scratch.pad**). Alle Befehle, die während einer Sitzung verwendet werden, werden hier und im **log-file** (vgl. Kapitel 5.1) protokolliert.

---

[25]   Normalerweise wird das Fenster des listing-files etwas größer sein als das des log-files. Man kann die Größe der Fenster, d.h. eigentlich die Anzahl der ausgegebenen Zeilen pro Bildschirm, aber auch manuell verändern. Wie dies im einzelnen vonstatten geht, werden Sie in einem der nachfolgenden Kapitel sehen.

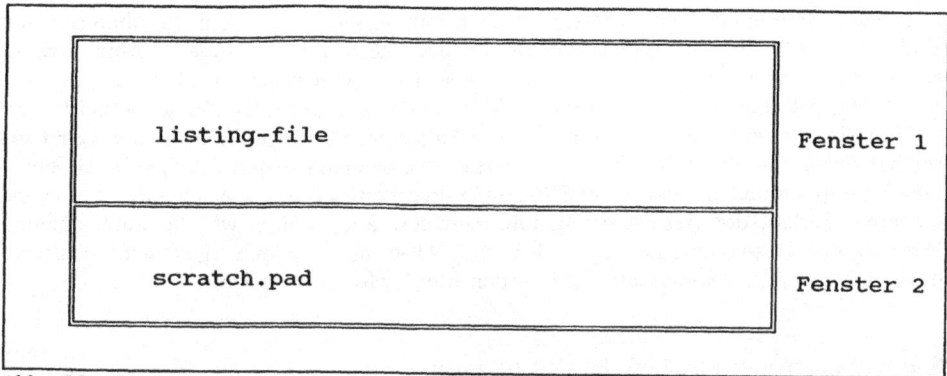

Abb. 10: Schematischer Aufbau des SPSS/PC+ Editors

Aufgrund der Voreinstellung des Systems befinden Sie sich automatisch zunächst immer auf der Arbeitsplatte (unteres Fenster) des Editors. Sie können nun mit dem Cursor innerhalb eines Fensters hoch und runter, nach links und nach rechts fahren, das Fenster selbst aber nicht verlassen. Wenn wir aber an den oberen bzw. unteren Rand eines Fensters fahren, so "scrollt" der Text, der sich in diesem Fenster befindet, entweder nach oben oder nach unten. Der Text, der sich im anderen Fenster befindet, bleibt dagegen unverändert stehen.

Über die Tastenkombination Alt-m schaltet man　　　　Alt-m
den Menü-Modus aus. Hier das neue Monitorbild:

```
   The file was created on  2/13/89 at 18:20:42
   and is titled                     SPSS/PC+
   The SPSS/PC+ system file contains
       250 cases, each consisting of
        32 variables (including system variables).
        32 variables will be used in this session.
   ------------------------------------------------------------------
   Page    2                      SPSS/PC+                        10/23/9

   This procedure was completed at  4:26:09
   ------------------------------------------------------------------
   Page    3                      SPSS/PC+                        10/23/9

   GET /FILE 'c:\rtfiles\rtdata.sys'.
   CROSSTABS /TABLES v1 BY v2.




===============================================Ins==========Std Menus=
                                                scratch.pad
```

Die beiden Fenster des Menü-Modus müßten nun verschwunden sein. Im oberen Teil des Bildschirms (d.h. im listing-file) finden Sie den Rest der von Ihnen vorhin erzeugten Kreuztabelle. Wenn Sie nun mit dem Cursor nach oben fahren wollen, so werden Sie feststellen, daß dies nur bis zur der Zeile geht, in der sich der **GET /FILE** Befehl befindet. Fahren Sie mit dem Cursor nach unten, so erhalten Sie die folgende Meldung: **Can't move further down**. Sie könnten nun auf der Arbeitsplatte einen neuen SPSS/PC+ Befehl von Hand eintippen und ihn dann von SPSS/PC+ bearbeiten lassen. Dies werden Sie auch im weiteren Verlauf der Arbeitssitzung tun. Zunächst aber wollen wir die unterschiedliche Wirkung der Tastenkombinationen Alt-m und Alt-e miteinander vergleichen. Schalten Sie daher mit der Tastenkombination Alt-m den Menü-Modus wieder ein.

Sobald Sie erneut im Menü-Modus sind, betätigen
sie nun die Tastenkombination Alt-e. Hier zum   Alt-e
Vergleich das neue Erscheinungsbild des Editor-
Modus.

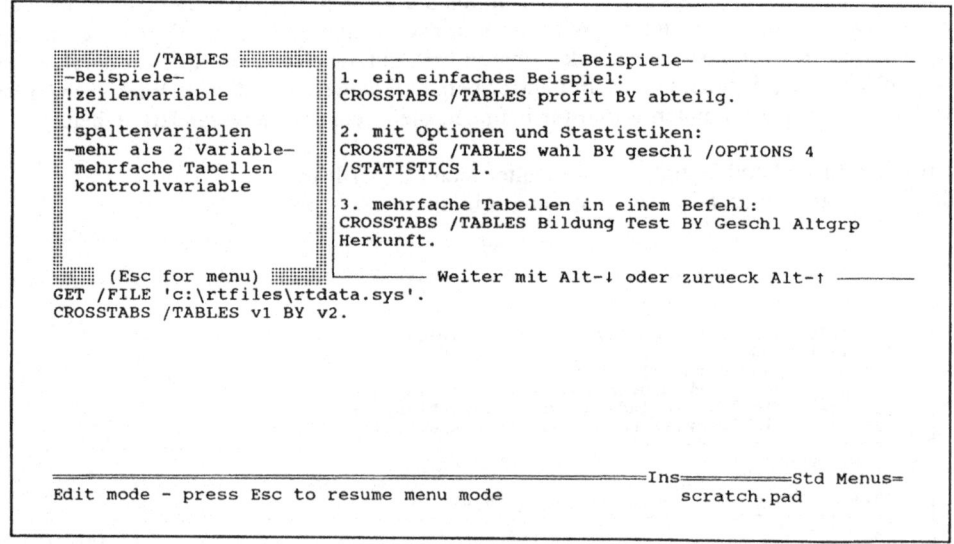

Wie Sie dem obigen Bild entnehmen können, ist der Unterschied zum herkömmlichen Erscheinungsbild des Menü-Modus nicht sonderlich groß. Sowohl das Fenster des Steuermenüs als auch das Fenster mit den Erklärungstexten bleiben erhalten.

Beginnen wir mit der eigentlichen Anwendung des
Editor-Modus. Stellen Sie zunächst sicher, daß Sie   Alt-m
sich im Editor-Modus befinden. Verwenden Sie
die Tastenkombination Alt-m, um den Menü-
Modus auszuschalten.

Über F2, öffnen Sie in der Statuszeile ein kleines
Menü, das Ihnen zwei Optionen anbietet. Mit der
switch windows, kann man zwischen den Fenstern
(scratch. pad und spss.lis) der Benutzeroberfläche
wechseln. Mit der zweiten Option **change window
size** verändert man die Größe der Menüfenster.

F2

Wählen Sie zunächst die erste Option. Sie gelangen dadurch von der scratch.pad in das listing-file.
Nun können Sie sich im oberen Fenster frei
bewegen, während der Inhalt des unteren Fensters
ruhig stehenbleibt. Aber auch der umgekehrte
Weg ist möglich (also vom listing-file in den
scratch.pad). Springen Sie mehrmals zwischen den
Fenstern hin und her, und schauen Sie sich den
Inhalt an.

switch window
F2
switch window

Wählen Sie nun die zweite Option **change window
size**. Mit der Meldung **number of lines for upper
window:** haben Sie die Möglichkeit die Anzahl der
Zeilen anzugeben, auf die die oberen Fenster ver-
kleinert werden. Geben Sie beispielsweise die
Zahl 5 an, so erhalten Sie das folgende Monitorbild:

F2
change window size

5

```
 ═══════ /TABLES ═══════                    ──Beispiele── ═══════════
 ─Beispiele─                 1. ein einfaches Beispiel:
 !zeilenvariable             CROSSTABS /TABLES profit BY abteilg.
 !BY
 !spaltenvariablen           2. mit Optionen und Stastistiken:
 ─mehr als 2 Variable─       CROSSTABS /TABLES wahl BY geschl /OPTIONS 4
   mehrfache Tabellen        /STATISTICS 1.
                        ▼    ─── Weiter mit Alt-↓ oder zurueck Alt-↑ ───
 GET /FILE 'c:\rtfiles\rtdata.sys'.
 CROSSTABS /TABLES v1 BY v2.




 ═══════════════════════════════════════════════Ins═════════════Std Menus═
                                                scratch.pad
```

Welchen praktischen Nutzen hat diese Arbeitsweise? Hat man beispielsweise eine fehlerhafte Prozedur erzeugt, sich z.B. bei einem Befehl verschrieben, so kann man sich die entsprechende Fehlermeldung im listing-file in aller Ruhe anschauen, dann wieder auf die scratch.pad wechseln und den Fehler hier korrigieren. Dieser Vorgang läßt sich beliebig oft wiederholen. Weitere Anwendungsmöglichkeiten werden wir im Laufe weiterer Beispielssitzungen kennenlernen.

Stellen Sie zunächst sicher, daß Sie sich auf der Arbeitsplatte befinden (unteres Fenster). Fahren Sie dann mit dem Cursor in die Zeile, in der sich der alte Kreuztabellenbefehl befindet und verändern Sie dort die Reihenfolge, in der die beiden Variablen miteinander verknüpft werden sollen. Ersetzen Sie also die Spezifikation V2 **BY** V1 durch die Spezifikation V1 **BY** V2.	statt **CRO** V2 **BY** V1. nun **CRO** V1 **BY** V2

Dabei soll der **CROSSTABS** Befehl wie auch alle folgenden Befehle in der verkürzten Schreibweise eingegeben werden.

Sobald Sie damit fertig sind, fahren Sie mit dem Cursor in die nächste Zeile.

Falls dies nicht möglich sein sollte, so springen Sie an das Ende der untersten Zeile und betätigen hier entweder die Funktionstaste F4 oder die Return-Taste. Dadurch erhalten Sie eine neue Leerzeile, in die Sie nun die weiteren Ergänzungen des **CROSSTABS** Befehls eingeben können.	(F4)

Tippen Sie nun zunächst den **/OPTIONS** Befehl ein und versehen Sie ihn mit den folgenden Spezifikationen: 3, 4, 5, 15.	**/OPT** 3,4,5,15

Sobald Sie dies beendet haben, springen Sie in die nächste Zeile und geben den **/STATISTICS** Befehl ein. Dieser soll dann mit der Spezifikation **ALL** versehen werden. Vergessen Sie nicht, die Endmarkierung (.) zu setzen.	**/STA** **ALL.**

Der neue Befehlssatz müßte nun die folgende   **CRO** V2 **BY** V1.
Form haben: **CRO** V1 **BY** V2
                                                      /OPT 3 4 5 15
                                                      /STA ALL.

Um die Prozeduren, die mit Hilfe des Editors erstellt worden sind, von SPSS/PC+ in einem Arbeitsgang ausführen zu lassen, muß zunächst derjenige Teil der Befehlsfolge, der verarbeitet werden soll, **markiert** werden.

Noch ein grundsätzliches Wort zum Vorgang des Markierens. Dieser Vorgang ist im Editor-Modus von zentraler Bedeutung. Sie müssen davon ausgehen, daß sich im allgemeinen im log-file mehrere Anweisungen befinden. SPSS/PC+ kann daher von sich aus nicht wissen, welchen Teil dieser Anweisungen es für Sie verarbeiten soll. Es ist daher unumgänglich, daß Sie immer den Teil der Anweisungen, den Sie in irgendeiner Weise bearbeiten wollen (z.B. kopieren, löschen, bewegen, sichern), zuvor mit einer Markierung versehen. Dies geschieht immer in gleicher Weise. Sie fahren zunächst in die erste zur Verarbeitung vorgesehene Zeile und setzen dort mit der Funktionstaste F7 die Anfangsmarkierung. Nun fahren Sie mit dem Cursor zur letzten zu bearbeitenden Zeile und setzen wiederum mit der Funktionstaste F7 die Endmarkierung. Der markierte Teil müßte sich nun farblich von den anderen Befehlen absetzen. Falls Sie die Markierung aufheben wollen, können Sie dies durch erneutes Betätigen der Funktionstaste F7 bewerkstelligen. Im folgenden werden wir den gesamten Vorgang noch einmal ausführlich üben.

Um die Anfangsmarkierung zu setzen, fahren Sie
in die Zeile, in der sich der erste Kreuztabellenbefehl (**CRO** V2 **BY** V1) befindet. Hier drücken   F7
Sie die Funktionstaste F7.

Nun erscheint unterhalb der Statuszeile das
folgende Menü:

```
 mark/unmark area of:   Lines     Rectangle     Command
```

Sie haben nun die Möglichkeit, entweder eine
oder mehrere Zeilen (Lines), einen Ausschnitt aus   **Lines**
diesen Zeilen (Rectangles) oder einzelne Befehls-
sätze zu markieren. Verwenden Sie für dieses
Beispiel die Zeilenmarkierung (also einfach die
Return-Taste drücken).

Die gesamte Zeile leuchtet nun hell auf und blinkt. Gleichzeitig erhalten wir folgende Meldung:	**Waiting for second line mark**

Fahren Sie nun mit dem Cursor in die Zeile, in der sich der **/STATISTIS** Befehl befindet. Setzen Sie, indem Sie nochmals die Funktionstaste F7 drücken, die Endmarkierung.	F7

Der von Ihnen markierte Block leuchtet zwar weiterhin hell, blinkt aber nun nicht mehr. Hier meldet Ihnen der Editor:	**Area marked -4 lines**

Lassen Sie nun die beiden Prozeduren ausführen. Drücken Sie dafür die Funktionstaste F10. Unmittelbar darauf erscheint am unteren Rand des Bildschirms ein neues Menü:	F10

```
  run:  run from Cursor    run marked Area    Exit to prompt
```

Fahren Sie mit dem Cursor auf **run marked area** und bestätigen Sie die Auswahl mit der Return-Taste.	**run marked area**

Unmittelbar nach diesem Absendebefehl befinden Sie sich automatisch im SPSS/PC+ Modus und die markierte Prozedur wird ausgeführt.

Zunächst erhalten Sie die erste Kreuztabelle (V2/V1):

```
***** Given WORKSPACE allows for  3856 Cells with
     2 Dimensions for CROSSTAB problem *****
```

```
Crosstabulation:        V2          Vorgezogene öffnungszeit
                   By V1            Bedeutung d. vorgez. öffnungszeit
```

Count V1-> V2	sehr wichtig 1	wichtig 2	weniger wichtig 3	unwichtig 4	k.A./k.M. 9	Row Total
1 abschaffen			3	4		7 2.8
2 beibehalten	87	79	50	14		230 92.0
9 k.A./k.M.	1		3	8	1	13 5.2
Column Total	88 35.2	79 31.6	56 22.4	26 10.4	1 .4	250 100.0

```
Number of Missing Observations =          0
```

Sobald die Ausgabe dieser ersten Prozedur beendet ist, fängt SPSS/PC+ sofort mit der Bearbeitung der zweiten an. Schon nach kurzer Zeit erhalten Sie das Ergebnis der zweiten Anweisung.

Auch hier wieder zum Vergleich ein Auszug aus der Ergebnisliste:

```
Crosstabulation:        V1          Bedeutung d. vorgez. öffnungszeit
                   By V2            Vorgezogene öffnungszeit
```

- - - - Page 1 of 5

Count Row Pct Col Pct Tot Pct V2-> Residual V1	abschaffen 1	beibehalten 2	k.A./k.M. 9	Row Total
1 sehr wichtig	0 .0% .0% .0% -2.5	87 98.9% 37.8% 34.8% 6.0	1 1.1% 7.7% .4% -3.6	88 35.2%
Column (Continued) Total	7 2.8%	230 92.0%	13 5.2%	250 100.0%

Crosstabulation: V1   Bedeutung d. vorgez. öffnungszeit
                    By V2   Vorgezogene öffnungszeit

- - - - Page 5 of 5

```
              Count
              Row Pct
              Col Pct  abschaff beibehal k.A./k.M
      V2->    Tot Pct  en       ten      .            Row
              Residual       1        2        9    Total
V1
                 9          0        0        1        1
    k.A./k.M.              .0%      .0%   100.0%      .4%
                          .0%      .0%     7.7%
                          .0%      .0%      .4%
                          -.0      -.9      .9

              Column       7      230       13      250
              Total      2.8%    92.0%     5.2%   100.0%
```

```
Chi-Square    D.F.    Significance    Min E.F.    Cells with E.F.<5
----------    ----    ------------    --------    ------------------
 83.67406      8         .0000          .028       11 OF  15 ( 73.3%)
```

```
                                      With V1        With V2
Statistic              Symmetric     Dependent      Dependent
---------              ---------     ---------      ---------

Lambda                   .06593        .06790         .05000
Uncertainty Coefficient  .13711        .08567         .34317
Somers' D                .07122        .20529         .04309
Eta                                    .46210         .46145
```

```
       Statistic                 Value        Significance
       ---------                 -----        ------------

Cramer's V                       .40908
Contingency Coefficient          .50077
Kendall's Tau B                  .09405          .0522
Kendall's Tau C                  .04622          .0522
Pearson's R                      .36407          .0000
Gamma                            .23516
```

Number of Missing Observations =   0

Allein durch die Veränderung der Reihenfolge in der Variablenliste haben wir erreicht, daß die gesamte Kreuztabelle auf einer Seite ausgegeben wird. Die Übersichtlichkeit der Tabelle ist dadurch wesentlich größer geworden. Nun ist Übersichtlichkeit kein Selbstzweck. Doch es zeigt sich immer wieder, daß gerade Anfänger Schwierigkeiten haben, Informationen aus umfangreichen Tabellen herauszuziehen. Es ist daher ratsam, seine Tabellen möglichst einfach und übersichtlich aufzubauen. Bei unseren beiden Tabellen ist der Unterschied nicht allzu groß. Dies muß aber nicht immer so sein. Schon beim nächsten Beispiel wird der Größenunterschied deutlich zunehmen. Man wird daher immer wieder von Fall zu Fall abwägen müssen, wie man eine Tabelle aufbaut. Da sich beim "Vertauschen" der Reihenfolge weder die Zellenbesetzung noch die statistischen Kennwerte verändern, spielt der Aufbau einer Tabelle für die eigentliche Interpretation keine Rolle. Sollte man sich aber dazu entschließen, eine Kreuztabelle in eine Dokumentation aufzunehmen, so müßte man auf jeden Fall den Aufbau den allgemeinen Konventionen der Datenanalyse anpassen.

Kommen wir nun zur zweiten Kreuztabelle. Vergleicht man das Format dieser Tabelle mit dem der am Anfang dieses Kapitels erzeugten, so kann man feststellen, daß sich ihr Aussehen deutlich verändert hat. Obwohl beide Tabellen über gleich viele Zellen (nämlich 15) verfügen, benötigte die erste Tabelle nur zwei, die zweite dagegen fünf Seiten. Der Grund für diese Ausweitung ist der erhöhte Platzbedarf für die Darstellung der aufgerufenen statistischen Kenngrößen. Sie werden für jede Zelle separat ausgegeben. Wie wir mit der **OPTIONS** Vorgabe bestimmt haben, werden uns nun die folgenden Kenngrößen ausgegeben: die absolute Zahl der Fälle (Count), die prozentuale Verteilung für die Zeilen (Row Pct), die prozentuale Verteilung für die Spalten (Col Pct), die prozentuale Verteilung bezogen auf die Gesamttabelle (Tot Pct) und zum Schluß die auf den Chi^2-Test bezogene Residuale (Residual). Eine Übersicht über die ausgegebenen Kennwerte findet man immer in der linken oben offenen Ecke. Per Voreinstellung wird für jede Kreuztabelle sowohl die Zeilen- als auch die Spaltenhäufigkeit, bezogen auf die Gesamttabelle berechnet (Row Total und Column Total).

```
            Count
            Row Pct
            Col Pct     abschaff    beibehal   k.A./k.M
     V2     Tot Pct     en          ten        .             Row
            Residual         1           2          9       Total

 V1             1          0          87          1            88
    sehr wichtig          .0        98.9        1.1          35.2
                          .0        37.8        7.7
                          .0        34.8         .4
                        -2.5         6.0        -3.6
            ─────────────────────────────────────────────────────
            Column         7         230         13           250
 (Continued) Total        2.8        92.0        5.2         100.0
```

Nach der Ausgabe der Kreuztabelle erhalten Sie die Ergebnisse der aufgerufenen statistischen Tests. Über die Vorgabe **STATISTICS ALL** haben Sie bestimmt, daß **alle** verfügbaren Kennwerte berechnet werden. Es gibt verschiedene Möglichkeiten, diese nach Gruppen zu klassifizieren. Man kann Kennwerte zusammenstellen, die für das **Nominalniveau** gültig sind, Kennwerte, die für das **Ordinalniveau** und zum Schluß Kennwerte, die für das

Intervallniveau gelten. Zu der ersten Gruppe gehört der **Chi^2, Phi, Lambda, Kontigenzkoeffizient C** und **Cramers V**[26]. **Kendalls tau b, tau c,** der **Gamma** Koeffizient, sowie **Somers d** gehören zu der zweiten Gruppe, während man den **Korrelationskoeffizient von Pearson** und den Koeffizient **eta** der dritten Gruppe von Kennwerten zuordnen würde. Eine weitere Einteilungsmöglichkeit bezieht sich auf die Basis, auf der die einzelnen Kennwerte berechnet werden. Der eine Teil der Maße basiert auf Chi^2, der andere auf PRE[27].

Näher eingehen werden wir nur auf den Chi^2-Test. Er ist sozusagen die Standardvorgabe. Die Bedeutung und Aussagefähigkeit aller anderen Koeffizienten kann und sollte man in statistischen Lehrbüchern nachsehen. Der Chi^2-Test beruht auf dem Grundgedanken des Vergleichs einer gegebenen Häufigkeitsverteilung mit einer theoretischen Verteilung. Im einzelnen wird dabei für jede Zelle separat geprüft, ob es in ihr einen signifikanten Unterschied zwischen der gegebenen (man spricht auch von der **beobachteten**) und der theoretischen (sprich **erwarteten**) Verteilung gibt. Er ist in der folgenden Weise definiert:

$$\text{Chi}^2 = \Sigma \; \frac{(hb - he)^2}{he} \qquad \begin{array}{l} hb = \text{beobachtete Häufigkeit} \\ he = \text{erwartete Häufigkeit} \end{array}$$

Ein Maß für die **Stärke** des Unterschieds zwischen der beobachteten und der erwarteten Häufigkeit ist das Residual. Es berechnet sich aus der Differenz zwischen beobachteter und erwarteter Verteilung. Je größer diese Differenz ist, desto größer ist auch Chi^2. Wie man aus der Formel leicht ableiten kann, läßt sich die Richtung der Abweichung nicht feststellen, da sie durch das Quadrieren aufgehoben wird. Prinzipiell läßt sich damit jede Abweichung des Chi^2 von Null als ein Zusammenhang zwischen zwei Variablen definieren. Allerdings sagt die Existenz eines Unterschieds noch nichts darüber aus, ob dieser nicht rein zufällig zustande gekommen ist. Daher ist es notwendig, sich ein Signifikanzniveau vorzugeben. Damit legt man fest, welche Ergebnisse man als noch signifikant (also nicht zufällig) bzw. welche man als nicht signifikant und damit zufällig anerkennt.

---

[26]   Beachten Sie bitte, daß die Berechnungsbasis der bisher aufgeführten Kennwerte (**Phi, Lambda, Kontigenzkoeffizient C** und **Cramers V**) der Chi^2 ist. Abgesehen von Phi der automatisch für Tabellen der Größe 2*2 ausgegeben wird, lassen sich alle anderen Kennwerte direkt über den **STATISTICS** Unterbefehl aufrufen. Eine sehr gute Einführung in die Interpretation dieser statistischen Kenngrößen gibt **H. Benninghaus**: Deskriptive Statistik. Stuttgart, 1974, S.100ff.

[27]   **PRE-Maße** (proportional reduction in error measures) basieren auf dem Modell der sogenannten **proportionalen Fehlerreduktion**, die sich aus der Enge der Beziehungen zwischen den Variablen ergeben. Nach **Benninghaus** unterscheidet PRE zwischen den Vorhersageregeln und der Definition des Vorhersagefehlers. Die Logik die hinter PRE steht, versucht den Grad des Fehlers zu bestimmen, "den man begeht, wenn lediglich der Rand- bzw. Marginalverteilung der einen Variablen die Basis der Vorhersage ist, und in einer Spezifikation des Grades, in dem dieser Fehler reduziert werden kann bei der Anwendung einer Vorhersageregel, die die Information über die zweite Variable auswertet." (**Benninghaus 1974:92**)

Durch die letzte Kreuztabellenanalyse haben wir eine ganze Reihe von statistischen Kennwerten erhalten. So erbrachte der Chi^2-Test nicht nur einen hohen Korrelations-koeffizenten (83.67) für den vermuteten Zusammenhang, sondern bestätigte auch, daß dieser Zusammenhang hoch signifikant (.0000) ist.

In der letzten Zeile der vorangegangenen Kreuztabelle erhalten Sie noch einige Zusatzin-formationen, die automatisch mitausgegeben werden. Zwischen dem eigentlichen Chi^2 und dem Signifikanzniveau (Significance) werden die Freiheitsgrade der Kontingenztabelle ausgegeben (**Degrees of Freedom**), danach erfolgt die Angabe, wie hoch die kleinste erwartete Häufigkeit von Zellen mit weniger als fünf Fällen ist (**Minimum Expected Cell Frequency**). Bei unserem Beispiel sind dies .028 oder umgerechnet auf Prozent: 28%. Als letzte Information erfolgt die Angabe, wie viele Zellen der Kontingenztabelle weniger als fünf Fälle (Cells with E.F.< 5) enthalten. In unserem Beispiel sind es über 70% der Gesamt-tabelle. Wie Sie sehen können, sind die beiden letzten Angaben komplementär. Grundsätz-lich gilt, daß bei Zellen, die weniger als fünf Fälle enthalten, nur ein Chi^2-Test mit korrigierten Chi^2-Werten durchgeführt werden darf.

Durch den Aufruf all dieser Kennwerte ist die Tabelle noch unübersichtlicher geworden. Sie ist nun statt auf zwei, auf fünf Seiten verteilt. Die einzelnen Zellen enthalten einfach "zu viele" Informationen. Die Tabelle wächst dadurch über das vorgegebene SPSS/PC+ Formschema hinaus und wird auf mehrere Seiten verteilt. Um eine möglichst optimale Interpretation der Kontingenztabelle machen zu können, wird Ihre nächste Aufgabe darin bestehen, eine kompaktere Tabelle zu erstellen. Um nicht die gesamte Befehlseingabe vollständig neu zu machen, werden Sie erneut die Hilfe des Editors in Anspruch nehmen.

Schalten Sie zunächst die Menüsteuerung durch die Tastenkombination Alt-m oder Alt-e aus.	Alt-m
Fahren Sie nun in die Zeile, in der sich der **/OPTIONS** Unterbefehl befindet. Löschen Sie die Ziffern: 3, 4 und 5. Da wir das Ergebnis des Chi^2-Test bereits aus der vorangegangenen Analyse kennen, kann der **/STATISTICS** Befehl vollständig gelöscht werden.	/OPTIONS 15.
Setzen Sie nun mit der Funktionstaste F7 die An-fangsmarkierung. Da Sie im Gegensatz zu der letzten Aufgabe hier nur einen Befehl ausführen lassen wollen, geben Sie bei der Angabe **mark /unmark:** nicht **Lines**, sondern **Command** an. Da-durch wird der gesamte Befehlssatz, also der eigentliche Befehl, einschließlich der dazuge-hörenden Unterbefehle und Spezifikationen, auf einmal markiert.	F7 **Command**

Übergeben Sie diesen mit F10 und   F10
run from cursor an SPSS/PC+.   **run from cursor**

Hier nun das endgültige Ergebnis:

```
***** Given WORKSPACE allows for  3804  Cells with
      2 Dimensions for CROSSTAB problem *****
```

Page 10   SPSS/PC+

Crosstabulation: V1   Bedeutung d. vorgez. öffnungszeit
                   By V2   Vorgezogene Öffnungszeit

                                        - - - - Page 1 of 2

	Count Residual	abschaff en 1	beibehal ten 2	k.A./k.M . 9	Row Total
V1					
sehr wichtig	1	0 -2.5	87 6.0	1 -3.6	88 35.2%
wichtig	2	0 -2.2	79 6.3	0 -4.1	79 31.6%
weniger wichtig	3	3 1.4	50 -1.5	3 .1	56 22.4%
unwichtig	4	4 3.3	14 -9.9	8 6.6	26 10.4%
(Continued)	Column Total	7 2.8%	230 92.0%	13 5.2%	250 100.0%

Page 11   SPSS/PC+

Crosstabulation: V1   Bedeutung d. vorgez. öffnungszeit
                   By V2   Vorgezogene Öffnungszeit

                                        - - - - Page 2 of 2

	Count Residual	abschaff en 1	beibehal ten 2	k.A./k.M . 9	Row Total
V1					
k.A./k.M.	9	0 -.0	0 -.9	1 .9	1 .4%
	Column Total	7 2.8%	230 92.0%	13 5.2%	250 100.0%

Number of Missing Observations =   0

Wir haben jetzt zwar einen Großteil der statistischen (Zusatz-) Informationen verloren, doch die Tabelle ist bedeutend übersichtlicher geworden. Man wird also von Fall zu Fall entscheiden müssen, was einem wichtiger ist: eine kompakte Tabellendarstellung oder umfangreichere statistische Zusatzinformationen.

Bisher haben Sie sich immer im **bivariaten** Bereich bewegt, d.h. Sie haben immer "nur" mit zwei Variablen gleichzeitig gearbeitet. In diesem Beispiel werden Sie zum erstem Mal in den Bereich einer **multivariaten** Analyse vordringen. Ausgehend von der ursprünglichen Fragestellung, ob es einen kausalen Zusammenhang zwischen der Variablen V1 (Bedeutung d. vorgez. Öffnungszeit) und V2 (Vorgezogene Öffnungszeit) gibt, werden Sie der Frage nachgehen, ob dieser geschlechtsspezifisch ist. Die Ergebnisse unserer bisherigen Analysen bestärkten ja die anfangs formulierte Ursprungshypothese. Nun wird zu klären sein, ob der konstatierte Zusammenhang unabhängig vom Geschlecht konstant ist. Es wäre ja z.B. durchaus denkbar, daß der in der vorangegangenen Analyse konstatierter Zusammenhang nur dadurch entstanden ist, daß Frauen in ihrem Antwortverhalten wesentlich "eindeutiger" sind als Männer. Wenn aber Männer in ihrem Antwortverhalten weniger eindeutig sind, so muß die Bestätigung der ursprünglichen Ausgangshypothese zumindest eingegrenzt werden. Ob dies tatsächlich so ist, werden Sie nun mit Hilfe der sogenannten **Kontrollvariablen** überprüfen.

Schalten Sie zunächst wieder das Hauptmenü mit der Tastenkombination Alt-m aus.	**Alt-m**
Fahren Sie nun in die Zeile, in der sich der vorangegangene **CROSSTABS** Befehl befindet.	**CRO** V1 **BY** V2 **BY** V12
Verknüpfen Sie die bestehende Kreuztabelle durch das Schlüsselwort **BY** mit der Kontrollvariablen V12 ("Geschlecht"). Der **/OPTIONS** Befehl kann unverändert übernommen werden. Vergessen Sie aber nicht die Endmarkierung in der **/OPTIONS** Zeile zu löschen. Um zu überprüfen, ob ein statistischer Zusammenhang zwischen den Variablen besteht, muß erneut der **/STATISTICS** Befehl aufgerufen werden. Als Kennwerte sollen der Chi^2, Kendall's Tau B und Kendall's Tau C ermittelt werden. Die Spezifikation lautet dafür: 1, 6 und 7.	**BY** **/OPT** 15 **/STA** 1,6,7.

Vergleichen Sie noch einmal Ihren Bildschirm mit dem unteren Bild.

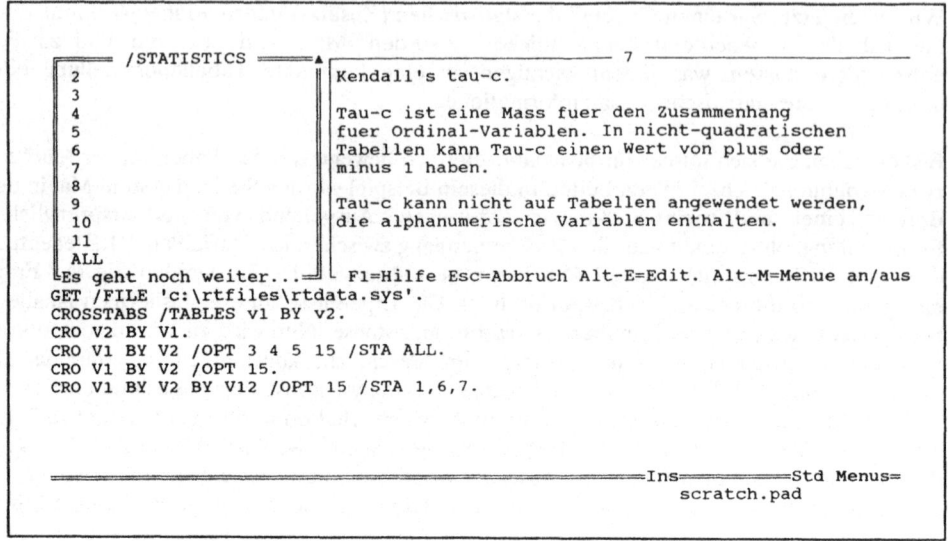

Markieren Sie nun den neuen Befehl, und über-   F7
geben Sie ihn an SPSS/PC+ zur weiteren Bear-   **command**
beitung.   F10

Nach kurzer Zeit erhalten Sie zwei Tabellen, und zwar die ursprüngliche Tabelle (V1 **BY** V2), jedoch nach dem Geschlecht getrennt. Zunächst erfolgt die Ausgabe für die Männer, danach die für die Frauen. Auf dieser und den folgenden Seiten finden Sie einen Teil der Ergebnisliste.

```
Crosstabulation:       V1          Bedeutung d. vorgez. öffnungszeit
                    By V2          Vorgezogene Öffnungszeit

       Controlling for V12         Geschlecht

                                        = 1   männlich
                                        - - - - Page  1 of  2
```

	Count Residual	abschaffen	beibehalten	k.A./k.M.	Row
V2->		1	2	9	Total
V1					
sehr wichtig	1	0 -1.7	46 3.0	1 -1.4	47 33.6%
wichtig	2	0 -1.6	46 3.9	0 -2.3	46 32.9%
weniger wichtig	3	2 .9	27 -1.3	2 .5	31 22.1%
(Continued)	Column Total	5 3.6%	128 91.4%	7 5.0%	140 100.0%

Page   14   SPSS/PC+

Crosstabulation: V1   Bedeutung d. vorgez. öffnungszeit
                  By V2   Vorgezogene Öffnungszeit

     Controlling for V12   Geschlecht
                                      = 1 männlich
                                      - - - - Page 2 of 2

V2->	Count Residual	abschaffen 1	beibehalten 2	k.A./k.M. 9	Row Total
V1					
unwichtig	4	3 2.4	9 -5.6	4 3.2	16 11.4%
Column Total		5 3.6%	128 91.4%	7 5.0%	140 100.0%

Chi-Square	D.F.	Significance	Min E.F.	Cells with E.F.<5
33.18148	6	.0000	.571	8 OF 12 (66.7%)

Statistic	Value	Significance
Kendall's Tau B	.01023	.4474
Kendall's Tau C	.00520	.4474

Page   16   SPSS/PC+

Crosstabulation: V1   Bedeutung d. vorgez. öffnungszeit
                  By V2   Vorgezogene Öffnungszeit

     Controlling for V12   Geschlecht
                                      = 2 weiblich
                                      - - - - Page 1 of 2

V2->	Count Residual	abschaffen 1	beibehalten 2	k.A./k.M. 9	Row Total
V1					
sehr wichtig	1	0 -.7	40 2.9	0 -2.2	40 36.7%
wichtig	2	0 -.6	33 2.4	0 -1.8	33 30.3%
weniger wichtig	3	1 .5	23 -.2	1 -.4	25 22.9%
(Continued) Column Total		2 1.8%	101 92.7%	6 5.5%	109 100.0%

Wie Sie der Ergebnisliste entnehmen können, sind beide Tabellen in ihrer Grundstruktur sehr ähnlich. Das Antwortverhalten der Männer unterscheidet sich in seiner Struktur nicht grundsätzlich von dem der Frauen. Diese Feststellung unterstützten auch die ermittelten statistischen Kennwerte beider Tabellen, nach denen beide Ergebnisse hoch signifikant sind. Daher muß unsere zweite Vermutung, daß nämlich Frauen in ihrem Antwortverhalten eindeutiger sind, verworfen werden.

Bevor Sie nun die Sitzung beenden, noch einige Worte zum Editor. Wie Sie sicherlich bereits im Verlauf dieser und der vorangegangenen Sitzungen gemerkt haben, werden die Funktionen des Editors überwiegend durch die Funktionstasten aufgerufen. Sie haben bis jetzt drei Funktionstasten, nämlich F4, F7 und F10 kennengelernt. Aber auch die anderen Funktionstasten sind mit spezifischen Optionen belegt.

Um eine Übersicht zu erhalten, wie die einzelnen   F1
Funktionstasten belegt sind, betätigen Sie bitte die
Funktionstaste F1. Hierdurch öffnen Sie das
folgende Menü:

```
info: Review help  Var list   File list   Glossary  menu Hlp off
```

Wählen Sie bitte die erste Option: **Review help.**   **Review help**
Sie erhalten dadurch die folgende Übersicht:

```
───────────── Guide to Review Function Keys ─────────────
Information     F1  Review Help and Menus, Variable and File Lists, Glossary
Windows         F2  Switch Window, Change Window Size
Input Files     F3  Insert File, Edit Different File
Lines           F4  Insert, Delete, Undelete
Search&Replace  F5  Search for Text, Replace Text
Go To           F6  Area, Output Page, Line in Error, After Last Line Executed
Define Area     F7  Mark/Unmark Lines, Rectangle, or Command
Area Actions    F8  Copy, Move, Delete, Round Numbers, Copy Glossary Entry
Output File     F9  Write Area or File, Delete File
Run            F10  Run Commands from Cursor or Marked Area, Exit to Prompt

────────────── Guide to Menu Commands ──────────────
ENTER (←┘)         Paste Selection & Move Down One Level in Menu
TAB or →           Temporarily Paste Selection & Move Down One Level
ESC or             Remove Last Temporary Paste & Move Up One Level
Alt-ESC            Jump to Main Menu (also Ctrl-ESC)
Alt-K              Kill All Temporary Pastes
Alt-T              Get Typing Window
Alt-E              Switch to Edit Mode
Alt-M              Remove Menus
Alt-X              Switch between Standard and Extended Menus
Alt-Cursor Pad     Scroll Help Windows and Glossary (if NumLock off)

Enter command or press F1 for more help or Escape to continue
```

Lassen Sie sich nicht abschrecken von der Vielzahl der Optionen, die Ihnen der Editor zur
Verfügung stellt. Im Verlauf der Arbeit werden Sie die meisten von ihnen kennenlernen und
sie immer gezielter einsetzen. Der Übersicht können Sie entnehmen, daß den einzelnen
Funktionstasten bestimmte Aufgabenbereiche innerhalb des Editors zugewiesen sind. Mit
der Funktionstaste F1 können Sie sich verschiedene Hilfsfunktionen aufrufen (Review Help
and Menus, Variable and File Lists, Glossary). Die Funktionstaste F2 ist für die Steuerung
der Fenster zuständig, mit der Taste F3 können Sie Dateien, mit der Taste F4 Zeilen (Lines)
bearbeiten usw. Wichtig sind vor allem die Funktionstasten F7 und F10. Die erstere dient
dazu, Teile von Eingaben die man mit Hilfe des Editors oder der Menüs erstellt hat zu
markieren. Sie sollten sich unbedingt merken, daß SPSS/PC+ nur dann Ihre Anweisungen
korrekt ausführen kann, wenn diejenigen Teile, die bearbeitet werden sollen, von Ihnen zuvor
gekennzeichnet, d.h. markiert worden sind. Die Funktionstaste F10 (Run Commands from
Cursor or Marked Area, Exit to Prompt) dient dazu, die (markierten) Befehle ausführen zu
lassen (Run Command) bzw. SPSS/PC+ über das Bereitschaftszeichen (prompt) zu verlassen.

Durch nochmaliges Betätigen der Funktionstaste
F1 können Sie sich weitergehende Hilfen anzeigen
lassen. Auch hier das entsprechende Monitorbild:

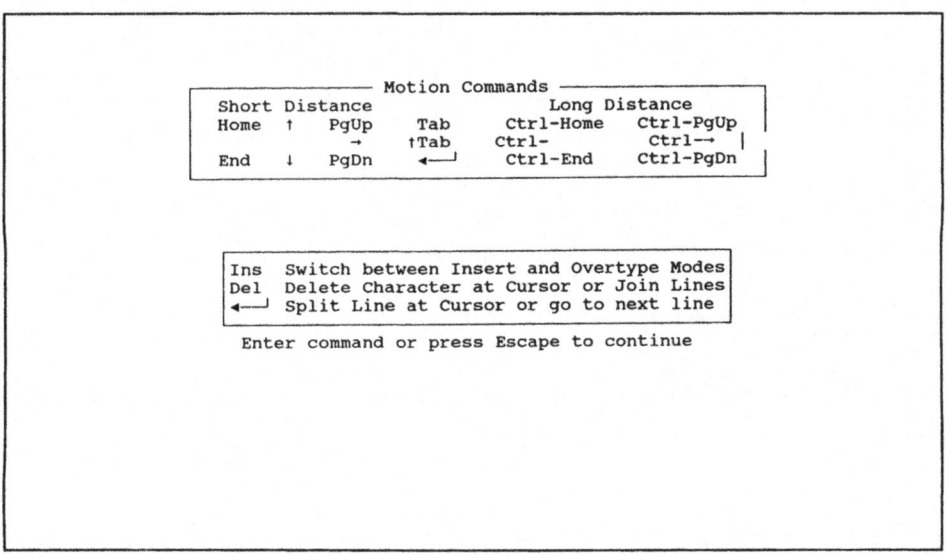

Hier werden Ihnen einige Tastenkombinationen angezeigt, mit denen Sie die Positionsmarkie-
rung (Cursor) bewegen können. Die meisten von ihnen werden dazu verwendet, den Cursor
bei umfänglicheren Listen an eine bestimmte Stelle zu positionieren.

Mit der Esc-Taste schließen Sie das Hilfsfenster.   (Esc)
Beenden Sie nun die Sitzung.   **FINISH.**

12. Datenmodifikation in der Analyse

Ein nicht unbedeutendes Problem bei der Analyse von Daten ist der Umstand, daß Teile der Rohdaten in einer Form vorliegen, die für eine Auswertung nur bedingt brauchbar sind. Dieses Problem tritt besonders dann auf, wenn die zu analysierende Variable sehr viele Merkmalsausprägungen besitzt. Typische Beispiele für derartige Fragen wären die nach dem Einkommen, der Körpergröße und dem Alter der Befragten. Sie können beispielsweise davon ausgehen, daß bei dem diesem Buch zugrunde liegenden Datensatz (rtdata.sys) die Bandbreite des Altersspektrums der Bibliotheksbesucher ungefähr zwischen 10 und 80 Jahren liegt. Dies ist natürlich rein spekulativ, natürlich könnte es auch sein, daß es auch Leser unter zehn und über 80 Jahren gibt, aber dies wird sicher eine vernachlässigbare Größe sein. Ausgehend von der eben erwähnten Bandbreite wäre es theoretisch möglich, daß wir siebzig unterschiedliche Merkmalsausprägungen erhielten. Jeder wird sofort einsehen, daß sich eine Variable so nicht oder nur sehr schwer analysieren läßt. Würde man beispielsweise diese Variable mit der Variable V12 ("Geschlecht") kreuztabellieren, so würde man wahrscheinlich eine Tabelle mit 140 (also 70 Ausprägungen * 2 Ausprägungen) Zellen erhalten. Eine derartige Tabelle wäre vollkommen unübersichtlich und eigentlich nicht sinnvoll auswertbar. Man wird daher versuchen, die Daten in eine Form zu bringen, in der sie auch auswertbar sind.

Alle Bearbeitungsweisen, die dies tun, werden unter dem Oberbegriff **Datenmodifikation** (Data Transformation) zusammengefaßt. **Im Prinzip beinhaltet jede Datenmodifikation eine Reduktion von Informationen.** Wenn wir bei dem vorangegangenen Beispiel bleiben, würde das bedeuten, daß wir die Variable Alter in mehrere **Altersklassen** einteilen. Man gruppiert also mehrere Träger der Merkmalsausprägung in eine neue Klasse. Eine weitere Möglichkeit der Datenmodifikation wäre beispielsweise die Datenselektion (vgl. Kapitel 13) oder die Datenkombination. In diesem und in den folgenden Kapiteln werden Sie einen Teil dieser Datenmodifikationsbefehle kennenlernen. Zunächst zum **RECODE** Befehl.

12.1. Der RECODE Befehl

Mit Hilfe des **RECODE** Befehls haben Sie die Möglichkeit, entweder die Rohdaten eines bereits existierenden Datensatzes im nachhinein zu **codieren** oder aber bereits codierte Variable nochmals zu neuen Klassen zu **recodieren**. Da Sie nicht wissen, in welcher Form die einzelnen Variablen des Datensatzes rtdata.sys codiert worden sind, können Sie jetzt auch noch nicht entscheiden, welche der beiden Möglichkeiten anzuwenden sind. Je nach dem, ob die Variable Alter bereits codiert oder noch im Urzustand ist, werden Sie entscheiden, in welcher Weise Sie sie zu bearbeiten haben.

Neben rein pragmatischen Gesichtspunkten sollten Sie bei der Datenmodifikation auch auf die inhaltliche Fragestellung der Untersuchung achten. Ist es für Sie wichtig, das Nutzungsverhalten von Volljährigen mit Minderjährigen zu kontrastieren, so könnten Sie rein theoretisch zwei Klassen bilden, nämlich diejenigen Bibliotheksbesucher, die noch nicht achtzehn Jahre alt sind und diejenigen, die achtzehn Jahre oder älter sind. Ob es sinnvoll ist, derartige Altersklassen zu bilden, sei dahingestellt, möglich wäre es auf jeden Fall. Die Entscheidung darüber liegt ausschließlich bei Ihnen.

Beim **RECODE** Befehl handelt es sich um eine permanent wirkende Anweisung. Welche Konsequenzen dies zur Folge hat, haben Sie bereits in den vorangegangenen Kapiteln gesehen, daher gehe ich darauf nicht mehr ein. In diesem Kapitel werden Sie der Fragestellung nachgehen, ob es einen Zusammenhang zwischen dem Alter der Befragten (V11) und der Beantwortung der Frage nach der Bedeutung der vorgezogenen Öffnungszeiten (V1) gibt.

Im einzelnen werden wir nach folgenden Arbeitsschritten vorgehen:

1.)	Aufruf SPSS/PC+.
2.)	Erstellen von Überschriften.
3.)	Erzeugen einer Häufigkeitstabelle.
4.)	Erstellen einer Kreuztabelle
5.)	Recodieren einer Variablen.
7.)	Erstellen einer neuen Kreuztabelle mit modifizierten Variablen.
8.)	Veränderung der Variablenetikette.
9.)	Ausgabe einer Kreuztabelle mit verändertem Ausgabeformat.
10.)	Beenden der Sitzung.

Aufruf SPSS/PC+ :

C:\RTFILES > spsspc

Definieren Sie zunächst die Arbeitsdatei, mit der Sie während dieser Arbeitssitzung arbeiten wollen.

GET /FILE 'c:\rtfiles\rtdata.sys'.

Zunächst verschaffen wir uns einen ersten, groben Überblick über die Verteilung und die Art der Codierung der beiden Variablen. Dafür lassen wir uns beide Variablen zunächst auszählen und optisch in der Form eines Histogramms darstellen.

Bevor wir die entsprechenden Befehle dazu eingeben, tragen wir dafür Sorge, daß die Tabellen mit Überschriften versehen werden.

Es gibt verschiedene Gründe dafür, warum man Tabellen mit Überschriften versehen sollte. Zum einen hilft es einem selbst, aber auch anderen, die diese Tabellen lesen sollen, sich in den umfänglichen Prozeduren zurechtzufinden. Zum anderen kann man sich - und anderen - besser klarmachen, daß mehrere Prozeduren zu inhaltlichen Themengruppen zusammengehören. Wir werden zunächst mit dem **TITLE** Befehl eine Überschrift bestimmen, die für alle weiteren Prozeduren gelten soll, d.h. sie wird bei jeder Prozedur als Überschrift erscheinen. Mit dem **SUBTITLE** Befehl haben Sie die Möglichkeit, einzelne Prozeduren mit einer zusätzlichen individuellen Übersicht zu versehen.

Begeben Sie sich zunächst, ausgehend vom Haupt-
menü, in die Zeile: **kontrolle & info.**

Nachdem Sie dieses Menü mit der Return-Taste
geöffnet haben, müßten Sie folgendes Bild sehen:

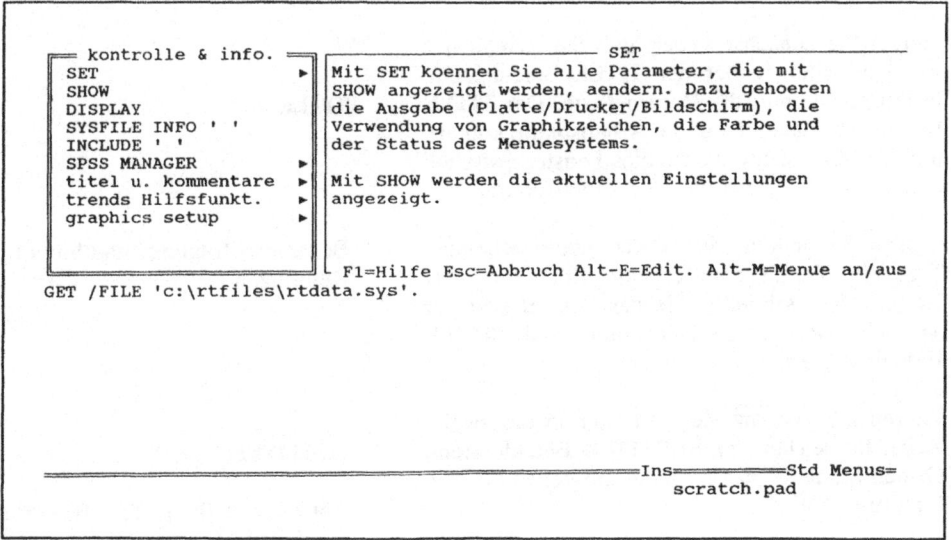

Wie Sie sich sicherlich denken können, befinden
sich die benötigten Befehle im Menü: **titel u.**   **titel u. kommentare**
kommentare. Öffnen Sie dieses.

Ihr Bildschirm müßte sich nun erneut verändert
haben.

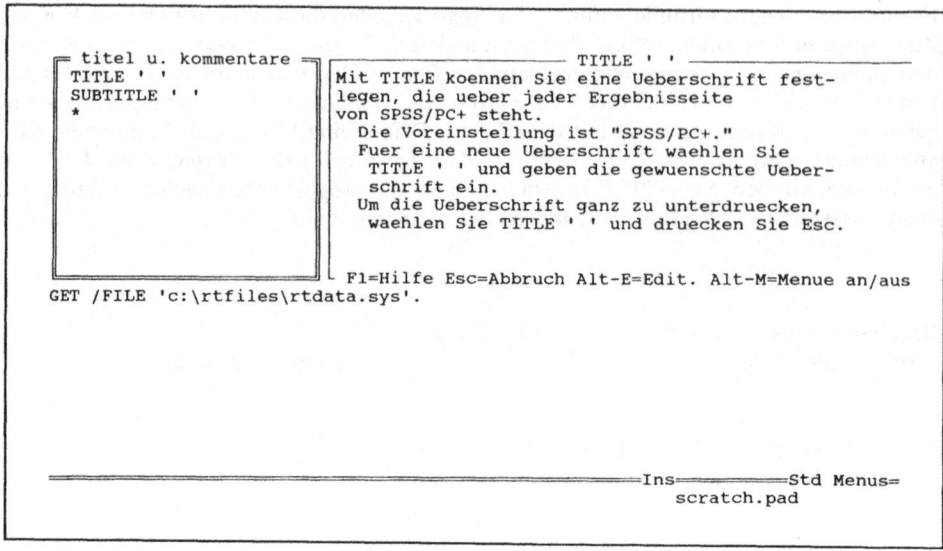

```
 ┌ titel u. kommentare ┐┌─────────── TITLE ' ' ──────────
 │TITLE ' '            ││Mit TITLE koennen Sie eine Ueberschrift fest-
 │SUBTITLE ' '         ││legen, die ueber jeder Ergebnisseite
 │*                    ││von SPSS/PC+ steht.
 │                     ││  Die Voreinstellung ist "SPSS/PC+."
 │                     ││  Fuer eine neue Ueberschrift waehlen Sie
 │                     ││  TITLE ' ' und geben die gewuenschte Ueber-
 │                     ││  schrift ein.
 │                     ││Um die Ueberschrift ganz zu unterdruecken,
 │                     ││  waehlen Sie TITLE ' ' und druecken Sie Esc.
 │                     │└─
 │                     │  F1=Hilfe Esc=Abbruch Alt-E=Edit. Alt-M=Menue an/aus
 └─
GET /FILE 'c:\rtfiles\rtdata.sys'.




                                                        ═══Ins═══════════Std Menus═
                                                            scratch.pad
```

Stellen Sie zunächst sicher, daß Sie sich in der Zeile befinden in der der **TITLE** Befehl steht. Betätigen Sie nun die Return-Taste. Der **TITLE** Befehl wird dadurch auf die Arbeitsplatte kopiert, und es öffnet sich ein schmales Fenster zwischen den oberen Fenstern und der Arbeitsplatte.

TITLE ' '.

Tragen Sie nun in dieses den nebenstehenden Text ein. Durch eine erneute Betätigung der Return-Taste schließen Sie das Fenster und der Text wird zwischen die Hochkommata des **TITLE** Befehls kopiert.

Benutzerbefragung Stadtbibliothek Reutlingen

Fahren Sie nun im Menü-Fenster in die zweite Zeile, in welcher der **SUBTITLE** Befehle steht. Öffnen Sie auch dieses Menü und geben Sie den Untertitel ein.

SUBTITLE ' '.

Antwortverteilung für Bewertung der neuen Öffnungszeit

Auf Ihrem Bildschirm stehen nun zwei **TITLE** Befehle. Jetzt werden wir den dazugehörenden **FREQUNCIES** Befehl erstellen. Betätigen Sie dazu so oft die Esc-Taste bis Sie sich wieder im Hauptmenü befinden. Jedesmal wenn Sie die Esc-Taste betätigen, springt das Menü um eine Stufe zurück. Das ist nicht nur hier der Fall, das gilt auch bei jedem anderen Menü.

(Esc)

Erstellen Sie nun - ausgehend vom Hauptmenü -
die folgende Häufigkeitstabelle, und lassen Sie
sich diese zusätzlich als Histogramm darstellen.

hauptmenü
datenanalyse
deskriptive statistiken

FREQUENCIES /VARIABLES v1

Das letztere geschieht über den Unterbefehl:
HISTOGRAM. Diese Darstellungsweise eignet
sich, im Vergleich zu dem Balkendiagramm
(**BAR**), besonders bei Verteilungen mit zahlreichen Werten.

/HISTOGRAM

SUBTITLE 'Antwort-
verteilung für Alter der
Bibliotheksbesucher'.

Plazieren Sie nun einen weiteren **SUBTITLE**
Befehl nach der **FREQUENCIES** Anweisung. Den
Text dafür finden Sie rechts daneben.

FREQUENCIES /VARIABLES
V11 **/HISTOGRAM NORMAL.**

Auch die Variable "Alter" soll in der Form eines
Histogramms dargestellt werden, zusätzlich dazu
soll diese mit einer theoretischen Normalver-
teilungskurve versehen werden. Diese Option ist
im Unterbefehl **HISTOGRAM** verfügbar. (Die
Überprüfung der Normalverteilung erübrigt sich
bei der Variable V1, da diese nicht auf dem Intervallniveau skaliert ist. Streng genommen erfüllt
die Variable "Alter" in der vorliegenden Form nur
das Ordinalniveau.)

Hier noch einmal alle Befehle auf einen Blick:

```
TITLE 'Benutzerbefragung Stadtbibliothek Reutlingen'.
SUBTITLE 'Antwortverteilung für Bewertung
         der neuen  Öffnungszeit'.
FREQUENCIES /VARIABLES v1 /HISTOGRAM.
SUBTITLE 'Antwortverteilung für Alter
         der Bibliotheksbesucher'.
FREQUENCIES /VARIABLES v11 /HISTOGRAM NORMAL.
```

Schalten Sie nun den Editor mit Alt-e ein, und
markieren Sie alle fünf Befehlszeilen. Übergeben Sie diese anschließend mit F10 an SPSS/-   F7
PC+.   F7
                                                 F10
                                                 run marked Area

Hier das Ergebnis:

***** Memory allows a total of   5588 Values, accumulated across
all Variables.
There also may be up to   698 Value Labels for each Variable.

Page   3   Benuzterbefragung Stadtbibliothek Reutlingen
Antwortverteilung für Bewertung der neuen öffnungszeit

V1   Bedeutung d. vorgez. öffnungszeit

Value Label	Value	Frequency	Percent	Valid Percent	Cum Percent
sehr wichtig	1	88	35.2	35.2	35.2
wichtig	2	79	31.6	31.6	66.8
weniger wichtig	3	56	22.4	22.4	89.2
unwichtig	4	26	10.4	10.4	99.6
k.A./k.M.	9	1	.4	.4	100.0
		-------	-------	-------	
	TOTAL	250	100.0	100.0	

Page   4   Benuzterbefragung Stadtbibliothek Reutlingen
Antwortverteilung für Bewertung der neuen öffnungszeit

V1   Bedeutung d. vorgez. öffnungszeit

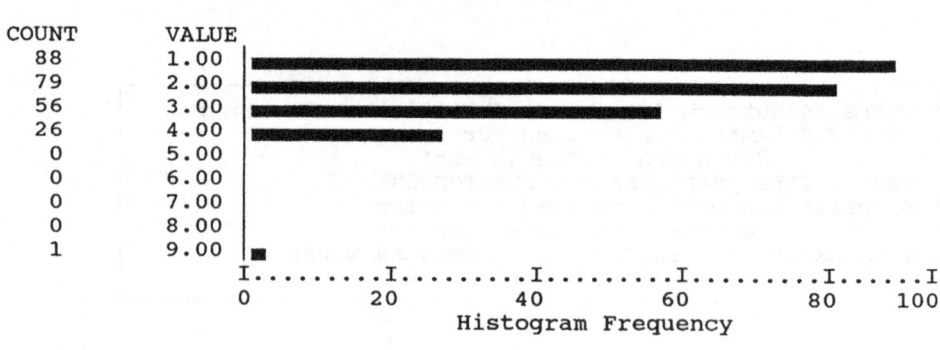

```
COUNT     VALUE
  88      1.00
  79      2.00
  56      3.00
  26      4.00
   0      5.00
   0      6.00
   0      7.00
   0      8.00
   1      9.00
          I..........I..........I..........I..........I......I
          0         20         40         60         80        100
                         Histogram Frequency
```

Valid Cases   250   Missing Cases   0

Page   5   Benuzterbefragung Stadtbibliothek Reutlingen
Antwortverteilung für Bewertung der neuen Öffnungszeit

***** Memory allows a total of   5588 Values, accumulated across
all Variables.
There also may be up to   698 Value Labels for each Variable.
Page   6   Benuzterbefragung Stadtbibliothek Reutlingen
Antwortverteilung für Alter der Bibliotheksbesucher

V11   Alter

Value Label Percent	Value	Frequency	Valid Percent	Cum Percent
10 bis u. 15 J.	0	26	10.4	10.4	10.4
15 bis u. 20 J.	1	49	19.6	19.6	30.0
20 bis u. 25 J.	2	59	23.6	23.6	53.6
25 bis u. 30 J.	3	36	14.4	14.4	68.0
30 bis u. 35 J.	4	26	10.4	10.4	78.4
35 bis u. 40 J.	5	15	6.0	6.0	84.4
40 bis u. 45 J.	6	4	1.6	1.6	86.0
45 bis u. 50 J.	7	10	4.0	4.0	90.0
50 bis u. 55 J.	8	9	3.6	3.6	93.6
55 bis u. 60 J.	9	2	.8	.8	94.4
60 Jahre und älter	10	14	5.6	5.6	100.0
		-------	-------	-------
	TOTAL	250	100.0	100.0

Page   7   Benuzterbefragung Stadtbibliothek Reutlingen
Antwortverteilung für Alter der Bibliotheksbesucher

V11   Alter
COUNT   VALUE

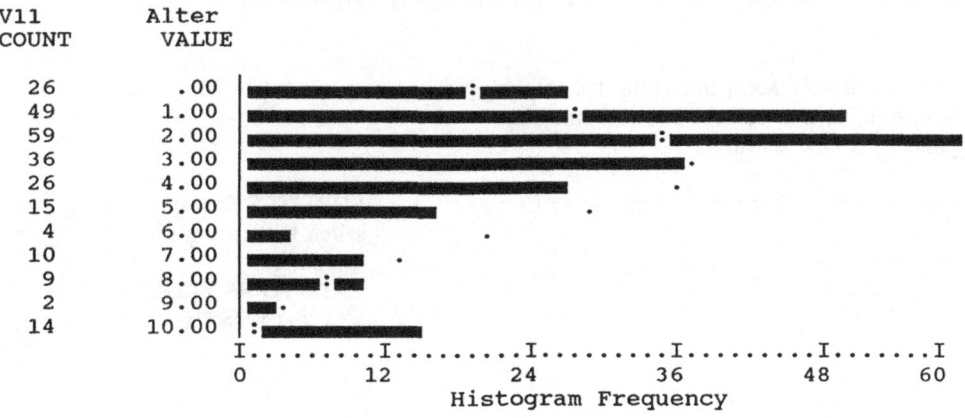

26	.00
49	1.00
59	2.00
36	3.00
26	4.00
15	5.00
4	6.00
10	7.00
9	8.00
2	9.00
14	10.00

```
      I.........I.........I.........I.........I.......I
      0        12        24        36        48       60
                   Histogram Frequency
```

Valid Cases   250   Missing Cases   0

Ungefähr 2/3 der Befragten schätzen die neuen Öffnungszeiten für sich persönlich als
"sehr wichtig" oder "wichtig" ein. Dies ist ein Ergebnis, mit dem die Bibliothek sehr
zufrieden sein kann. Aber auch aus methodischen Gründen kann man mit der Frage
zufrieden sein, da nur eine einzige Person die Antwort verweigert hat. Allerdings ist die
Art der graphischen Darstellung ein wenig unglücklich. Wie Sie der obigen Darstellung

entnehmen können werden vier Kategorien dargestellt, die eigentlich laut Variablendefinition überhaupt nicht existieren. Dies liegt daran, daß bei der Anweisung **HISTOGRAM** im Gegensatz zu **BAR** die Kategorien durchgezählt und auch dargestellt werden, unabhängig davon, ob diese besetzt oder leer sind. Ein möglicher Ansatzpunkt für eine weitergehende Untersuchung wäre, sich Klarheit darüber zu verschaffen, welcher Personenkreis die neuen Öffnungszeiten für "weniger wichtig" oder "unwichtig" hält.

Der zweiten Häufigkeitsverteilung können Sie entnehmen, daß die Variable "Alter" bereits in einer (vor-)codierten Form vorliegt. Mit Ausnahme der letzten beiden ('60 Jahre und älter'bzw. 'k.A.'), wurden sie in zwölf gleichbreite Klassen aufgeteilt. Sie ist **nicht** normal verteilt, und ihr Schwerpunkt liegt ganz eindeutig bei den jüngeren Bibliotheksbesuchern (über 50% der Bibliotheksbesucher sind jünger als 25 Jahre). Um zu überprüfen, ob es einen statistischen Zusammenhang zwischen den beiden Variablen gibt, erstellen wir eine einfache Kreuztabelle. Als statistisches Analyseverfahren wählen wir die Kreuztabelle. Daneben sollen der Chi^2-Test sowie Kendalls tau b und c berechnet werden. Der Chi^2 ist Ihnen schon hinlänglich bekannt, die beiden anderen Kennwerte messen die Stärke eines vermuteten statistischen Zusammenhangs ordinalskalierter Merkmale. Falls keine marginale Häufigkeit den Wert 0 besitzt, werden beide Koeffizienten maximal zwischen den Extremwerten +1 und -1 schwanken. Während die Variable V1 eindeutig auf Ordinalniveau skaliert ist, ist die Variable V11 eigentlich intervallskaliert. Wir akzeptieren dennoch den Informationsverlust, der sich durch die Wahl des niedrigeren Niveaus ergibt.

Um sich nur auf die Häufigkeiten innerhalb der Tabelle konzentrieren zu können, sollen neben den statistischen Tests nur die absoluten Zahlen ausgegeben werden. Auf der Basis dieser Information müssen Sie dann entscheiden, ob die Variablen in der vorliegenden Form weiter verwendet werden, oder ob sie recodiert werden müssen.

Erstellen Sie zunächst mit Hilfe des Menüs eine Kreuztabelle und versehen Sie sie mit einer passenden Überschrift.

Rechts finden Sie einen Vorschlag:

SUBTITLE 'Zusammenhang zwischen Bewertung der Öffnungszeit und Alter'.
CROSSTABS /**TABLES** V1 **BY** V11 /**STATISTICS 1.**

Hier ein Ausschnitt der Kreuztabelle:

```
Page    3   Benutzerbefragung Stadtbibliothek Reutlingen
Zusammenhang zwischen Bewertung der Öffnungszeit und Alter

Crosstabulation:      V1           Bedeutung d. vorgez. öffnungszeit
                   By V11          Alter
                                        - - - - Page   1 of  6
         Count  |10 bis u|15 bis u|20 bis u|25 bis u|30 bis u|
V11->           |. 15 J. |. 20 J. |. 25 J. |. 30 J. |. 35 J. | Row
                |      0 |      1 |      2 |      3 |      4 | Total
V1        ------+--------+--------+--------+--------+--------+
             1  |    8   |   16   |   18   |   17   |    8   |    88
sehr wichtig    |        |        |        |        |        |   35.2
             ---+--------+--------+--------+--------+--------+
             2  |    7   |   16   |   23   |    9   |    8   |    79
wichtig         |        |        |        |        |        |   31.6
             ---+--------+--------+--------+--------+--------+
             3  |    5   |   11   |   15   |    6   |    7   |    56
weniger         |        |        |        |        |        |   22.4
wichtig      ---+--------+--------+--------+--------+--------+
         Column      26       49       59       36       26      250
(Continued) Total  10.4     19.6     23.6     14.4     10.4    100.0
Page    4   Benutzerbefragung Stadtbibliothek Reutlingen
Zusammenhang zwischen Bewertung der Öffnungszeit und Alter


Crosstabulation:      V1           Bedeutung d. vorgez. öffnungszeit
                   By V11          Alter


                                        - - - - Page   2 of 6

         Count  |35 bis u|40 bis u|45 bis u|50 bis u|55 bis u|
     V11->      |. 40 J. |. 45 J. |. 50 J. |. 55 J. |. 60 J. | Row
                |      5 |      6 |      7 |      8 |      9 | Total
V1        ------+--------+--------+--------+--------+--------+
             1  |    5   |        |    4   |    5   |        |    88
sehr wichtig    |        |        |        |        |        |   35.2
             ---+--------+--------+--------+--------+--------+
             2  |    6   |    2   |    2   |    1   |    2   |    79
wichtig         |        |        |        |        |        |   31.6
             ---+--------+--------+--------+--------+--------+
             3  |    1   |    2   |    3   |    3   |        |    56
weniger         |        |        |        |        |        |   22.4
wichtig      ---+--------+--------+--------+--------+--------+
         Column      15        4       10        9        2      250
(Continued) Total   6.0      1.6      4.0      3.6       .8    100.0


Page    8   Benutzerbefragung Stadtbibliothek Reutlingen
Zusammenhang zwischen Bewertung der Öffnungszeit und Alter

Crosstabulation:      V1           Bedeutung d. vorgez. öffnungszeit

                   By V11          Alter


                                        - - - - Page   6 of 6
```

```
              Count   60 Jahre
     V11->             und ält    Row
                          10      Total
V1          ---------------------
                 4       1          26
     unwichtig                     10.4
                        ----------
                 9                   1
     k.A./k.M.                       .4
                        ----------
              Column    14         250
              Total     5.6       100.0
```

Chi-Square	D.F.	Significance	Min E.F.	Cells with E.F.< 5
36.83521	40	.6135	.008	37 OF 55 (67.3%)

Sie erhalten eine Kreuztabelle, die über sechs Seiten verteilt ist. Dies ist natürlich sehr unbefriedigend, da eine solche Tabelle doch recht unübersichtlich ist. Zudem befinden sich 196 der 250 gültigen Fälle (dies entspricht etwa 3/4 aller Befragten) bereits auf der ersten Seite der Tabelle[28]. Dies kann als ein Indikator dafür angesehen werden, daß es angebracht ist, die einzelnen Altersklassen noch einmal zusammenzufassen. Dafür kommen besonders die Merkmalsklassen im hinteren Teil der Tabelle in Frage, da diese nur über eine geringere Zellenbesetzung verfügen.

So hilfreich eine Zusammenfassung von Merkmalsklassen im Einzelfall auch sein kann, so sollten Sie dabei immer darauf achten, inwieweit diese auch **inhaltlich** zu begründen ist. Zusammenfassungen, die ausschließlich unter dem Gesichtspunkt der Übersichtlichkeit durchgeführt werden, sind unter methodischen Gesichtspunkten unzulässig. Auch wenn es keine allgemein verbindliche Regeln gibt, nach der man die Recodierung von Merkmalen durchführen soll, sollte doch eine Recodierung der inhaltlichen Fragestellung folgen. Die Kriterien, nach welchen man Merkmalsausprägungen zu Klassen zusammenfaßt, werden verständlicherweise von Fall zu Fall unterschiedlich ausfallen, da sie ja auch von der Art der Fragestellung abhängen; sie sollten aber nicht nur Ihnen plausibel erscheinen. Hierzu ein Beispiel. Wenn es Sie interessiert, ob diejenigen Bibliotheksbesucher, die volljährig sind (und damit theoretisch die Möglichkeit haben, ein Auto zu benutzen) eine kürzere Anfahrtzeit haben als diejenigen, die dies nicht sind, so ist es durchaus zulässig, die entsprechenden Altersgruppe in zwei Altersklassen, nämlich "bis unter 18 Jahre" und "ab 18 Jahre" zusammenzufassen. Problematisch wäre es dagegen, Arbeitslose nur deswegen mit denjenigen, die "keine Angaben" gemacht haben, zusammenzufassen, weil diese Merkmalsklasse lediglich wenige Beobachtungen enthält.

Am Ende der Tabelle finden Sie die Ergebnisse des Chi^2-Tests. Aufgrund des Ergebnisses der Signifikanzprüfung (p = .6135), kann unsere Ausgangvermutung, daß zwischen den beiden Variablen ein Zusammenhang besteht, nicht aufrecht erhalten. Weiterhin fällt auf, daß 37 von 55 Zellen weniger als fünf Fälle enthalten. Da aber nahezu alle statistischen

---

[28]   Diese Summe ermitteln Sie dadurch, indem Sie die absolute Häufigkeit, respektive die prozentuale Häufigkeit der Zeile (**Column**) in der untersten Reihe der ersten Tabelle aufaddieren.

Testverfahren voraussetzen, daß die Zellenbesetzung größer als fünf ist, muß man das erzielte Ergebnisse mit Vorsicht genießen.

Ihre nächste Aufgabe wird nun darin bestehen, über den Menü-Modus und mit Hilfe des **RECODE** Befehls aus den ursprünglich zwölf Altersklassen sechs neue zu erstellen. Bevor Sie dies jedoch ausführen, sollten Sie sich noch einmal darüber informieren, wie die Variable "Alter" codiert ist.

Betätigen Sie zunächst die Funktionstaste F2 und   F2
wechseln Sie dann über die Option **switch win-**   **switch windows**
dows vom log-file in das listing-file.

Untenstehend finden Sie das dazugehörige Monitorbild.

```
   ----------     ----      ------------     --------     --------------------

    36.83521        40          .6135           .008      37 OF    55 ( 67.3%)

   Number of Missing Observations =       0
   ----------------------------------------------------------------------------
   Page   10                         SPSS/PC+                           10/23/9

   This procedure was completed at   4:54:46

   ----------------------------------------------------------------------------
   Page   11                         SPSS/PC+                           10/23/9
   ============================================================================
   GET /FILE 'rtfiles\rtdata.sys'.
   TITLE 'Benutzerbefragung Stadtbibliothek Reutlingen'.
   SUBTITLE 'Antwortverteilung für Bewertung der neuen Öffnungszeit'.
   FREQUENCIES /VARIABLES V1 /HISTOGRAM.
   SUBTITLE 'Antwortverteilung für Alter der Bibliotheksbesucher'.
   FREQUENCIES /VARIABLES V11 /HISTOGRAM NORMAL.
   SUBTITLE 'Zusammenhang zwischen Bewertung der Öffnungszeit und Alter'.
   CROSSTABS /TABLES V1 BY V11 /STATISTICS 1.


   _____—Ins————————Std Menus—
```

Sobald Sie sich im oberen Fenster befinden, fah-
ren Sie entweder mit der Pfeiltaste oder mit der
PgUp-Taste bis zur der Stelle, an der sich die
Häufigkeitstabelle der Variablen "Alter" befindet.   PgUp

Dort angekommen, können Sie der Häufigkeitstabelle entnehmen, daß die ersten drei Antwortvorgaben mehr als die Hälfte aller befragten Bibliotheksbesucher abdecken. Zählt man noch die zwei nächsten Kategorien hinzu, so befinden sich in diesen nahezu 80%. Komplementär dazu verhalten sich die letzten vier Kategorien. Sie enthalten lediglich 10% der Befragten. Diese Feststellungen sind erste wichtige Anhaltspunkte für eine spätere Recodierung. Wir werden im weiteren Verlauf dieser Arbeitssitzung darauf zurückkommen.

Wechseln Sie erneut mit der Funktionstaste F2 und der Option **switch windows** in den Menü-Modus.

F2
switch windows

Mit der Tastenkombination Alt-Esc befinden Sie sich automatisch im Hauptmenü. Öffnen Sie zunächst das Menü **daten/dateien bearb.** Aus diesem heraus sollten Sie anschließend die Option **daten bearbeiten** wählen. Dadurch öffnen Sie ein Menü, in welchem Ihnen sechs verschiedene Möglichkeiten der Datenmodifikation zur Verfügung stehen. Im einzelnen sind dies die Befehle **COMPUTE, CREATE, IF, RECODE, COUNT** und **RMV**.Modus.

Alt-Esc

daten/dateien bearb.

daten bearbeiten

Sie benötigen für diese Aufgabe den **RECODE** Befehl. Positionieren Sie den Cursor auf den **RECODE** Befehl, betätigen Sie dann die Return-Taste.

RECODE

Ihr Monitor müßte in etwa so aussehen:

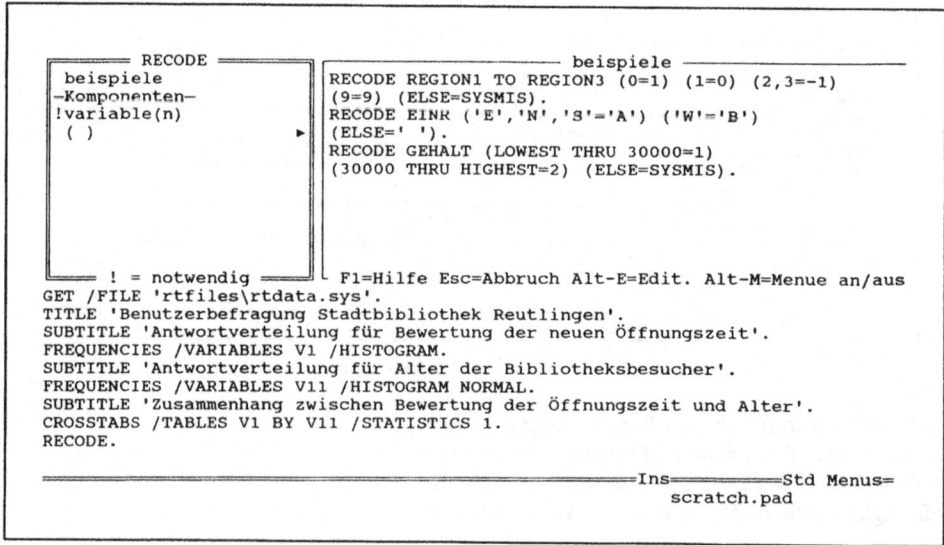

```
====== RECODE ======                    ─ beispiele ──────────────
 beispiele               RECODE REGION1 TO REGION3 (0=1) (1=0) (2,3=-1)
─Komponenten─            (9=9) (ELSE=SYSMIS).
!variable(n)             RECODE EINK ('E','N','S'='A') ('W'='B')
 ( )                 ►   (ELSE=' ').
                         RECODE GEHALT (LOWEST THRU 30000=1)
                         (30000 THRU HIGHEST=2) (ELSE=SYSMIS).


===== ! = notwendig ===== └ F1=Hilfe Esc=Abbruch Alt-E=Edit. Alt-M=Menue an/aus
GET /FILE 'rtfiles\rtdata.sys'.
TITLE 'Benutzerbefragung Stadtbibliothek Reutlingen'.
SUBTITLE 'Antwortverteilung für Bewertung der neuen Öffnungszeit'.
FREQUENCIES /VARIABLES V1 /HISTOGRAM.
SUBTITLE 'Antwortverteilung für Alter der Bibliotheksbesucher'.
FREQUENCIES /VARIABLES V11 /HISTOGRAM NORMAL.
SUBTITLE 'Zusammenhang zwischen Bewertung der Öffnungszeit und Alter'.
CROSSTABS /TABLES V1 BY V11 /STATISTICS 1.
RECODE.

═══════════════════════════════════════════════════Ins═══════Std Menus═
                                                      scratch.pad
```

Im rechten Teil des Bildschirms finden Sie einige Beispiele für einen möglichen Aufbau des **RECODE** Befehls. Bevor Sie nach diesem Muster Ihre eigenen Daten recodieren, schauen Sie sich ganz genau die zuletzt erstellten Ergebnisse im listing-file an.

Betrachten Sie sich die im Menü enthaltenen Beispiele. Der Aufbau des **RECODE** Befehls vollzieht sich immer in der gleichen Weise. Als al-
lererstes muß angegeben werden, **welche Variable**
recodiert werden soll. Erst danach werden die Bedingungen formuliert, nach denen die Merkmalsausprägungen zu neuen Klassen zusammengefaßt
werden. Das Prinzip ist dabei immer das gleiche.
Zunächst bestimmen Sie den alten Wert, setzen
danach das Gleichheitszeichen und bestimmen
dann den neuen Wert.

!variable(n)

!=

!alte Werte
!=

!neuer Wert

In der rechten Spalten finden Sie den vollständigen Recodierungsbefehl:

RECODE V11 (0=1) (1=2) (2=3)
(3,4=4) (5, 6, 7, 8=5)
(9, 10, 11=6) (99=99).

Wenn Sie sich den Befehl einmal genauer anschauen, so werden Sie feststellen, daß die ersten
drei Kategorien in der Weise recodiert wurden,
daß ihnen "lediglich" neue Ziffern zugeordnet
worden sind.

Die neue Merkmalsausprägung "5" setzt sich aus
der größten Anzahl von "alten" Merkmalskate-
gorien zusammen.

Bevor wir die Kreuztabellenanalyse von vorhin
noch einmal wiederholen, werden wir zu unserer
Kontrolle und zu einer besseren Orientierung uns
noch einmal die einfache Häufigkeitsverteilung
ausgeben lassen.

Plazieren Sie vor dem Recodierungsbefehl zunächst die folgende Überschrift:

TITLE 'Benutzerbefragung Stadtbibliothek Reutlingen'.
SUBTITLE 'Recodierte Alters-
tabelle'.

Dem Recodierungsbefehl folgt dann der
FREQUENCIES Befehl.

FREQUENCIES
/VARIABLES V11.

Markieren Sie nun alle Befehle und übergeben
Sie sie an SPSS/PC+

F7
F7
F10

Hier nun die vollständige Tabelle:

```
***** Memory allows a total of   6342 Values, accumulated across all
Variables.
      There also may be up to    792 Value Labels for each Variable.

Page   8    Benutzerbefragung Stadtbibliothek Reutlingen

Recodierte Alterstabelle

V11          Alter
                                                        Valid    Cum
Value Label                    Value  Frequency  Percent Percent Percent


15 bis u. 20 J.                  1        26       10.4    10.4    10.4
20 bis u. 25 J.                  2        49       19.6    19.6    30.0
25 bis u. 30 J.                  3        59       23.6    23.6    53.6
30 bis u. 35 J.                  4        62       24.8    24.8    78.4
35 bis u. 40 J.                  5        38       15.2    15.2    93.6
40 bis u. 45 J.                  6        16        6.4     6.4   100.0
                                        -------  ------- -------

                          TOTAL          250      100.0   100.0
```

Beachten Sie bitte die folgende Meldung, die Sie zu Anfang der Prozedur erhalten:

```
The raw data or transformation pass is proceeding
250 cases are written to the uncompressed active file.
```

Sie werden durch diese Meldung darauf aufmerksam gemacht, daß mit dem Befehl (**RECODE**) die Arbeitsdatei (active file) dauerhaft verändert wurde. Diese Veränderung behält solange ihre Gültigkeit, bis Sie eine neue Arbeitsdatei erstellen. (vgl. mit **SELECT IF** Befehl in Kapitel 13). Nun ist die Variable V11 so recodiert, daß sie wesentlich leichter einzusetzen und zu analysieren ist.

Da wir unter Zuhilfenahme der Kreuztabellenanalyse überprüfen wollen, ob zwischen den beiden Variablen V1 und V2 ein **signifikanter**, d.h. ein **inhaltlicher** Zusammenhang besteht, müssen wir SPSS/PC+ angeben, welche statistischen Kennwerte es für uns berechnen soll. Dafür müssen wir zunächst das Skalenniveau der in der Analyse verwendeten Variablen bestimmen. Bei der Frage nach der Bedeutung der vorgezogenen Öffnungszeiten (V1) handelt es sich eindeutig um eine **ordinalskalierte** Variable. Dies gilt auch für die Variable Alter (V11). Obwohl die Altersangabe an für sich auf Intervallniveau skaliert ist, muß sie aufgrund der vorgenommenen Gruppierung als Ordinalmerkmal behandelt werden.

Es bieten sich nun zwei Alternativen an. Wenn Sie bereit sind, einen Informationsverlust in Kauf zu nehmen, können Sie auf dem niedrigeren Nominalniveau bleiben und die dazugehörigen statistischen Kennwerte (z.B. Chi^2) verwenden, oder Sie verwenden Kennwerte, die für das Ordinalniveau entwickelt wurden. Sinnvoll wäre es, wir lassen uns die entsprechenden Kennwerte für beide Niveaus berechnen und vergleichen sie anschließend miteinander.

Kopieren Sie zunächst den alten **CROSSTABS** Befehl in die unterste Zeile.	
Ergänzen Sie ihn anschließend mit dem Unterbefehl **OPTIONS** und den Spezifikationen 5 und 15.	/OPTIONS 5 15
Verändern Sie den Untertitel in der folgenden Weise:	SUBTITLE '1. Recodierung: Bewertung der Öffnungszeit und Alter'.
Der gesamte Befehlsblock hat auf der Arbeitsplatte (scratch.pad) nun folgendes Aussehen:	TITLE 'Benutzerbefragung Stadtbibliothek Reutlingen'. SUBTITLE '1. Recodierung: Bewertung der Öffnungszeit und Alter'. CROSSTABS /TABLES V1 BY V11 /OPTIONS 5 15 /STATISTICS 1 6 7.
Markieren Sie die Befehle zunächst in der üblichen Weise.	F7 F7
Bevor Sie sie jedoch mit der Funktionstaste F10 an den Rechner übergeben, werden wir die markierten Zeilen in eine externe Datei hinein kopieren.	

Dies können wir über die Funktionstaste F9   F9
erreichen. Sobald wir diese betätigt haben, öffnet
sich im unterem Rand des Bildschirms das folgende Menü:

```
file: write Marked area   write Whole file   Delete file on disk
```

Bringen Sie den Cursor auf die erste Option und   **write Marked area**
drücken Sie die Return-Taste.

Erneut öffnet sich am unteren Bildrand ein
Fenster mit folgender Frage:

```
Name for file: REVIEW.TMP
```

Sie können nun den Namen der Datei bestimmen,
in die die markierten Zeilen kopiert werden
sollen. Als Voreinstellung gilt: REVIEW.TMP.
Übernehmen Sie die Voreinstellung nicht, sondern
vergeben Sie einen neuen Namen. Dadurch wird
es für Sie später leichter, die abgespeicherten
Befehle wiederzufinden und sie gesondert aufzu-   **recode1.log**
rufen. Der neue Name soll sein:

Die in dieser Weise gespeicherten Befehle lassen
sich beliebig oft in diese oder in eine andere
Datei kopieren. Wenn Sie dies kontinuierlich tun,
werden Sie im Laufe der Zeit über eine ganze
Reihe von Befehlssätzen verfügen. Dies hat den
Vorteil, daß Sie nicht jedes Mal, wenn Sie eine
Analyse wiederholen wollen, die Befehle von
neuem eingeben müssen, sondern diese wieder
aufrufen können. Diese Methode werden wir auch
im weiteren Verlauf der Sitzung anwenden.

Ob der Speichervorgang auch tatsächlich geklappt hat, können Sie der folgenden Meldung entnehmen:

done   (includes 3 lines from memory)

Da die Markierung der Befehle nicht aufgehoben wurde, können Sie diese mit F10 neu zur Ausführung bringen.

F10

Erst jetzt wird die **CROSSTABS** Prozedur berechnet. Hier ein Auszug aus dem Ergebnis:

```
Page   3   Benutzerbefragung Stadtbibliothek Reutlingen
1. Recodierung: Bewertung der Öffnungszeit und Alter

Crosstabulation:        V1          Bedeutung d. vorgez. Öffnungszeit
                 By V11          Alter
                                          - - - - Page   1 of   6

          Count |15 bis u|20 bis u|25 bis u|30 bis u|35 bis u|
V11->Tot Pct  |. 20 J. |. 25 J. |. 30 J. |. 35 J. |. 40 J. |  Row
      Residual|    1   |    2   |    3   |    4   |    5   | Total
V1            +--------+--------+--------+--------+--------+
          1   |    8   |   16   |   18   |   25   |   14   |   88
sehr wichtig  |  3.2%  |  6.4%  |  7.2%  | 10.0%  |  5.6%  | 35.2%
              | -1.2   | -1.2   | -2.8   |  3.2   |   .6   |
              +--------+--------+--------+--------+--------+
          2   |    7   |   16   |   23   |   17   |   11   |   79
wichtig       |  2.8%  |  6.4%  |  9.2%  |  6.8%  |  4.4%  | 31.6%
              | -1.2   |   .5   |  4.4   | -2.6   | -1.0   |
              +--------+--------+--------+--------+--------+
       Column     26       49       59       62       38      250
(Continued) Total 10.4%    19.6%    23.6%    24.8%    15.2% 100.0%

Page   4   Benutzerbefragung Stadtbibliothek Reutlingen
1. Recodierung: Bewertung der Öffnungszeit und Alter

Crosstabulation:        V1          Bedeutung d. vorgez. Öffnungszeit
                 By V11          Alter
                                          - - - - Page   2 of   6

            Count |40 bis u|
    V11->  Tot Pct|. 45 J. |  Row
           Residual|    6   | Total
V1               +--------+
          1      |    7   |   88
 sehr wichtig    |  2.8%  | 35.2%
                 |  1.4   |
                 +--------+
          2      |    5   |   79
 wichtig         |  2.0%  | 31.6%
                 |  -.1   |
                 +--------+
          Column     16      250
(Continued) Total   6.4%  100.0%
```

Zwar haben Sie die Anzahl der Merkmalsausprägungen bei der Variablen "Alter" reduziert, dennoch ist die Kreuztabelle nicht wesentlich übersichtlicher geworden. Dies liegt daran, daß Sie zusätzliche statistische Informationen (/OPTIONS 5 15) aufgerufen und diese sich auf die Zellengröße ausgewirkt haben. Dadurch wurde die Platzeinsparung wieder aufgehoben. Es wird Ihnen also nichts weiter übrig bleiben, als die Variable noch einmal zu recodieren. Doch dazu später mehr. Eine weitere Schwäche dieser Kreuztabelle ist der Umstand, daß die Kennzeichnung der einzelnen Altersklassen aufgrund der Recodierung nicht mehr stimmt. Um eine korrekte Ausgabe zu erhalten, werden wir den einzelnen Merkmalsausprägungsklassen neue Werteetiketten zuordnen.

Was die statistische Interpretation betrifft, so haben wir bereits darauf hingewiesen, daß Variablen, die auf Ordinalniveau skaliert sind, auch mit Hilfe von nominalen Maßen interpretiert werden können, falls man bereit ist, auf die zusätzlichen Informationen, die sich aus der Rangordnung des Ordinalniveaus ergeben, zu verzichten. Der Vorteil ordinaler, statistischer Kennwerte gegenüber nominalen Maßen besteht darin, daß diese in der Lage sind, die **Art des Zusammenhangs** zwischen zwei Variablen zu beschreiben. Dagegen beantworten nominale Maße "nur" die Frage, ob und wenn ja, wie stark dieser Zusammenhang ist. Bei der Untersuchung der Art des Zusammenhangs, wird die Zahl der sog. **konkordanten** (gleichgerichteten) mit den **diskordanten** (entgegengesetzt gerichteten) Paaren von Merkmalsträgern ins Verhältnis gesetzt. Dabei wird ein Paar dann als konkordant (diskordant) bezeichnet, wenn beide Merkmalsträger im Hinblick auf ihr Merkmal dieselbe (entgegengesetzte) Rangordnung besitzen. Ist die überwiegende Zahl von Paaren konkordant, spricht man von einem positiven, sind sie überwiegend diskordant von einem negativ Zusammenhang. Bei der Bestimmung der statistischen Kennwerte wurde Kendall's Tau gewählt, weil er neben der Art auch die Stärke des Zusammenhangs beschreibt. Der Koeffizient Tau b bezieht sich dabei vor allem auf 2*2 Tabellen, während Tau c auch für größere Tabellen geeignet ist.

Den obigen statistischen Kennwerten können Sie entnehmen, daß zwischen dem Merkmal "Alter" und "Bedeutung der vorgez. Öffnungszeit" kein signifikanter Zusammenhang besteht.

Zunächst werden wir den recodierten Merkmalsklassen neue, passende Etiketten zuordnen. Dies kann man über die Anweisung: **VALUE LABLES** bewerkstelligen. (vgl. auch Kapitel 18.3.5)

Wir werden diesen Befehl unter Zuhilfenahme des Menüs erstellen.

Ausgehend von **Hauptmenü** öffnen Sie bitte das Menü **daten lesen/schreiben**. Aus den zahlreichen Möglichkeiten, die sich Ihnen hier bieten, wählen Sie die Option: **erlaeuterungen /formate**. Alle die Befehle, die hier aufgelistet sind, dienen dazu, die einzelnen Merkmale mit Etiketten (d.h. Erläuterungen) zu versehen.

daten lesen/schreiben

erlaeuterungen/formate

Wenn Sie das **VALUE LABELS** Menü geöffnet haben, werden Sie einige Beispiele für einen möglichen Aufbau dieses Befehls finden. Gehen Sie die einzelnen Beispiele genau durch. Rechts finden Sie wieder wie üblich einen Vorschlag für den Aufbau des Befehls.

VALUE LABELS

Versehen Sie den Befehl mit einer neuen Überschrift und dem eigentlichen Kreuztabellenbefehl. Der Recodierungsbefehl muß nicht noch einmal eingegeben werden, da er dauerhaft wirkt.

Nachfolgend finden Sie zunächst das entsprechende Monitorbild und auf der folgenden Seite einen Vorschlag für die vollständige Befehlseingabe.

```
╒══ VALUE LABELS ══╕ ┌─────── variablen ───────────────────┐
│!variablen        │ Benennen Sie die Variable, deren Werte Sie mit
│!wert             │ Erlaeuterungen versehen moechten, indem Sie Alt-V
│' '               │ druecken und aus dem Variablenmenue auswaehlen,
│─Beispiele─       │ oder indem sie Alt-T druecken und den Variablen-
│/                 │ namen eintippen.
│                  │
│                  │ Wenn Sie den Werten mehrerer Variablen die
│                  │ gleichen Erlaeuterungen zuordnen wollen, fuehren
│                  │ Sie alle gewuenschten Variablen auf.
│                  │
│                  │ Wenn die Variablen alle aufgefuehrt sind, gehen
╘═ ! = notwendig ══╛ └ F1=Hilfe Esc=Abbruch Alt-E=Edit. Alt-M=Menue an/aus
FREQUENCIES /VARIABLES V11.
SUBTITLE '1. Recodierung: Bewertung der Öffnungszeit und Alter'.
CROSSTABS /TABLES V1 BY V11 /OPTIONS 5 15 /STATISTICS 1 6 7.
VALUE LABELS.



                                          ═Ins═══════Std Menus═
                                            scratch.pad
```

```
TITLE 'Benutzerbefragung Stadtbibliothek Reutlingen'.
SUBTITLE '1. Recodierung: Bewertung d. Öffnungszeit u.Alter'.
VALUE LABELS V11
              1 'Kinder (10 bis 14 Jahre)'
              2 'Jugendliche (15 bis 19 Jahre)'
              3 'Junge Gruppe (20 bis 24 Jahre)'
              4 'Mittlere Gruppe (25 bis 34 Jahre)'
              5 'Ältere Gruppe (35 bis 54 Jahre)'
              6 'Alte Gruppe (55 und älter)'
             99 'k.M./k.A.'.
CROSSTABS /TABLES V1 BY V11 /OPTIONS 5 15.
```

Auch diese Prozedur soll vor der endgültigen Aus-	F7
führung gespeichert werden. Markieren Sie zu-	F7
nächst alle Befehle, die Sie abspeichern wollen,	F9
und vergeben Sie anschließend den folgenden	**recode2.log**
Dateinamen:	

Erst danach sollen die Prozeduren ausführt wer-	F10
den.	**run marked area**

Hier ein Auszug der neuen Tabelle:

Page 11   Benutzerbefragung Stadtbibliothek Reutlingen
2. Recodierung: Bewertung der Öffnungszeit und Alter

Crosstabulation: V1   Bedeutung d. vorgez. Öffnungszeit
                  By V11   Alter

                                  - - - - Page 1 of 6

V11->	Count Tot Pct Residual	Kinder (10 bis 1 1	Jugendli che (15 2	Junge Gr uppe (20 3	Mittlere Gruppe 4	Ältere G ruppe (3 5	Row Total
V1							
1 sehr wichtig		8 3.2% -1.2	16 6.4% -1.2	18 7.2% -2.8	25 10.0% 3.2	14 5.6% .6	88 35.2%
2 wichtig		7 2.8% -1.2	16 6.4% .5	23 9.2% 4.4	17 6.8% -2.6	11 4.4% -1.0	79 31.6%
(Continued)	Column Total	26 10.4%	49 19.6%	59 23.6%	62 24.8%	38 15.2%	250 100.0%

Page 12   Benutzerbefragung Stadtbibliothek Reutlingen

2. Recodierung: Bewertung der Öffnungszeit und Alter

Crosstabulation: V1   Bedeutung d. vorgez. Öffnungszeit
                  By V11   Alter
                                    - - - - Page   2 of 6

```
               Count |Alte Gru
       V11->   Tot Pct|ppe   (55|  Row
               Residual|      6 |  Total
V1                    |--------|
                 1   |    7   |    88
    sehr wichtig     |  2.8%  |  35.2%
                     |  1.4   |
                     |--------|
                 2   |    5   |    79
    wichtig          |  2.0%  |  31.6%
                     |  -.1   |
                     |--------|
            Column       16       250
(Continued) Total       6.4%    100.0%
```

Page 13   Benutzerbefragung Stadtbibliothek Reutlingen
2. Recodierung: Bewertung der Öffnungszeit und Alter

Crosstabulation: V1   Bedeutung d. vorgez. Öffnungszeit
                  By V11   Alter
                                    - - - - Page   3 of 6

Count V11-> Tot Pct Residual V1	Kinder (10 bis 1 1	Jugendli che (15 2	Junge Gr uppe (20 3	Mittlere Gruppe 4	Ältere G ruppe (3 5	Row Total
3 weniger wichti	5 2.0% -.8	11 4.4% .0	15 6.0% 1.8	13 5.2% -.9	9 3.6% .5	56 22.4%
4 unwichtig	6 2.4% 3.3	6 2.4% .9	3 1.2% -3.1	6 2.4% -.4	4 1.6% .0	26 10.4%
Column (Continued) Total	26 10.4%	49 19.6%	59 23.6%	62 24.8%	38 15.2%	250 100.0%

Chi-Square	D.F.	Significance	Min E.F.	Cells with E.F.< 5
12.71791	20	.8892	.064	10 OF 30 (33.3%)

Zwar ist die Analyse korrekt durchgeführt worden, dennoch sind die Werteetiketten immer noch zu lang. Wir werden sie daher noch einmal verkürzen.

Wir werden aus diesem Grund den **VALUE
LABELS** Befehl noch einmal korrigieren. Dazu
rufen wir die vorhin gespeicherte Datei
recode2.log auf.

Betätigen Sie dazu die Funktionstaste F3. Danach   F3
öffnet sich in der Statuszeile ein Menü, welches
Ihnen die beiden folgenden Möglichkeiten anbietet:

```
 files:    Edit different file      Insert file
```

Wählen Sie die zweite Option, und geben Sie in
das sich nun öffnende Fenster den Dateinamen   **Insert file**
von vorhin ein.

Der Inhalt der Datei **recode2.log** wird nun auf die   **recode2.log**
Arbeitsplatte kopiert.

Verkürzen Sie mit der Del-Taste oder der Backspace-Taste den **VALUE LABLES** Befehl in der
nebenstehender Weise: **VALUE LABELS** V11
                                                         1 'Kinder'
                                                         2 'Jugendliche'
                                                         3 'Junge Gruppe'
                                                         4 'Mittlere Gruppe'
                                                         5 'Ältere Gruppe'
                                                         6 'Alte Gruppe'
                                                         99 'k.A./k.M.'.

Markieren Sie nach der Veränderung der An-   F7
weisungen wie üblich die Zeilen, die SPSS/PC+   F7
bearbeiten soll und speichern Sie sie unter dem   F9
neuen Namen **recode3.log** ab.   **recode3.log**

Sobald Sie die neuen Modifikationen beendet   F10
haben, kann der markierte Block ausgeführt wer-   **run marked area**
den.

Auch hier ein Auszug aus der Kreuztabelle mit den korrigierten Etiketten.

```
Page  19    Benutzerbefragung Stadtbibliothek Reutlingen
1. Recodierung: Bewertung der Öffnungszeit und Alter

Crosstabulation:        V1          Bedeutung d. vorgez. Öffnungszeit
                  By V11          Alter
                                        - - - - Page  1 of  6
```

V11—>	Count Tot Pct Residual	Kinder 1	Jugendliche 2	Junge Gruppe 3	Mittlere Gruppe 4	Ältere Gruppe 5	Row Total
V1							
1 sehr wichtig		8 3.2% -1.2	16 6.4% -1.2	18 7.2% -2.8	25 10.0% 3.2	14 5.6% .6	88 35.2%
2 wichtig		7 2.8% -1.2	16 6.4% .5	23 9.2% 4.4	17 6.8% -2.6	11 4.4% -1.0	79 31.6%
(Continued)	Column Total	26 10.4%	49 19.6%	59 23.6%	62 24.8%	38 15.2%	250 100.0%

```
Page  20    Benutzerbefragung Stadtbibliothek Reutlingen
1. Recodierung: Bewertung der Öffnungszeit und Alter

Crosstabulation:        V1          Bedeutung d. vorgez. Öffnungszeit
                  By V11          Alter
                                        - - - - Page  2 of  6
```

V11—>	Count Tot Pct Residual	Alte Gruppe 6	Row Total
V1			
1 sehr wichtig		7 2.8% 1.4	88 35.2%
2 wichtig		5 2.0% -.1	79 31.6%
(Continued)	Column Total	16 6.4%	250 100.0%

Durch die erneute Verkleinerung der Werteetiketten sind die einzelnen Zellen der Tabellen nun eindeutig zuordenbar. Dennoch passen sie noch immer nicht in die ihnen zugeordneten Tabellenkästchen. Auch hat sich am Umfang und damit der Übersichtlichkeit der Tabelle nichts geändert. Sie ist immer noch auf sechs Seiten verteilt. Daher werden wir erneut die Variable V11 recodieren und sie auch mit neuen Etiketten versehen.

Wir gehen dabei in der bereits gewohnten Weise
vor. Schalten Sie den Menü-Modus aus und den
Editor-Modus ein. Kopieren Sie die zuletzt gespeicherte Befehlsdatei **recode3.log** auf die Arbeitsplatte.

Alt-e
F3
insert file

recode3.log

Verändern Sie zunächst den **SUBTITLE** Befehl
und anschließend den **VALUE LABELS** Befehl in
der nebenstehenden Weise:

SUBTITLE '2. Recodierung: Bewertung der Öffnungszeit und
Alter.'
VALUE LABELS V11
1 'Jugend'
2 'Mitte'
3 'Ältere'
4 'Alte'
99 'k.A./k.M.'.

Plazieren Sie den Recodierungsbefehl vor den
TITLE Befehl. In der rechten Spalte befindet sich
ein Recodierungsvorschlag.

RECODE V11 (1, 2=1) (3, 4=2)
(5=3) (6=4) (99=99).

Da es sich beim **RECODE** Befehl um eine permanent wirkende Anweisung handelt, wurde
die von uns bisher verwendete Arbeitdatei durch die erste Recodierungsanweisung dauerhaft
verändert. Das hat zur Konsequenz, daß jede weitere Recodierungsanweisung dies immer berücksichtigen muß. Wenn Sie eine (re-)codierte Variable erneut recodieren wollen, so müssen
sich die entsprechenden Anweisungen immer auf die zuletzt definierten Anweisungen
beziehen. Konkret auf unseren Fall übertragen, können wir dem oben stehenden Befehlssatz
entnehmen, daß der neue **RECODE** Befehl sich nicht auf den ursprünglichen Datensatz,
sondern auf die vorangegangene Recodierungsanweisung bezieht. Die Variable V11 (Alter)
verfügt nun über **vier** neue, unterschiedlich breite Merkmalsklassen. Um diese eindeutig in
der Tabelle identifizieren zu können, wurde auch sie mit neuen Merkmalsetiketten versehen.
Am eigentlichen Kreuztabellenbefehl wurde nichts verändert.

Auch hier noch einmal alle Befehle auf einen Blick.

```
RECODE V11 (1,2=1) (3,4=2) (5=3) (6=4) (99=99).
TITLE 'Benutzerbefragung Stadtbibliothek Reutlingen
SUBTITLE '3. Recodierung: Bewertung der
            Öffnungszeit und Alter'.
VALUE LABELS V11
              1 'Jugend'
              2 'Mitte'
              3 'Ältere'
              4 'Alte'
             99 'k.A./k.M.'.
CROSSTABS /TABLES V1 BY V11
/OPTIONS 5 15
/STATISTICS 1 6 7.
```

Speichern Sie auch diese Anweisungen vor der	F7
erneuten Bearbeitung unter dem Namen	F7
recode4.log ab.	F9
	recode4.log

Hier ein Teil der neue Kreuztabelle:

```
Page  27    Benutzerbefragung Stadtbibliothek Reutlingen
2. Recodierung: Bewertung der Öffnungszeit und Alter

Crosstabulation:      V1        Bedeutung d. vorgez. öffnungszeit
                   By V11       Alter
                               - - - - Page  1 of  3
```

V11->	Count Tot Pct Residual	Jugend 1	Mitte 2	Ältere 3	Alte 4	Row Total
V1						
sehr wichtig	1	24 9.6% -2.4	43 17.2% .4	14 5.6% .6	7 2.8% 1.4	88 35.2%
wichtig	2	23 9.2% -.7	40 16.0% 1.8	11 4.4% -1.0	5 2.0% -.1	79 31.6%
(Continued)	Column Total	75 30.0%	121 48.4%	38 15.2%	16 6.4%	250 100.0%

Page 28   Benutzerbefragung Stadtbibliothek Reutlingen
2. Recodierung: Bewertung der Öffnungszeit und Alter

Crosstabulation: V1   Bedeutung d. vorgez. öffnungszeit
                  By V11   Alter

                                        - - - - Page 2 of 3

V11->	Count Tot Pct Residual	Jugend 1	Mitte 2	Ältere 3	Alte 4	Row Total
V1						
weniger wichtig	3	16 6.4% -.8	28 11.2% .9	9 3.6% .5	3 1.2% -.6	56 22.4%
unwichtig	4	12 4.8% 4.2	9 3.6% -3.6	4 1.6% .0	1 .4% -.7	26 10.4%
(Continued)	Column Total	75 30.0%	121 48.4%	38 15.2%	16 6.4%	250 100.0%

Page 29   Benutzerbefragung Stadtbibliothek Reutlingen
2. Recodierung: Bewertung der Öffnungszeit und Alter

Crosstabulation: V1   Bedeutung d. vorgez. öffnungszeit
                  By V11   Alter
                                                    - - - -
Page 3 of 3

V11->	Count Tot Pct Residual	Jugend 1	Mitte 2	Ältere 3	Alte 4	Row Total
V1						
k.A./k.M.	9	0 .0% -.3	1 .4% .5	0 .0% -.2	0 .0% -.1	1 .4%
	Column Total	75 30.0%	121 48.4%	38 15.2%	16 6.4%	250 100.0%

Chi-Square	D.F.	Significance	Min E.F.	Cells with E.F.< 5
5.57557	12	.9359	.064	7 OF 20 (35.0%)

Wenn wir das Format der beiden letzten Kreuztabellen miteinander vergleichen, so können wir folgendes feststellen: Das Ausgabeformat der Kreuztabelle hat sich halbiert. Statt sechs haben wir nun nur noch drei Seiten. Dies erhöht die Übersichtlichkeit und erleichtert damit die Interpretation. Der Preis dafür ist ein recht großer Informationsverlust. Welche Folgen und Konsequenzen sich daraus für die statistischen Tests und damit für die Interpretations-möglichkeiten ergeben, werden wir am Schluß dieses Kapitels diskutieren.

Unter inhaltlichen Gesichtspunkten können wir feststellen, daß die neuen Öffnungszeiten am ehesten von der mittleren Altersgruppe (20 bis 34 Jahre) als wichtig eingeschätzt werden. In ähnlicher Weise äußert sich auch die Gruppe der "alten" Bibliotheksbesucher (55 und mehr Jahre). Dagegen hält die Gruppe der Jugend (10 bis 19 Jahre) die neuen Öffnungszeiten eher für "weniger wichtig" oder sogar für "unwichtig". Um die Tendenz dieser Interpretation noch besser verdeutlichen zu können, werden wir nun, zum Abschluß dieser Sitzung, die Kreuztabelle ein letztes Mal recodieren. Nun soll die Variable V1 recodiert werden. Wir werden die ursprünglich vier, zu zwei neuen Merkmalsausprägungen zusammenfassen. Die Merkmalsausprägungen "sehr wichtig" und "wichtig" werden zu "eher Zustimmung", die Merkmalsausprägungen "weniger wichtig" und "unwichtig" werden zu "eher Ablehnung" zusammengefaßt. Die Kategorie "k.A/k.M." bleibt erhalten. Auch an der Variablen "Alter" soll keine Veränderung vorgenommen werden. Um zu überprüfen, welches Ausgabeformat für die Interpretation besser ist, werden wir die Reihenfolge der kombinierten Variablen zusätzlich verdrehen.

Wir werden nun ein letztes Mal die Kreuztabelle modifizieren. Nun soll aber nicht die Variable "Alter" recodiert werden, sondern die Variable V1 "Bedeutung der vorgezogenen Öffnungszeit". Diese soll in zwei Positionen aufgespalten werden: in eine erste Position, die der neuen Öffnungszeit eher positiv und in eine zweite Position, die dieser eher negativ gegenübersteht.

Bei der Modifizierung der Befehlseingabe gehen wir in der gewohnten Weise vor. Kopieren Sie zunächst die Datei: **recode4.log** auf die Arbeitsplatte.

F3
Insert file

recode4.log

Löschen Sie den alten Recodierungsbefehl für die Variable V11 und geben Sie den neuen in der nebenstehenden Weise ein:

RECODE V1 (1,2=1) (3,4=2) (9=9).
VAL LAB v1
1 'eher Zustimmung'
2 'eher Ablehnung'
9 'k.A./k.M.'.

Es sei hier nochmals darauf hingewiesen, daß der **RECODE** Befehl permanent wirkt. Da wir die letzte Recodierung der Variable Alter nicht verändern wollen, müssen wir sie diesmal auch nicht im **RECODE** Befehl berücksichtigen, sondern nur die Variable V1 in der nebenstehenden Weise recodieren.

Markieren Sie alle die Zeilen, die von SPSS/PC+   F7
bearbeitet werden sollen, und speichern Sie alle   F7
Befehle, nachdem Sie sie korrigiert haben, unter   F9
dem neuen Namen **recode5.log** ab.   **recode5.log**

Erst jetzt sollen die neuen Befehle ausgeführt
werden.   F10
                                                          run marked area

Auch hier wieder ein Teil des Ergebnisses:

```
Page   32   Benutzerbefragung Stadtbibliothek Reutlingen
3. Recodierung: Bewertung der Öffnungszeit und Alter

Crosstabulation:        V1        Bedeutung d. vorgez. öffnungszeit
                   By V11         Alter
                                          - - - - Page  1 of  2

               Count │Jugend │Mitte  │Ältere │Alte
      V11->     Tot Pct                                        Row
               Residual│   1   │   2   │   3   │   4       Total
  V1
                    1 │   47  │   83  │   25  │   12         167
     eher Zustimmung │ 18.8% │ 33.2% │ 10.0% │  4.8%       66.8%
                     │  -3.1 │   2.2 │  -.4  │  1.3

                    2 │   28  │   37  │   13  │    4          82
     cher Ablehnung  │ 11.2% │ 14.8% │  5.2% │  1.6%       32.8%
                     │   3.4 │  -2.7 │   .5  │ -1.2

               Column │   75  │  121  │   38  │   16         250
 (Continued)    Total │ 30.0% │ 48.4% │ 15.2% │  6.4%     100.0%


Crosstabulation:        V1        Bedeutung d. vorgez. öffnungszeit
                   By V11         Alter
                                          - - - - Page  2 of  2

               Count │Jugend │Mitte  │Ältere │Alte
      V11->     Tot Pct                                        Row
               Residual│   1   │   2   │   3   │   4       Total
  V1
                    9 │    0  │    1  │    0  │    0           1
      k.A./k.M.       │   .0% │   .4% │   .0% │   .0%        .4%
                     │  -.3  │   .5  │  -.2  │  -.1

               Column │   75  │  121  │   38  │   16         250
                Total │ 30.0% │ 48.4% │ 15.2% │  6.4%     100.0%

Chi-Square   D.F.   Significance      Min E.F.   Cells with E.F.< 5
----------   ----   ------------      --------   ----------
2.45496        6      .8735             .064      4 OF    12 ( 33.3%)
```

Beenden Sie die Sitzung, und sehen Sie sich das   **FINISH.**
Inhaltsverzeichnis des directory's: RTFILES an.   F10
                                                      C:\RTFILES>dir

Hier müssen sich nun neben verschiedenen anderen Dateien auch unsere vier Befehlsda-
teien (recode1.log bis recode4.log) befinden. Diese lassen sich innerhalb von SPSS/PC+
jederzeit aus der regulären scratch.pad-Datei heraus aufrufen. Man muß nur die Funktionstaste F3 (insert file) betätigen und den Namen der gewünschten Datei in das sich öffnende
Fenster am unterem Bildrand eingeben. Anschließend wird die aufgerufene Datei in die
scratch.pad-Datei eingefügt. Diese Vorgehensweise eignet sich besonders dann, wenn man
an einem Befehlssatz nur geringfügige Veränderungen machen will.

Wie wir in Kapitel 11 erfahren haben, sollte man eine Kreuztabelle immer so aufbauen, daß
sich die unabhängige Variable auf der Vertikalen und die abhängige Variable auf der horizontalen Achse befindet. Bisher haben wir uns auch immer daran gehalten, nur beim letzten
Beispiel haben wir gegen diese Vereinbarung verstoßen. Der Grund dafür war, die
Möglichkeit aufzuzeigen, wie man durch eine einfache Veränderung der Reihenfolge, in der
die Variablen miteinander verknüpft werden, die Tabelle noch einmal verkleinern kann,
ohne die eigentlichen Daten zu verändern.

Durch die letzte Recodierung haben wir eine sehr komprimierte und daher recht übersichtliche Darstellung erhalten. Der Preis dafür war allerdings eine erhebliche Reduktion von
Einzelinformationen. Man wird in der Regel abwägen müssen, was einem wichtiger ist: entweder eine komprimierte und übersichtliche Darstellung oder eine weniger übersichtliche
Tabelle mit mehr Einzelinformationen. Die Problematik, die sich aus einer Aggregation von
mehreren Merkmalsklassen zu einer neuen ergibt, äußert sich dadurch, daß wichtige
Unterscheidungen durch eine derartige Aggregation aufgehoben werden könnten. Es könnte
ja sein, daß der vermutete Zusammenhang gerade zwischen den zusammengefaßten
Kategorien besteht. Durch eine Zusammenfassung dieser Kategorien kann entweder der
Zusammenhang selbst oder dessen Richtung aufgehoben oder verändert werden.

Auf unser Beispiel übertragen bedeutet dies folgendes: Dadurch, daß wir nur noch über vier -
zudem unterschiedlich breite - Altersklassen verfügen, können wir beispielsweise nicht mehr
überprüfen, ob die vermuteten Zusammenhänge nicht überwiegend zwischen den ersten
zwei Merkmalsklassen der Ursprungtabelle bestehen. Wir haben dadurch eine Vielzahl von
stillschweigenden Annahmen und "Vor-Interpretationen" getroffen, die an für sich logisch
begründbar, aber unter statistischen Gesichtspunkten problematisch sind. Als Beispiel sei hier
die Zusammenfassung der Merkmalsausprägungen bei der Variablen V1 "weniger wichtig"
+ "unwichtig" = "eher Ablehnung" usw.) erwähnt. Ein derartiger Eingriff in die Datenstruktur
ist eigentlich ohne eine theoretische und empirisch - statistische Begründung nicht zulässig.
Ein Indikator für diese Problematik ist die Veränderung der statistischen Kennwerte. Wenn
Sie die Chi^2 Werte miteinander vergleichen, so werden Sie feststellen, daß diese von
Recodierung zu Recodierung angewachsen sind, obwohl sich an der eigentlichen Berechnungsbasis nichts geändert hat. Dagegen scheint der Kennwert Kendall tau b und tau c
recht stabil gegen derartige Recodierungen zu sein.

13. Bilden von Subpopulationen

Nachdem Sie schon ein wenig im Umgang mit dem SPSS/PC+ Editor geübt sind, sind Sie nun in der Lage, mit ihm auch umfangreichere und komplexere Aufgaben zu lösen. Dazu werden wir einige neue Editierfunktionen einsetzen. Ein weiteres Anliegen dieses Kapitels ist es, Ihnen einige der vielfältigen Möglichkeiten der Datenselektion aufzuzeigen. Neben zwei neuen Selektionsbefehlen werden auch zwei Anweisungen vorgestellt mit deren Hilfe man Tabellen mit Überschriften und Kommentaren versehen kann.

13.1. Der PROCESS IF und SELECT IF Befehl

Ein wichtiges Mittel der Datenanalyse ist die **Datenselektion**. Darunter versteht man die Möglichkeit, sich aus der Grundgesamtheit der Erhebung (der Gesamtpopulation) einzelne Gruppen (Subpopulationen) herauszusuchen und diese dann getrennt zu analysieren. SPSS/PC+ verfügt daher über einen umfangreichen Satz an Datenselektionsbefehlen. Auf zwei Selektionsbefehle werden wir gesondert eingehen. Es sind dies **PROCESS IF** und **SELECT IF**.

Bei der inhaltlichen Fragestellung wird es darum gehen, vermutete Zusammenhänge zwischen sozialdemographischen Merkmalen und dem Nutzungsverhalten der Bibliotheksbesucher zu untersuchen. Zwei Merkmale, nämlich das Geschlecht und das Alter sollen dabei herausgegriffen werden und mit der Nutzung einzelner Bibliotheksbereiche kontrastiert werden.

Hier die Übersicht über die einzelnen Arbeitsschritte:

1.) Aufruf einer Variablenliste.
2.) Versehen einer Häufigkeitstabelle mit Überschriften.
3.) Durchführung und Vergleich mehrere Datenselektionen.
4.) Erstellen einer Kreuztabelle.
5.) Ausgabe eines Teils der Ergebnisse auf dem Drucker.
6.) Beendigung der Sitzung.

Rufen Sie zunächst SPSS/PC+ auf: C:\rtfiles > spsspc

Definieren Sie anschließend mit dem **GET FILE**   GET /FILE 'C:\rtfiles\rtdata.sys'.
Befehl die Systemdatei.

Es wird immer wieder mal vorkommen, daß man während einer Sitzung vergißt, welchen Namen man einer bestimmten Variablen zugeordnet oder in welche "Untervariablen" (vgl. dazu Kapitel 11) man eine Variable aufgespalten hat. Um diese Information zu erhalten, können Sie sich von SPSS/PC+ ein Inhaltsverzeichnis der verfügbaren Variablen ausgeben lassen.

Betätigen Sie zunächst die Funktionstaste F1. Als   F1
Folge davon müßte sich nun am unteren Bild-
schirmrand das folgende Menü öffnen:

```
Info: Review help   Var list   File list   Glossary   menu Hlp off
```

Bringen Sie nun mit Hilfe der Pfeiltasten die   **Var list**
Markierung auf **Var list**, und drücken Sie die
Return-Taste.

Sie sehen, diese Vorgehensweise hat die gleiche Wirkung wie das Betätigen der Tastenkombi-nation Alt-v. Beide erzeugen Ihnen ein Variablen-verzeichnis (varlist).

Informieren Sie sich zunächst mit Hilfe dieser Variablenliste darüber, wie die Merkmale Alter, Geschlecht, Erwerbstätigkeit und Nutzung der Bibliothek datentechnisch aufbereitet wurden.

Sie wissen nun, daß dem Merkmal "Alter" die Variable V11, dem Merkmal "Geschlecht" die Variable V12 und der Frage nach der "Nutzung der Bereiche" die Variable V6 zugeordnet wurde. Das Problem bei der letzten Variablen bestand nun darin, eine Wertigkeit im Ant-wortverhalten auszudrücken. Daher wurde diese Variable in vier "Untervariable" (V61 bis V64) aufgespalten. Dadurch hat man die Möglichkeit, die Untervariablen getrennt voneinander auszuwerten. So wurde der Variablen V61 der am **häufigsten** benutzte Bereich, der Variablen V62 der am **zweithäufigsten** benutzte Bereich usw. zugeordnet.

Das Merkmal "Erwerbstätigkeit" ist über die Variable V13 verfügbar. Wenn Sie die Ausprägungen der Variablen V13 mit denen der Frage im Fragebogen vergleichen, so werden Sie feststellen, daß diese unterschiedlich viele Ausprägungen besitzen. Dies deutet darauf hin, daß diese Variable recodiert wurde. Wahrscheinlich wurde ein Teil der Merkmalsaus-prägungen mit nur geringer Fallzahl zusammengefaßt.

Das erste Ziel dieses Kapitels ist es, sich einen
ersten Überblick über den am häufigsten genutz-
ten Bibliotheksbereich zu verschaffen.

Zusätzlich dazu soll die Häufigkeitstabelle mit
einer Überschrift versehen werden.

Ausgehend vom Hauptmenü, fahren Sie zunächst
in die Zeile, in der das Menü **Kontrolle & info.**   **kontrolle & info**
steht. Öffnen Sie es mit der Return-Taste.

Wählen Sie hier die siebte Option **titel u. kom-**   **titel u. kommentare**
mentare.

Hier das dazugehörige Monitorbild:

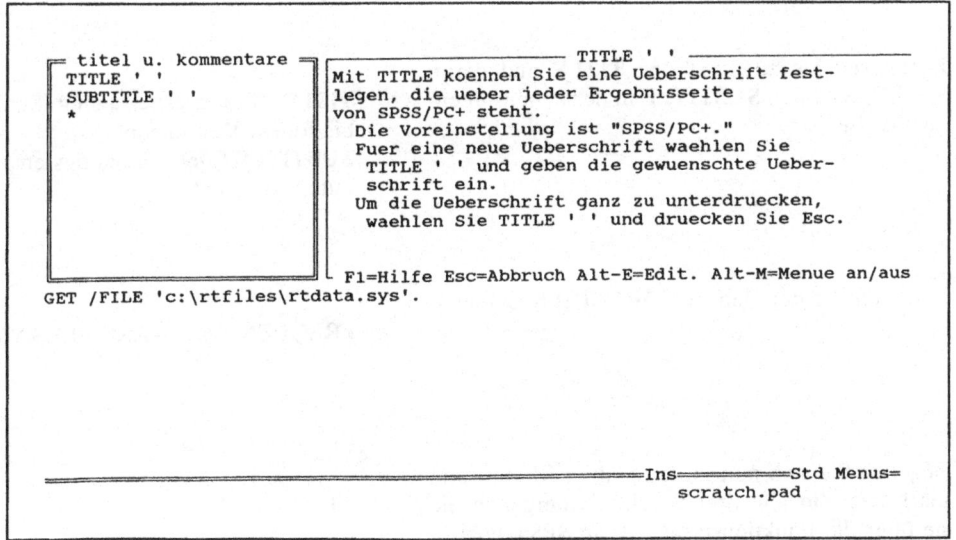

Wie Sie dem Menü entnehmen können, stehen Ihnen drei Anweisungen zur Verfügung, um
Tabellen und Analysen mit Überschriften zu versehen. Im einzelnen sind dies die Befehle
TITLE, SUBTITLE und *****. Auf die zwei ersteren werden wir hier eingehen.

Mit dem Befehle **TITLE** haben Sie die Möglichkeit, die erste Zeile der Seitenüberschrift zu bestimmen. Diese Überschrift bleibt für alle weiteren Prozeduren erhalten. Sie kann nur durch eine Modifikation des **TITLE** Befehls aufgehoben werden. Mit der Anweisung **SUBTITLE** wird die zweite Zeile einer Tabelle definiert. Im Gegensatz zum **TITLE** Befehl, bezieht sich der Befehl **SUBTITLE** sich nur auf die unmittelbar darauffolgende Prozedur. Dadurch hat man die Möglichkeit innerhalb einer generellen Analyse, einzelne Prozeduren mit einer weiteren separaten Überschrift zu versehen. Insbesondere dann, wenn man mehrere Analysen gleichzeitig rechnen läßt, ist es ratsam, sich dieser beiden Möglichkeiten zu bedienen. Man verliert bei dieser Art des Vorgehens doch recht schnell den Überblick, wo eine Analyse anfängt und wo sie aufhört. Dies gilt besonders dann, wenn die angeforderten Analysen umfangreich sind. Nicht zuletzt hat man mit diesen beiden Optionen die Möglichkeit, die unterschiedlichen Analysen systematisch zu ordnen.

Als Voreinstellung gilt dabei, daß man für den **TITLE** Befehl nicht mehr als 58 Zeichen und für den **SUBTITLE** Befehl nicht mehr als 64 Zeichen definieren kann. Jeweils darüber hinausgehende Zeichen werden abgeschnitten. Als Begrenzer des Textes können entweder Hochkommata oder die Anführungsstriche verwendet werden. Sie können beide Anweisung unabhängig voneinander definieren und innerhalb einer Sitzung so oft Sie wollen verändern. Beide Befehle bleiben solange gültig, bis entweder ein neuer Datensatz definiert oder aufgehoben wird.

Definieren Sie zunächst den **TITLE** und daran anschließend den **SUBTITLE** in der nebenstehenden Weise:

TITLE "Benutzerbefragung Stadtbibliothek Reutlingen".
SUBTITLE "Der am häufigsten genutzte Bereich".

Erstellen Sie nun den **FREQUENCIES** Befehl.

FREQUENCIES /VARIABLES V61.

Begeben Sie sich nun in den Editier-Modus, und markieren Sie alle drei Befehle. Übergeben Sie sie über die Funktionstaste F10 an SPSS/PC+

Alt-e
F7
F7

F10
run marked area

Hier das Ergebnis:

```
***** Memory allows a total of   6572 Values, accumulated across all
Variables.
      There also may be up to    821 Value Labels for each Variable.
```

Page   3   Benutzerbefragung Stadtbibliothek Reutlingen
Der am häufigsten genutzte Bereich

V61   Am häufigsten benutzter Bereich

Value Label	Value	Frequency	Percent	Valid Percent	Cum Percent
Zeitungen	0	33	13.2	13.4	13.4
Bibl.markt	1	25	10.0	10.1	23.5
Wintergarten	2	5	2.0	2.0	25.5
Kinderbibl.	3	17	6.8	6.9	32.4
Studienkabinett	4	18	7.2	7.3	39.7
Sachliteratur	5	92	36.8	37.2	76.9
Romane	6	21	8.4	8.5	85.4
Musikbibl.	7	35	14.0	14.2	99.6
Ausstellungen	8	1	.4	.4	100.0
	9	3	1.2	MISSING	
		-------	-------	-------	
TOTAL		250	100.0	100.0	

Valid Cases   247   Missing Cases   3

Interessanterweise wird der Bereich der Sachliteratur mit weitem Abstand am stärksten genutzt. Dies ist um so erstaunlicher, als es für eine Stadtbibliothek ein eher untypisches Nutzungsverhalten ist. Hier wäre ein möglicher Ansatzpunkt für eine weitere, eingehendere Analyse. Man müßte nun zum einen die sozialen Randbedingungen der Stadtbibliothek überprüfen. Gibt es in Reutlingen noch weitere, öffentlich zugängliche Bibliotheken? Wenn nein, würde es naheliegen, daß diejenigen Bürger von Reutlingen, die z.B. an Fort- und Weiterbildung interessiert sind, gar keine andere Möglichkeit haben, als sich die entsprechende Literatur in der Stadtbibliothek zu besorgen und damit das Nutzungsprofil der Bibliothek prägen.

Andererseits wäre auch eine völlig andere Erklärung denkbar. Man müßte z.B. untersuchen, was unter dem Begriff "Sachliteratur" subsumiert wurde. Handelt es sich hierbei eher um Fachliteratur für die Fort- und Weiterbildung oder eigentlich um Jugendbücher zu eher naturwissenschaftlich-technischen Themen? Würde sich z.B. herausstellen, daß der Bereich der Sachliteratur eher von Jugendlichen genutzt würde, wäre dies ein Indikator für die zweite These. Sicherlich fallen einem auch andere mögliche Erklärungen für dieses spezifische Nutzungsverhalten ein. Da wir die sozio-strukturellen Bedingungen der Stadtbibliothek nicht kennen, werden wir uns auf die sozialdemographischen Merkmale der Bibliotheksbesucher konzentrieren.

Im weiteren Verlauf der Analyse werden wir uns zwei Merkmale, nämlich das Geschlecht und das Alter der Bibliotheksbesucher exemplarisch herausgreifen. Zunächst werden wir das Nutzungsverhalten von Männern untersuchen. Daran anschließen wird sich eine Analyse des Alters, und zum Schluß werden wir beide Merkmale zusammenfassen.

Zunächst lassen wir uns die obige Häufigkeitstabelle noch einmal ausgeben, allerdings sollen nun, der Vorgabe folgend, zunächst nur die männlichen Bibliotheksbesucher berücksichtigt werden. Um die männlichen von den weiblichen Bibliotheksbesucher zu trennen, werden wir eine erste Datenselektion mit dem **PROCESS IF** Befehl durchführen. Der **PROCESS IF** Befehl gehört zu der Klasse **temporär** gültiger Befehle. Was bedeutet dies? Bei Selektionsbefehlen unterscheidet man zwei Arten von Anweisungen. Anweisungen, die **permanent** wirken und Anweisungen, die **temporär** wirken. Temporär wirkende Befehle beziehen sich immer nur auf die nachfolgende Prozedur und behalten ihre Gültigkeit auch nur für diese eine Prozedur bei. Ist diese abgeschlossen, ist ihre Wirkung erloschen. Sie haben daher keine dauerhafte Auswirkung auf die Struktur der Arbeitsdatei. Im Gegensatz dazu verändern permanent wirkende Befehle die **Arbeitsdatei** in dauerhafter Weise. Sie bleiben daher solange gültig, bis ein neuer Datensatz definiert wird.

Wir werden zunächst die Überschrift für die neue Analyse verändern. Schalten Sie daher den Menü-Modus aus und den Editier-Modus ein.   Alt-e

Fahren Sie nun in die Zeile, in der sich der **SUBTITLE** Befehl befindet und ergänzen Sie die alte Überschrift in der folgenden Weise: **SUBTITLE** 'Der von Männern am häufigsten genutzte Bereich'.

Da Sie den **PROCESS IF** Befehl mit Hilfe des Menü-Modus erstellen wollen, beenden Sie den Editier-Modus mit der Esc-Taste. Stellen Sie sicher, daß Sie sich im Hauptmenü befinden.   Esc

Falls Sie sich in einem Untermenü befinden
sollten, so können Sie mit der Tastenkombination
"Alt-Esc" direkt ins Hauptmenü springen.   Alt-Esc

Fahren Sie nun mit dem Cursor in die Zeile, in
der sich das nebenstehende Menü befindet, und   **daten/dateien berab.**
öffnen Sie dieses mit der Return-Taste.

Nachdem Sie das Menü geöffnet haben, stehen
Ihnen erneut drei Optionen zur Verfügung: **daten
bearbeiten, auswaehlen /gewichten, bearbeiten von**   **auswaehlen/gewichten**
Dateien. Wählen Sie die zweite Option.

Wie Sie sehen können, stehen Ihnen eine ganze
Anzahl von Selektionsbefehlen zur Verfügung.
Indem Sie den Cursor vertikal bewegen, können
Sie sich durch den nebenstehenden Erklärungstext
über die Wirkung der einzelnen Befehle infor-
mieren.

Öffnen Sie das **PROCESS IF** Menü.   **PROCESS IF**

```
  ═══ PROCESS IF ═══        ──── beispiele ────────────
 │ beispiele          │   ║ PROCESS IF (geschl EQ 1).
 │ !( )               │ ► ║ (auswaehlen, falls der Wert fuer geschl gleich 1 ist
 │                    │   ║
 │                    │   ║ PROCESS IF (alter GE 65 ).
 │                    │   ║ (falls alter groesser/gleich 65)
 │                    │   ║
 │                    │   ║ PROCESS IF (geschl EQ 'MAENNL ').
 │                    │   ║ (falls Wert fuer geschl gleich maennl)
 │                    │   ║
 │ ═══ ! = notwendig ═══   └ F1=Hilfe Esc=Abbruch Alt-E=Edit. Alt-M=Menue an/aus
 TITLE 'Benutzerberfragung Stadtbibliothek Reutlingen'.
 SUBTITLE 'Der am häufigsten genutzte Bereich'.
 FREQUENCIES /VARIABLES V61.
 SUBTITLE 'Der von Männern am häufigsten genutzte Bereich'.
 PROCESS IF.



 ══════════════════════════════════════════════Ins══════════Std Menus═
                                        scratch.pad
```

Sie erhalten dadurch mehrere Beispiele für einen
möglichen Aufbau des Selektionsbefehls.

Gleichzeitig wurde der eigentliche Befehl auf die
Arbeitsplatte kopiert.

Nun müssen Sie SPSS/PC+ mitteilen, welche   !()
Variable als Selektionskriterium herangezogen
werden soll, sowie die Bedingung, nach der dies
geschehen soll. Beide Angaben müssen in Klam-   **variablen**
mern gesetzt werden. Bewegen Sie den Cursor in
die entsprechende Zeile, und öffnen Sie das
Menü.

Sobald Sie das entsprechende Menü geöffnet
haben, fahren Sie in die dritte Zeile und öffnen
über die Tastenkombination Alt-v das Inhaltsver-   Alt-v
zeichnis der Variablenliste.

Kopieren Sie die Variable V12 in die Klammern.   V12
Schließen Sie mit der Esc-Taste das Inhaltsver-   Esc
zeichnis, und bestimmen Sie anschließend die
Bedingung, nach der selektiert werden soll (**rela-   **relationale Verkn.**
tionale Verkn.**).

Dazu soll der Verhältnis-Operator **EQ** eingesetzt   **EQ**
werden. Sobald dieser in die Klammern kopiert
ist, fehlt nur noch die Bedingung, nach der selektiert werden soll.

Geben Sie dafür in den Editier Modus, und   Alt-e
tippen Sie die Ziffer "1" ein. Achten Sie darauf,
daß sich zwischen dem Operator und der "1" ein   1
Leerzeichen befindet.

Hier noch einmal die gesamte Befehlseingabe: **TITLE** 'Benutzerbefragung Stadt-
                                                           bibliothek Reutlingen'.
                                                           SUBTITLE 'Der von Männern am
                                                           häufigsten benutzte Bereich'.
                                                           PROCESS IF (V12 **EQ** 1).
                                                           FREQUENCIES
                                                           /VARIABLES V61.

Bevor Sie die neuen Befehlszeilen an SPSS/PC+ übergeben, werden wir kurz den Aufbau des definierten Befehlssatzes aufschlüsseln. Umgangssprachlich bedeutet der obige **PROCESS IF** Befehl selektiere (**PROCESS IF**) alle männlichen Bibliotheksbesucher (V12 **EQ** 1) aus der Gesamtpopulation und erstelle dann für diese eine neue Häufigkeitstabelle für den am häufigsten benutzten Bibliotheksbereich (**FREQUENCIES /VARIABLES** V61). Beachten Sie bitte, daß der **TITLE** Befehl, der unverändert geblieben ist, im Gegensatz zum **SUBTITLE** Befehl nicht noch einmal markiert werden muß.

Übergeben Sie nun die neuen Befehlszeilen an SPSS/PC+. Gehen Sie dabei in der gleichen Art vor, wie Sie dies im vorangegangenen Kapitel gelernt haben.

Fahren mit dem Cursor in die erste von SPSS/PC+ zu bearbeitende Zeile. In diesem Fall   F7
wäre dies die Zeile mit dem **SUBTITLE** Befehl. Setzen Sie hier zunächst die Anfangsmarkierung, fahren Sie dann mit dem Cursor in die Zeile, die   F7
zuletzt bearbeitet werden soll (**FREQUENCIES** ...), und setzen Sie dort die Endmarkierung.

Mit F10 wird der Befehl ausgeführt.   F10

Da Sie SPSS/PC+ veranlassen, drei Befehle auf einmal auszuführen, müssen Sie im Markierungsmenü die Option: **run marked area** wählen.   **run marked area**

Hier die neue Häufigkeitstabelle:

```
***** Memory allows a total of    6572 Values, accumulated across all
Variables.
There also may be up to      821 Value Labels for each Variable.


Page    5    Benutzerbefragung Stadtbibliothek Reutlingen
Der von Männern am häufigsten genutzte Bereich
```

V61   Am häufigsten benutzter Bereich

Value Label	Value	Frequency	Percent	Valid Percent	Cum Percent
Zeitungen	0	23	16.4	16.7	16.7
Bibl.markt	1	3	2.1	2.2	18.8
Wintergarten	2	2	1.4	1.4	20.3
Kinderbibl.	3	11	7.9	8.0	28.3
Studienkabinett	4	12	8.6	8.7	37.0
Sachliteratur	5	51	36.4	37.0	73.9
Romane	6	11	7.9	8.0	81.9
Musikbibl.	7	25	17.9	18.1	100.0
	9	2	1.4	MISSING	
		-------	-------	-------	
	TOTAL	140	100.0	100.0	

Valid Cases   138   Missing Cases   2

Vergleicht man beide Tabellen miteinander, so stellt man fest, daß sie sich in ihrer Grundstruktur sehr ähnlich sind. Nur in zwei Bereichen gibt es deutliche Unterschiede. Zum einen ist dies der Bereich des "Bibliotheksmarktes", der von den männlichen Besuchern deutlich weniger genutzt wird. (die Differenz beträgt ca. 10%). Im Gegensatz dazu wird der Bereich der "Musikbibliothek" von den Männern deutlich mehr frequentiert (+4%). In allen anderen Bereichen gibt es keine oder nur geringe Abweichungen. Als nächstes werden wir untersuchen, wie das Nutzungsverhalten der Bibliotheksbesucher unter 30 Jahren aussieht.

Um nun nicht alle Befehle neu eingeben zu müssen, werden wir die alten Anweisungen mit Hilfe des Editors zunächst modifizieren und sie dann erneut rechnen lassen.

Schalten Sie wieder den Menü-Modus aus und den Editier-Modus ein.

Alt-e

Verändern Sie zunächst den Text in der **SUBTITLE** Anweisung in der folgenden Weise:

SUBTITLE 'Der von Besucher unter 30 Jahre am häufigsten benutzte Bereich'.

Löschen Sie anschließend die alte Bedingung (V12 **EQ** 1) im **PROCESS IF** Befehle und ergänzen Sie sie durch die folgende:

PROCESS IF (V11 **LE** 3).

Die **TITLE** und die **FREQUENCIES** Anweisungen   F7
können unverändert übernommen werden. Mar-   F7
kieren Sie nun alle die Anweisungen und über-   F10
geben Sie sie mit F10 an SPSS/PC+.

Hier nun das Ergebnis der letzten Prozedur:

```
Page    7   Benutzerbefragung Stadtbibliothek Reutlingen
Der von Besuchern unter 30 Jahre am häufigsten genutzte Bereich

V61        Am häufigsten benutzter Bereich

                                              Valid     Cum
    Value Label       Value  Frequency  Percent  Percent  Percent

Zeitungen               0        22      12.9     12.9     12.9
Bibl.markt              1        13       7.6      7.6     20.6
Wintergarten            2         5       2.9      2.9     23.5
Kinderbibl.             3        13       7.6      7.6     31.2
Studienkabinett         4         9       5.3      5.3     36.5
Sachliteratur           5        65      38.2     38.2     74.7
Romane                  6        14       8.2      8.2     82.9
Musikbibl.              7        29      17.1     17.1    100.0
                              -------  -------  -------
                TOTAL           170     100.0    100.0
```

Valid Cases   170   Missing Cases   0

Wenn Sie diese neue Tabelle mit der Ursprungstabelle vergleichen, so werden Sie feststellen, daß zwischen beiden keine wesentlichen Unterschiede bestehen. Lediglich bei den Merkmalsausprägungen "Bibl.markt" und "Musikbibl." bestehen leichte Unterschiede hinsichtlich des Nutzungsverhaltens. Zusammenfassend kann man also festhalten, daß sich das Nutzungsverhalten der männlichen sowie der jüngeren (bis 30 Jahre) Bibliotheksbesucher sich nicht wesentlich von dem Nutzungsverhalten aller Bibliotheksbesucher unterscheidet.

Bei einer Interpretation der Ergebnisse sollte man aber berücksichtigen, daß die beiden herausgegriffenen Gruppen jeweils einen recht hohen Anteil an der Gesamtpopulation repräsentieren. Repräsentiert die Gruppe der Männer 56% (140 von 250) aller Bibliotheksbesucher, erhöht sich dieser Anteil bei der Gruppe der Bibliotheksbesucher unter 30 Jahre auf nahezu 70% (170 von 250). Daraus folgt, daß das Nutzungsverhalten der Gesamtpopulation sehr stark von der Gruppe der jüngeren Bibliotheksbesucher geprägt wird.

Die nächste Aufgabe wird nun darin bestehen, erneut eine spezifische Gruppe von Bibliotheksbesuchern herauszugreifen. Dabei sollen die beiden vorangegangenen Filter kombiniert werden. Die Aufgabe lautet also: Ermitteln Sie das Nutzungsverhalten von Männern unter 30 Jahren.

Gehen Sie dabei in der gleichen Weise vor wie im
vorangegangenen Beispiel.

Schalten Sie zunächst den Editor ein. Fahren Sie   Alt-e
dann in die Zeile, in der sich der **SUBTITLE** Befehl befindet. Verändern Sie die Tabellenüber-
schrift in der folgenden Weise: **SUBTITLE** "Der von Männern bis
                                                       30 Jahre am häufigsten benutzte
                                                       Bereich".

Sobald Sie damit fertig sind, setzen Sie den
Cursor hinter die Endmarkierung und drücken Sie
die Return-Taste. Damit erzeugen Sie eine Leer-
zeile.

Fahren Sie nun mit dem Cursor in die Zeile, in
der sich der alte Selektionsbefehl (**PROCESS IF**
(V11 **LE** 3).) befindet. Markieren Sie dieses Zeile.   F7
                                                         F7

Die Funktionstaste F8 eröffnet Ihnen mehrere   F8
Möglichkeit, markierte Zeilen zu bearbeiten.

```
======= FREQUENCIES ======       ────────── /VARIABLES ──────────
─Beispiele─┐                     Waehlen Sie /VARIABLES und geben Sie die
!/VARIABLES                      Namen der Variablen an, fuer die Sie Haeufig-
  /FORMAT              ►         keitstabellen haben moechten.
  /BARCHART            ►
  /HISTOGRAM           ►         (Sie koennen die Variablen aus dem Menue
  /HBAR                ►         auswaehlen (Alt-V) oder eingeben (Alt-T).
  /PERCENTILES
  /NTILES
  /STATISTICS          ►
  /MISSING=INCLUDE

└═══ ! = notwendig ═══┘└ F1=Hilfe Esc=Abbruch Alt-E=Edit. Alt-M=Menue an/aus
TITLE 'Benutzerberfragung Stadtbibliothek Reutlingen'.
SUBTITLE 'Der am häufigsten genutzte Bereich'.
FREQUENCIES /VARIABLES V61.
SUBTITLE 'Der von Männern am häufigsten genutzte Bereich'.
PROCESS IF (V12 EQ 1).
FREQUENCIES /VARIABLES V61.
SUBTITLE 'Der von Besuchern unter 30 Jahre am häufigsten benutzte Bereich'.
PROCESS IF (V11 EQ 3).
FREQUENCIES /VARIABLES V61.

                                      ═══Ins═══════Std Menus═
                                         scratch.pad
```

Mit der Option **copy** können markierte Bereiche kopiert werden, wobei der markierte Bereich an der ursprünglichen Stelle erhalten bleibt. An der Position des Cursors wird eine Kopie des markierten Bereichs eingefügt. Über die Option **move** können markierte Felder an eine andere Stelle innerhalb des Editorbereichs verschoben werden. Die Option **delete** löscht den markierten Bereich. Mit **Round** hat man die Möglichkeit einen markierten Ziffernblock zu runden.

Bevor Sie jedoch die Option **Copy** bestätigen, sollten Sie den Cursor an die Zielposition gesetzt haben. Sobald Sie die Copy-Option bestätigt haben, erhalten Sie die folgende Meldung:	**Copy** **Area copied**
Nun müßte die Befehlseingabe vollständig sein. Hier zur Kontrolle noch einmal alle Befehle auf einen Blick:	**TITLE** 'Benutzerbefragung Stadtbibliothek Reutlingen'. **SUBTITLE** 'Der von Männern bis 30 Jahre am häufigsten benutzte Bereich'. **PROCESS IF** (V12 EQ 1). **PROCESS IF** (V11 LE 3). **FREQUENCIES** **/VARIABLES** V61.
Um alle fünf Prozeduren auf einmal rechnen zu lassen, müssen alle fünf zuvor markiert worden sein. Dies geht aber nicht, solange die alte Markierung des **PROCESS IF** Befehls gültig ist. Sie müssen also zunächst diese Markierung aufheben.	
Dies kann dadurch bewerkstelligt werden, indem man einfach noch einmal die Funktionstaste F7 betätigt.	F7
Ob die Markierung tatsächlich aufgehoben wurde, können Sie daran erkennen, daß der Block nun nicht mehr hell aufleuchtet, und Sie in der Statuszeile die folgende Meldung erhalten:	**Area canceled**

Sobald Sie die alte Markierung aufgehoben ha-   F7
ben, können die neuen Prozeduren markiert und   F7
über die Funktionstaste F10 zur Ausführung   F10
gebracht werden.

Hier das Ergebnis der kombinierten Selektionsbefehle:


```
Page   9    Benutzerbefragung Stadtbibliothek Reutlingen
Der von Männern bis 30 Jahre am häufigsten genutzte Bereich

V61         Am häufigsten benutzter Bereich

                                                  Valid      Cum
Value Label           Value  Frequency  Percent  Percent  Percent

Zeitungen               0        22       12.9     12.9     12.9
Bibl.markt              1        13        7.6      7.6     20.6
Wintergarten            2         5        2.9      2.9     23.5
Kinderbibl.             3        13        7.6      7.6     31.2
Studienkabinett         4         9        5.3      5.3     36.5
Sachliteratur           5        65       38.2     38.2     74.7
Romane                  6        14        8.2      8.2     82.9
Musikbibl.              7        29       17.1     17.1    100.0
                              -------   -------  -------
                     TOTAL      170      100.0    100.0

Valid Cases     170       Missing Cases        0
```


Wenn Sie die neue Tabelle mit der vorangegangenen Tabelle vergleichen, so werden Sie
feststellen, daß sie identisch sind. Dies liegt daran, daß SPSS/PC+ immer nur den zuletzt
gelesenen **PROCESS IF** Befehl berücksichtigt. Bei der letzten Häufigkeitsauszählung wurden
also nicht die Männer unter dreißig, sondern "nur" der Anteil aller Dreißigjährigen erhoben.
Daher sind beide Tabellen identisch.

Der naheliegendste Gedanke wäre nun, daß man die beiden Selektionsbedingungen in einem
Selektionsbefehl zusammenfaßt. Man könnte also versuchen, die erste Selektionsbedingung
(V12 **EQ** 1) in den zweiten Selektionsbefehl (**PROCESS IF** (V11 **LE** 3)) zu kopieren. Hierfür
würden sich beispielsweise die logischen Operatoren **AND** oder **OR** eignen. Doch die
Verwendung der beiden ist im **PROCESS IF** Befehl nicht zugelassen. Daher muß man sich
mit dem **SELECT IF** Befehl "behelfen", da bei diesem die Verwendung von Operatoren
zugelassen ist. Der Unterschied zwischen den Befehlen **PROCESS IF** und **SELECT IF**
besteht darin, daß der erstere temporär, der zweite dagegen permanent wirkt. Was ist
darunter zu verstehen? Temporäre Anweisungen üben ihre Wirkung nur auf die unmittelbar
folgende Prozedur aus und verlieren ihre Gültigkeit nach deren Abschluß. Im Gegensatz dazu
behalten die permanent wirkenden Anweisungen ihre Gültigkeit solange, bis eine neue
Systemdatei als Arbeitsdatei definiert wird.

Um die Befehlseingabe erneut zu verändern,
schalten Sie den Editor ein.   Alt-e

Fahren Sie nun mit dem Cursor in die Zeile, in
der sich der erste **PROCESS IF** Befehl befindet,
und betätigen Sie dort die Tastenkombination
Ctrl-F4. Damit löschen Sie den gesamten Zeilen-   Ctrl-F4
inhalt auf einmal. Gehen Sie in der gleichen
Weise auch beim zweiten **PROCESS IF** Befehl   Ctrl-F4
vor. Schreiben Sie anschließend in die entstan-
denen leeren Zeilen den neuen Selektionsbefehl: **SELECT IF (V12 EQ 1**
                                                         AND V11 LE 3).

Kennzeichnen Sie nun bitte die alten, sowie auch   F7
den/die neuen Befehl(e) mit der Funktionstaste   F7
F7, und bringen Sie sie mit der Taste F10 zur   F10
Ausführung.

Nach einer kurzen Bearbeitungszeit erhalten Sie zunächst die folgende Systemmitteilung:

```
    The raw data or transformation pass is proceeding
       103 cases are written to the uncompressed active file.
```

und sodann die folgende Ergebnisliste:

```
Page   11    Benutzerbefragung Stadtbibliothek Reutlingen
Der von Männern bis 30 Jahre am häufigsten genutzte Bereich

V61          Am häufigsten benutzter Bereich
```

Value Label	Value	Frequency	Percent	Valid Percent	Cum Percent
Zeitungen	0	16	15.5	15.5	15.5
Bibl.markt	1	3	2.9	2.9	18.4
Wintergarten	2	2	1.9	1.9	20.4
Kinderbibl.	3	11	10.7	10.7	31.1
Studienkabinett	4	5	4.9	4.9	35.9
Sachliteratur	5	34	33.0	33.0	68.9
Romane	6	9	8.7	8.7	77.7
Musikbibl.	7	23	22.3	22.3	100.0
		-------	-------	-------	
	TOTAL	103	100.0	100.0	

```
Valid Cases     103     Missing Cases     0
```

Vergleicht man die zuletzt erstellte Tabelle mit der Ursprungstabelle, so läßt sich folgendes feststellen: Im großen und ganzen blieb die Verteilung innerhalb der Variablen "Am häufigsten benutzter Bereich" über alle Selektionsanweisungen konstant. Dies bezieht sich aber in erster Linie auf die Verteilung innerhalb der Variablen.

So verteidigte beispielsweise der Bereich "Sachliteratur" in allen drei Tabellen seine herausragende Bedeutung (vgl. Abb.11). Auch in den meisten anderen Bereichen gab es keine dramatischen Verschiebungen. Eine Ausnahme ist der Bereich der "Musikbibliothek"; hier fanden größere Verschiebungen statt. Hier eine Zusammenstellung ausgewählter Nutzungsbereiche.

	Sachlit.		Zeitungen		Musikbib.	
	abs.%	Diff.	abs.%	Diff.	abs.%	Diff.
Ursprungstabelle:	36,8		13,2		14,0	
PROCESS IF (V12 EQ 1)	36,4	-0,4	16,4	3,2	17,9	3,9
PROCESS IF (V11 LE 3)	38,2	1,4	12,9	-0,3	17,1	3,1
SELECT IF (V12 EQ 1 AND V11 LE 3)	33,0	-3,8	15,5	2,3	22,3	8,3

Abb.11: Prozentangaben und Differenzen ausgesuchter Bibliotheksbesucher

Es ist offensichtlich, daß Männer den Musikbibliotheksbereich eindeutig mehr nutzen als Frauen. Sie sind in diesem Bereich mit etwa 4% überrepräsentiert. Ähnliches gilt für den Bereich der Zeitungen. Dagegen sind sie im Bereich der Sachliteratur leicht unterrepräsentiert. Die stärkste Differenz besteht im Bereich der Musikbibliothek. Hier sind die jungen Männer mit 8% mehr als überrepräsentiert. Dies wäre ein möglicher Ansatzpunkt für eine weitergehende Analyse. Man könnte beispielsweise nachprüfen, ob diese Über- bzw. Unterrepräsentanz eher etwas mit dem Geschlecht oder mit dem Alter der Befragten zu tun hat. Wir werden diese Frage nicht weiter verfolgen, sondern uns einen neuen Ansatzpunkt für die Analyse suchen.

Bei der nächste Frage werden wir darauf eingehen, ob es einen Zusammenhang zwischen der Erwerbstätigkeit (V13) und der bereits untersuchten Nutzungsgewohnheit gibt. Eine mögliche Arbeitshypothese wäre dabei, daß die Erwerbstätigen den Bereich der Sachliteratur deutlich mehr nutzen als der "Rest" der Bibliotheksbesucher. Versuchen Sie, diese Vermutung mit Hilfe einer Kreuztabellenanalyse zu überprüfen.

Gehen Sie dabei in der folgenden Weise vor.   F7
Markieren Sie zunächst den **TITLE** und **SUB-**   F7
TITLE Befehl.

Verschieben Sie nun mit der Funktionstaste F8
und der **Move**-Option beide Befehle in die letzte
Zeile.

F8
Move

Sobald Sie dies abgeschlossen haben, verändern
Sie den **SUBTITLE** in der nebenstehenden Weise:

SUBTITLE 'Vergleich der Erwerbs-
stätigkeit mit am häufigsten benutzten Bereich'.

Vergessen Sie nicht die Zeilenmarkierung wieder
aufzuheben.

F7

Als Vorgabe für die Kreuztabelle soll gelten, daß
pro Zellenbesetzung nicht nur die Angabe der absoluten Häufigkeit, sondern auch eine Maßzahl
ausgegeben wird, an Hand derer Sie erkennen
können, ob diese Zelle über- oder unterrepräsentiert ist. Verwenden Sie dafür die auf dem Chi^2-
Test beruhende **Residuale**. Falls Sie nicht mehr
wissen, wie man diese statistische Kenngröße
aufruft, nehmen Sie die Hilfe, die Ihnen im
Menü-Modus zur Verfügung steht, in Anspruch.

Kopieren Sie zunächst den eigentlichen **CROSS-
TABS** Befehl aus dem Steuermenü auf die Arbeitsplatte. Definieren Sie anschließend im
OPTIONS Menü die notwendige Spezifikation für
die **Residuale**. Wie Sie den Erläuterungstexten
entnehmen können, beziehen sich drei Kenngrößen auf die **Residuale**. Entscheiden Sie sich für
die erste.

CROSSTABS
/TABLES V13 **BY** V61

/OPTIONS

/OPTIONS 15.

Hier zunächst zur Kontrolle die vollständige
Befehlseingabe in der Übersicht:

TITLE 'Benutzerbefragung Stadt-
bibliothek Reutlingen'.
SUBTITLE 'Vergleich der Er-
werbsstätigkeit mit am häufigsten
benutzten Bereich'.
CROSSTABS
/TABLES V13 **BY** V61
/OPTIONS 15.

Auch hier ein Auszug der Ergebnisliste:

```
Page   5   Benutzerbefragung Stadtbibliothek Reutlingen
Vergleich der Erwerbstätigkeit mit am häufigsten genutzten Berei

Crosstabulation:     V13         Erwerbsgruppen
                By V61           Am häufigsten benutzter Bereich
                                      - - - - Page  1 of  4
```

V61—>	Count Residual	Zeitunge n 0	Bibl.mar kt 1	Winterga rten 2	Kinderbi bl. 3	Studienk abinett 4	Row Total
V13							
1 Erwerbstätig		4 1.7	0 -.4	0 -.3	0 -1.6	0 -.7	15 14.6%
2 In Ausbildung		2 .9	1 .8	0 -.1	0 -.7	1 .7	7 6.8%
6 Schüler/in		6 -1.6	2 .6	2 1.0	9 3.8	1 -1.4	49 47.6%
(Continued)	Column Total	16 15.5%	3 2.9%	2 1.9%	11 10.7%	5 4.9%	103 100.0%

```
Page   6   Benutzerbefragung Stadtbibliothek Reutlingen
Vergleich der Erwerbstätigkeit mit am häufigsten genutzten Berei

Crosstabulation:     V13         Erwerbsgruppen
                By V61           Am häufigsten benutzter Bereich
                                      - - - -
Page  2 of  4
```

V61—>	Count Residual	Sachlite ratur 5	Romane 6	Musikbib l. 7	Row Total
V13					
1 Erwerbstätig		8 3.0	3 1.7	0 -3.3	15 14.6%
2 In Ausbildung		3 .7	0 -.6	0 -1.6	7 6.8%
6 Schüler/in		12 -4.2	5 .7	12 1.1	49 47.6%
(Continued)	Column Total	34 33.0%	9 8.7%	23 22.3%	103 100.0%

Wenn Sie sich die Tabelle genauer anschauen, so werden Sie feststellen, daß das Ergebnis falsch ist! Laut der selbstgewählten Vorgabe sollte überprüft werden, ob es einen generellen Zusammenhang zwischen der Erwerbstätigkeit und dem an häufigsten benutzten Bereich der Bibliothek gibt. Es sollten dabei alle Bibliotheksbesucher mit in die Analyse miteinbezogen werden. Nun wissen wir aber aus vorangegangenen Analysen, daß der vollständige Datensatz 250 Befragte umfaßt. Die obere Tabelle enthält aber nur 103 Befragte, dies bedeutet, daß 147 Befragte fehlen.

Worin liegt der Fehler? Wir haben vergessen, daß wir bei der vorangegangenen Analyse eine permanente Datenselektion durchgeführt haben (**SELECT IF** (V12 **EQ** 1 **AND** V11 **LE** 3)), und diese noch immer gültig ist. Die obere Kreuztabelle enthält also nur die Fälle, für welche die oben definierte Selektionsbedingung gilt. Da es sich bei diesem Fehler um einen inhaltlichen Fehler handelt und SPSS/PC+ dies nicht erkennen kann, wurde natürlich auch keine Fehlermeldung ausgegeben.

Daneben hat die Tabelle einen kleinen formalen Fehler. Ganz zu Anfang der Ergebnisliste finden sie die folgende Warnmeldung (WARNING):

```
WARNING    312
SUBTITLE TOO LONG--Only the first 64 characters are used.
```

Mit ihr werden Sie darauf aufmerksam gemacht, daß der Text im **SUBTITLE** Befehl zu lang ist. Da es sich dabei um keinen gravierenden Fehler handelt und dieser die eigentliche Berechnung nicht beeinflußt, wird die Prozedur nicht abgebrochen.

Um den vermuteten Zusammenhang dennoch zu überprüfen, werden wir die letzte Analyse noch einmal wiederholen. Der entscheidende Fehler, den wir bei der letzten Analyse begangen haben, bestand darin, daß eine Arbeitsdatei verwendet wurde, aus der durch eine Datenselektion eine bestimmte Personengruppe ausgesondert worden war. Uns interessiert aber, ob es einen Zusammenhang hinsichtlich **aller** Bibliotheksbesucher gibt. Daher ist es notwendig, den ursprünglichen Zustand der Arbeitsdatei, in der alle Bibliotheksbesucher enthalten sind, wieder herzustellen. Dies ist dadurch zu erreichen, indem, wie zu Anfang der Sitzung, die Systemdatei: rtdata.sys erneut in den Arbeitsspeicher des PC eingelesen wird.

Setzen Sie daher den **GET /FILE** Befehl vor den **TITLE** Befehl. Es bleibt Ihnen dabei selbst überlassen, ob Sie dies mit Hilfe des Menüs oder mit dem Editor bewerkstelligen wollen. Wahrscheinlich wird es mit dem Editor ein wenig schneller gehen.

GET /FILE 'c:\rtfiles\rtdata.sys'.

Verkürzen Sie anschließend den Erläuterungstext
im **SUBTITLE** Befehl.   **SUBTITLE**'Vergleich Erwerbstätigkeit mit häufigsten Bereich'.

Markieren Sie nun alle Befehle und übergeben   F7
Sie sie mit der Funktionstaste F10 an SPSS/PC+   F7
zur weiteren Bearbeitung.   F10

```
Hier zunächst alle Befehle in Übersicht:
```

```
GET /FILE 'C:\rtfiles\rtdata.sys'.
TITLE 'Benutzerbefragung Stadtbibliothek Reutlingen'.
SUBTITLE 'Vergleich Erwerbstätigkeit mit häufigsten Bereich'.
CROSSTABS /TABLES V13 BY V61/OPTIONS 15.
```

Auch hier wieder der Anfang der korrigierten Kreuztabelle:

```
Page  11   Benutzerbefragung Stadtbibliothek Reutlingen
Vergleich Erwerbstätigkeit mit häufigsten Bereich

Crosstabulation:     V13        Erwerbsgruppen
               By V61           Am häufigsten benutzter Bereich
                                         - - - - Page  1 of  6
```

Count V61→ Residual	Zeitungen	Bibl.markt	Wintergarten	Kinderbibl.	Studienkabinett	Row
V13	0	1	2	3	4	Total
1 Erwerbstätig	11 / -.4	10 / 1.4	0 / -1.7	1 / -4.9	9 / 2.8	85 / 34.4%
2 In Ausbildung	4 / 1.9	1 / -.6	1 / .7	0 / -1.1	3 / 1.8	16 / 6.5%
4 Rentner/in	3 / 1.7	3 / 2.0	0 / -.2	0 / -.7	0 / -.7	10 / 4.0%
Column (Continued) Total	33 / 13.4%	25 / 10.1%	5 / 2.0%	17 / 6.9%	18 / 7.3%	247 / 100.0%

Crosstabulation: V13   Erwerbsgruppen
        By V61   Am häufigsten benutzter Bereich

V61→	Count Residual	Sachlite ratur 5	Romane 6	Musikbibl. 7	Ausstell ungen 8	Row Total
V13						
Erwerbstätig	1	38 6.3	8 .8	7 -5.0	1 .7	85 34.4%
In Ausbildung	2	7 1.0	0 -1.4	0 -2.3	0 -.1	16 6.5%
Rentner/in	4	3 -.7	1 .1	0 -1.4	0 -.0	10 4.0%
(Continued)	Column Total	92 37.2%	21 8.5%	35 14.2%	1 .4%	247 100.0%

Wenn Sie sich die einzelnen Zellenbesetzungen anschauen, so werden Sie feststellen, daß beispielsweise diejenigen Personen, die erwerbstätig sind, in bestimmten Bereichen unterrepräsentiert sind. Dies trifft vor allem für den Bereich der Kinder- und Musikbibliothek zu. Dagegen ist diese Subpopulation im Bereich des Studienkabinetts leicht und im Bereich der Sachliteratur deutlich überrepräsentiert.

Ein ganz anderes Bild der Nutzung bietet sich uns bei den Schülern. Diese sind, was ja nicht anders zu erwarten war, im Bereich der Kinderbibliothek deutlich überrepräsentiert, dagegen im Bereich der Sachliteratur deutlich unterrepräsentiert. Faßt man die Ergebnisse zusammen, so läßt sich mit aller Vorsicht die Aussage machen, daß unsere Ausgangsvermutung, daß die Erwerbstätigen den Bereich der Sachliteratur am stärksten nutzen, durch die erstellte Analyse unterstützt wird. Einschränkend muß man allerdings festhalten, daß die Studenten diesen Bereich in einem ähnlichem Maße stark nutzen.

Bisher waren wir nicht in der Lage, uns Teilergebnisse einer Sitzung über den Drucker ausgeben zu lassen. Das hatte zum Beispiel zur Folge, daß wir immer die gesamte Ergebnisdatei (spss.lis) ausdrucken ließen, obwohl nur Teile davon interessant oder brauchbar waren. Dadurch wurde viel "Datenabfall" produziert. Deshalb werden Sie nun eine Möglichkeit kennenlernen, wie man gezielt Auszüge aus einer Ergebnisdatei protokollieren kann. Aus den zahlreichen Tabellen dieser Sitzung soll das Ergebnis der letzten Kreuztabellenanalyse ausgegeben werden.

Nach Abschluß der letzten Analyse befinden Sie
sich gemäß der Struktur von SPSS/PC+ automatisch im Hauptmenü.

Schalten Sie zunächst mit Hilfe der Tasten-   Alt-m
kombination Alt-m den Menü-Modus aus, und
betätigen Sie anschließend die Funktionstaste F2.   F2

Dem Menü, das sich am unteren Rand des Bildschirms öffnet, können Sie entnehmen, daß
Sie nun zwei Optionen haben. Sie können entweder mit der **switch windows** Option von der
einen Datei (spss.lis) in die andere (spss.log) wechseln oder über die **change window size**
Option die Größe eines der Fensters verändern.

Wählen Sie die erste Option.   **switch windows**

Der Cursor befindet sich automatisch am Ende
der zuletzt erstellen Prozedur, in unserem Fall der
der korrigierten Kreuztabelle.

Fahren Sie nun von hier aus bis zum Anfang der
letzten Kreuztabelle (Page 1 of 4). Sie können
dafür entweder die Pfeiltaste(n) oder die PgUp-   PgUp
Taste verwenden.

```
Crosstabulation:      V13        Erwerbsgruppen
                By V61           Am häufigsten benutzter Bereich
                                          - - - - Page   1 of

            Count  Zeitunge Bibl.mar Winterga Kinderbi Studienk
     V61->  Residual n      kt       rten     bl.      abinett   Row
                        0        1        2        3        4    Total
V13         --------
        1      11       10        0        1        9       85
 Erwerbstätig  -.4      1.4     -1.7     -4.9      2.8      34.4%

        2       4        1        1        0        3       16
```

GET /FILE '\spss\rtfiles\rtdata.sys'.
TITLE 'Benutzerbefragung Stadtbibliothek Reutlingen'.
SUBTITLE 'Vergleich Erwerbstätigkeit mit häufigsten Bereich'.
CROSSTABS /TABLES V13 BY V61 /OPTIONS 15.

```
─────────────────────────────────────────────Ins───────Std Menus─
                                              spss.lis
```

Dort angekommen, setzen Sie die Anfangsmarkierung und fahren nun wieder an das Ende der
Kreuztabelle (Page 4 of 4), an der die Endmarkie-   F7
rung gesetzt werden soll. Auch hier zu können Sie
entweder die PgDn-Taste oder die Tastenkombi-   PgDn <oder> Ctrl-End
nation Ctrl-End einsetzen. Mit der letzteren geht
es am schnellsten, da Sie sich mit ihr gleich an
das Ende des listing-files befinden. Weitere
Springbefehle für den Cursor finden man auf der
zweiten Hilfstafel für den Editor im sogenanntem
Motion-Fenster. Hier setzen Sie nun wie üblich
die Endmarkierung.   F7

Der markierte Block müßte nun hell aufleuchten,
und wir erhalten am unterem Rand des Bild-   F9
schirms die Mitteilung, wieviel Linien markiert
worden sind. Um diesen Block auf die Festplatte
zu übertragen, drücken Sie die Funktionstaste F9.

Dies beantwortet das SPSS/PC+ mit der folgenden Meldung:

file:write Marked area   write Whole file   Delete file on disk

Wählen Sie die erste Option. Daraufhin öffnet   **write Marked area**
sich erneut ein Fenster mit folgendem Inhalt:

Name for file:	REVIEW.TMP

Sie können nun den vorgegebenen Namen für die
Datei übernehmen, oder einen neuen vergeben.

Um den markierten Block später auch eindeutig
identifizieren zu können, übernehmen wir die
Vorgabe **nicht** und geben einen neuen Namen   **kreuztab.lis**
ein.

Mit der Return-Taste bestätigen wir die Eingabe.
Dies beantwortet der Editor mit der Meldung: **done   (includs   ??   lines   from memory)**

Wir verlassen nun den Editor-Modus, indem wir
die Tastenkombination Alt-F10 betätigen. Wir   Alt-F10
werden dadurch in den SPSS/PC+ Modus gesetzt
und beenden diesen regulär mit dem **FINISH**   **FIN.**
Befehl.

Sobald wir uns wieder auf der Betriebssystemebene befinden, rufen wir das Inhaltsverzeichnis
unseres SPSS Unterverzeichnisses "RTFILES" auf   C:\RTFILES>dir
und überprüfen damit, ob sich unsere Datei hier
auch wirklich befindet.

Dies ist der Fall.

Mit Hilfe des DOS Befehls "print" veranlassen wir
den Drucker, uns die gespeicherte Datei auszu-   C:\RTFILES>print kreuztab.lis
drucken.

Da kreuztab.lis eine reine ASCII-Datei darstellt,
kann sie auch, von einem beliebigen Textverar-
beitungssystem zur weiteren Bearbeitung eingelesen werden.

14. Datenmodifikation als Mittel der Index-Bildung

In diesem Kapitel sollen hauptsächlich zwei Ziele verfolgt werden. Zum einen sollen weitere Einsatzmöglichkeiten permanenter und temporärer Selektionsbefehle aufgezeigt werden. Zum anderen soll mit Hilfe eines Modifikationsbefehls ein Index gebildet werden (vgl. Kapitel 3.0). Daneben sollen aber auch einige neue Möglichkeiten des SPSS/PC+ Editors aufgezeigt werden.

Die Vorteile des Editors kommen besonders dann zum Tragen, wenn man entweder mit sehr umfangreichen oder mit zahlreichen sich kaum unterscheidenden Jobs arbeitet. Die Anweisungen die mit Hilfe des Editors erstellt wurden, können als ganz normale Textdateien betrachtet werden. Über die Funktionstasten hat man nun die Möglichkeit, entweder die Datei als Ganzes oder einzelne Teile von ihr zu modifizieren. Gängige Arbeitsschritte sind dabei kopieren, verschieben und speichern von Textzeilen. So kann man beispielsweise eine einmal erstellte Anweisung, mehrmals kopieren und diese dann - je nach Bedarf - modifizieren.

Ein zentrales Problem bei der Planung und Gestaltung von Bibliotheken, ist die Frage nach dem Interesse an den Bibliotheksangeboten. Ging es im vorangegangenen Kapitel ausschließlich um die Nutzung der einzelnen **Bibliotheksbereiche**, soll in diesem Kapitel die Wahrnehmung der angebotenen **Veranstaltungsarten** im Vordergrund stehen. Welche Veranstaltungen in- und außerhalb der Bibliothek werden von den Besuchern angenommen? Welche nicht? Bevorzugen bestimmte Personengruppen, einzelne Veranstaltungsarten? Dies sind alles Fragen, die für die Akzeptanz einer Bibliothek von nicht geringer Bedeutung sind. Einem Teil dieser Fragen werden wir hier nachgehen.

1.) Aufruf SPSS/PC+.
2.) Einstieg in den Editor.
3.) Aufruf eines Variablenverzeichnisses.
4.) Erstellen mehrerer Häufigkeitstabellen mit unterschiedlicher graphischer und statistischer Gestaltung.
5.) Erneuter Aufruf des Editors.
6.) Erstellen einer Datenselektion.
7.) Berechnen der vorhergegangenen Häufigkeitstabellen in modifizierter Form.
8.) Vergleich der Ergebnisse.
9.) Erneutes Erstellen mehrere Datenmodifikationen mit Hilfe des Editors.
10.) Abschließender Vergleich der erzielten Tabellen.
11.) Beenden der Sitzung.

Starten Sie zunächst SPSS/PC+.

C:\RTFILES>spsspc

Bestimmen Sie gleich danach mit dem **GET /FILE** Befehl die Systemdatei, mit der Sie arbeiten wollen.

GET /FILE 'c:\rtfiles\rtdata.sys'.

Um sich eine erste Übersicht über die verfügbaren Variablen zu verschaffen, betätigen Sie die Funktionstaste F1. Danach öffnet sich am unteren Rand des Bildschirms das folgende Menü mit fünf Optionen.

F1

```
info:Review help   Var list   File list   Glossary   menu Hlp off
```

Fahren Sie nun entweder mit dem Cursor auf die Option **Var list** und bestätigen Sie diese, oder drücken Sie einfach den Buchstaben V. Unmittelbar danach öffnet sich am oberen Rand des Bildschirms ein Fenster, und Sie erhalten die Ihnen bereits bekannte Übersichtstabelle.

var list

Wie Sie der Variablenübersicht (vgl. auch Fragebogen) entnehmen können, wurde das Nutzungsverhalten der Bibliotheksbesucher mit zwei Fragen erhoben. Mit der Frage 6 (V61 bis V64) wurde die Nutzung der Bibliotheks**bereiche**, mit Frage 10 (V101 bis V108) die Wahrnehmung einzelner Veranstaltungs**arten** abgefragt. Allerdings wurden die beiden Fragen in unterschiedlicher Weise aufbereitet. Während man bei Frage 6 die einzelnen Bibliotheksbereiche in eine persönliche Rangreihe bringen sollte (vgl. Kapitel 15), sollten bei Frage 10 die vorgegebenen Veranstaltungsarten direkt bewertet werden. Jeder einzelnen Veranstaltungsart wurde eine Variablennummer zugeordnet. So bekam beispielsweise die Ausprägung "Ausstellung im Schaufenster (EG)" die Variablennummer V101, die Ausprägung "Autorenlesung" die Variablennummer V102 zugeordnet. Frage 10 wurde in insgesamt acht Untervariablen aufgesplittet.

Fahren Sie zunächst innerhalb der geöffneten Variablenübersicht mit dem Cursor auf die Variable V101. Auf der nächsten Seite finden Sie das dazugehörende Monitorbild.

```
┌──────────────────────────────────────────────────────────────────┐
│  ┌──────────────────── Variables ══════════════┐  ───            │
│  │ ALL      TO      $CASENUM $DATE   $WEIGHT  V1      V2      V3 │                │
│  │ V31      V32     V4       V41     V42      V5      V6      V61│  .3%)          │
│  │ V62      V63     V64      V10     V101     V102    V103    V104│               │
│  │ V105     V106    V107     V108    V11      V12     V13     V14 │               │
│  │ V15      V16                                                 │  ─────         │
│  └─────────────────────────────────────────────────────────────┘  /23/9         │
│  ┌──────────────────── V101 ───────────────────┐                  │
│  │ Schaufenster                                                   │                │
│  │ Type: Numeric     Missing value: * None *     Width: 1   Decimals: 0 │          │
│  │ Value labels:                                                  │  ─────         │
│  └──────────────── Press Esc to remove the Variables menu ──────┘ ▼/23/9         │
│  GET /FILE 'rtfiles\rtdata.sys'.                                   │
│                                                                    │
│                                                                    │
│                                                                    │
│  ════════════════════════════════════════════════Ins═════════════Std Menus═     │
│                                                 scratch.pad                       │
└──────────────────────────────────────────────────────────────────┘
```

Zunächst werden wir uns über die Häufigkeitsverteilung der einzelnen Variablen informieren. Zusätzlich zur Häufigkeitstabelle soll die Verteilung als Histogramm dargestellt werden. Die Variablen sollen mit ausgewählten statistischen Kennwerten beschrieben werden.

Wählt man den /STATISTICS ohne weitere Spezifikationen, so erhält man als Voreinstellung den (arithmetischen) Mittelwert, die Standardabweichung, das Minimum und das Maximum.

Hier zunächst die vollständige Befehlseingabe:

FREQUENCIES
/VARIABLES V101 **TO** V108
/HISTOGRM
/STATISTICS.

Markieren Sie nun alle Befehle, und übergeben Sie sie an SPSS/PC+.

F7
F7
F10

Auf der nächsten Seiten finden Sie eine Auszug aus der Ergebnisliste.

Page   3   SPSS/PC+

V101   Schaufenster

| | | | | Valid | Cum |
Value Label	Value	Frequency	Percent	Percent	Percent
häufig	1	48	19.2	19.2	19.2
gelegentlich	2	105	42.0	42.0	61.2
nie	3	62	24.8	24.8	86.0
Keine Angabe	9	35	14.0	14.0	100.0
		-------	-------	-------	
	TOTAL	250	100.0	100.0	

Page   4   SPSS/PC+

V101   Schaufenster
  COUNT   VALUE

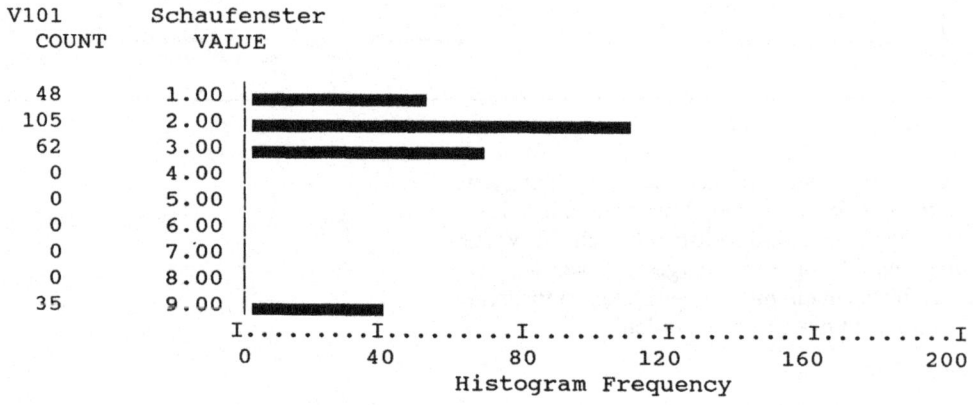

Mean	3.036	Std Dev	2.500	Minimum	1.000
Maximum	9.000				

Valid Cases   250   Missing Cases   0

Page   5   SPSS/PC+

V102   Autorenlesung

| | | | | Valid | Cum |
Value Label	Value	Frequency	Percent	Percent	Percent
häufig	1	5	2.0	2.0	2.0
gelegentlich	2	70	28.0	28.0	30.0
nie	3	131	52.4	52.4	82.4
Keine Angabe	9	44	17.6	17.6	100.0
		-------	-------	-------	
	TOTAL	250	100.0	100.0	

V102   Autorenlesung
  COUNT   VALUE

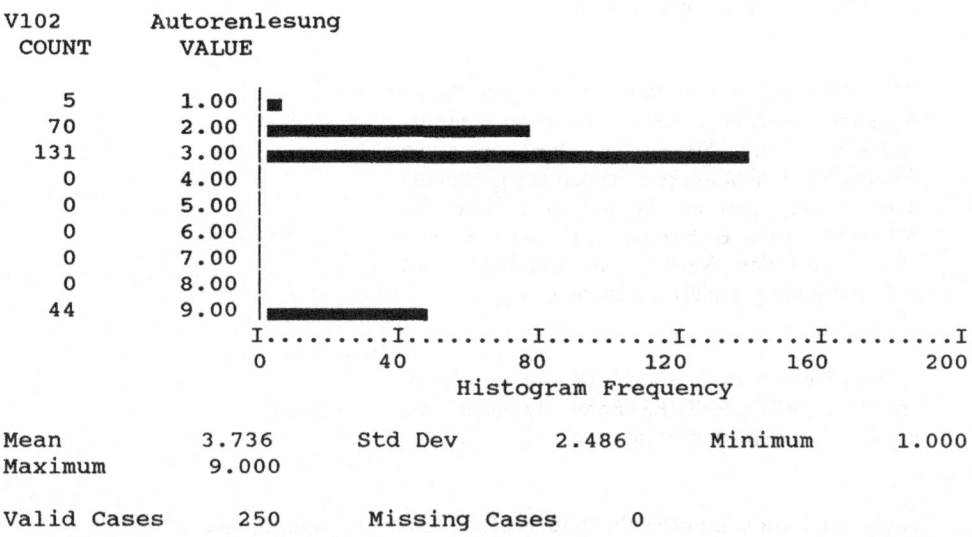

```
     5          1.00  |■
    70          2.00  |████████████████████
   131          3.00  |████████████████████████████████████
     0          4.00  |
     0          5.00  |
     0          6.00  |
     0          7.00  |
     0          8.00  |
    44          9.00  |████████████
                      I.........I.........I.........I.........I.........I
                      0        40        80       120       160       200
                            Histogram Frequency
```

Mean   3.736   Std Dev   2.486   Minimum   1.000
Maximum   9.000

Valid Cases   250   Missing Cases   0

Vergleicht man die Ergebnisse miteinander, so sieht man beispielsweise, daß nur ca. 19% der Besucher die Auslagen (=Schaufenster) mit den neuesten Bücheranschaffungen der Bibliothek häufiger nutzen. Demgegenüber liegt der Anteil der Personen, die anscheinend die Schaufenster gleichgültig "links liegen" lassen, deutlich höher, nämlich bei 24,8%. Auch der Anteil der Bibliotheksbesucher, der sich von der Bibliothek veranstalteten Autorenlesungen angesprochen fühlt, ist relativ gering. Ganze 2% der Befragten gaben an, diese "häufiger" zu besuchen, immerhin 28% besuchten sie "gelegentlich", aber über die Hälfte der Besucher gaben an, "nie" an den Autorenlesungen teilgenommen zu haben. Interessanterweise ist bei den ausgewählten Variablen der Anteil derjenigen Personen, die keine Angaben gemacht haben, recht groß (bei V101; 14% bei V102; 17,6%). Man könnte nun vermuten, daß einem großen Teil dieser Personen die entsprechende Veranstaltungsart nicht bekannt ist und sie dementsprechend auf die "Verweigerungskategorie" ausweichen. Es wäre sicherlich interessant, diese Gruppe weiter nach spezifischen Merkmalen zu untersuchen.

Hier noch ein Wort zur graphischen bzw. statistischen Aufbereitung der Häufigkeitstabellen. Die gewählte Darstellungsart ist nicht optimal. Zum einen deswegen, weil der Befehl **HISTOGRM** die Werte zwischen den Merkmalsausprägungen 1, 2 und 3 und der Angabe 9 = "keine Angabe" als fehlende Werte interpretiert und sie dementsprechend mit in die graphische Darstellung übernimmt. Das ist unsinnig, da wir den Werten 4 bis 8 keine realen Merkmalsausprägungen zuordnen können. Zum anderen ist ein Teil der Kennwerte, die wir über den Unterbefehl **STATISTICS** aufgerufen haben, für **diese** Variablen völlig zwecklos. Wir haben nämlich vergessen, daß die beiden von uns ausgewählten Variablen auf **Ordinalniveau** skaliert sind, wir uns aber Kennwerte berechnen ließen, die für das **Intervallniveau** reserviert sind. Bei einer gründlicheren Vorüberlegung wäre uns dieser Fehler nicht unterlaufen. Wir werden deshalb die Aufgabenstellung noch einmal bearbeiten und die angesprochenen Fehler korrigieren.

Zunächst soll die Häufigkeitstabelle der Variablen V101 bis V108 erneut erzeugt werden. Allerdings soll dabei das Ausgabeformat verändert werden.

Zum einen soll die Merkmalsausprägung "keine Angaben" von der weiteren Berechnung ausgeschlossen werden. Sie könnten dies über einen Selektionsbefehl bewerkstelligen, hier soll aber ein anderer Weg gewählt werden. Mit Hilfe des **MISSING VALUE** Befehls (vgl. auch Kapitel 18.3.6) wird der Wert "9" als fehlender Wert definiert und gesondert angegeben.

Achten Sie zunächst darauf, daß sich der Cursor vor dem **FREQUENCIES** Befehl befindet, und schalten Sie den Menü-Modus ein.

Alt-m

Ausgehend vom **hauptmenü**, muß zunächst das Menü **daten lesen/schreiben** und sodann das Menü **erlaeuterungen/formate** geöffnet werden. In der vorletzten Zeile finden Sie die **MISSING VALUE** Anweisung.

hauptmenü
daten lesen/schreiben
erlaeuterungen/formate
MISSING VALUE

Zunächst müssen die Variablen bestimmt werden, für die die nachfolgende Definition gelten soll. Betätigen Sie dafür die Tastenkombination Alt-t und geben Sie folgendes ein:

Alt-t
V101 **TO** V108 (9)

Nun soll die graphische Darstellung verändert werden. Statt des Histogramms, soll nun ein **/BARCHART** erzeugt werden.

Zum Schluß sollen die statistischen Kennwerte gezielter ausgesucht werden. Mit Hilfe des Editors ersparen Sie sich eine nochmalige Eingabe der Befehle. Sie können stattdessen die alte Befehlseingabe recht einfach in der nebenstehenden Weise modifizieren.

Alt-e

FRE VAR V101 **TO** V108
/BAR
/STA MEDIAN,
MINIMUM,MAXIMUM.

Auch hier wieder ein Auszug die Ergebnisliste:

```
***** Memory allows a total of    5588 Values, accumulated across all
Variables.
There also may be up to      698 Value Labels for each Variable.

Page    3                           SPSS/PC+

V101        Schaufenster

                                                  Valid      Cum
Value Label            Value  Frequency  Percent  Percent   Percent

häufig                   1        48      19.2     22.3      22.3
gelegentlich             2       105      42.0     48.8      71.2
nie                      3        62      24.8     28.8     100.0
Keine Angabe             9        35      14.0    MISSING
                                -------   -------   -------
                       TOTAL     250     100.0    100.0
```

```
         häufig  ████████ 48
   gelegentlich  █████████████████ 105
            nie  ██████████ 62

Median      2.000    Minimum     1.000    Maximum     3.000


Valid Cases     215    Missing Cases    35

Page    4                           SPSS/PC+

V102        Autorenlesung

                                                  Valid      Cum
Value Label            Value  Frequency  Percent  Percent   Percent

häufig                   1         5       2.0      2.4       2.4
gelegentlich             2        70      28.0     34.0      36.4
nie                      3       131      52.4     63.6     100.0
Keine Angabe             9        44      17.6    MISSING
                                -------   -------   -------
                       TOTAL     250     100.0    100.0
```

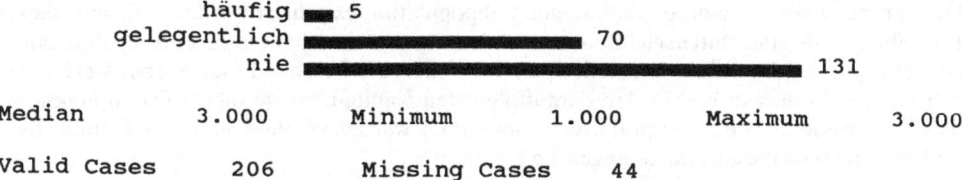

```
         häufig  ██ 5
   gelegentlich  ████████████████ 70
            nie  ███████████████████████ 131

Median      3.000    Minimum     1.000    Maximum     3.000

Valid Cases     206    Missing Cases    44
```

Wie man der obigen Tabelle unschwer entnehmen kann, haben sich die Prozentangaben der gültigen Fälle - aufgrund des **MISSING VALUE** Befehls - deutlich verschoben. Waren bisher i.d.R. die absoluten Prozentangaben mit denen der gültigen Prozentwerte identisch, so weichen Sie nun deutlich voneinander ab. Wurde das "Schaufenster" bei der ersten Analyse von 61,2% der Besucher entweder oft oder gelegentlich genutzt, so "erhöhte" sich dieser Anteil bei der zweiten Analyse um 10% auf nun 71,2%. Ähnliche Verschiebungen finden Sie auch bei den anderen Variablen. Sie sehen also, daß man bei der Interpretation von Daten immer auf deren Berechungsbasis achten muß.

Dennoch kann man eindeutig erkennen, daß die einzelnen Veranstaltungsarten, die die Bibliothek anbietet, in unterschiedlicher Weise angenommen werden. Bezogen auf die gültigen Fälle, geben bei der Variablen V101 über 70% der Befragten an, daß sie das Bibliotheksschaufenster entweder "häufig" oder "gelegentlich" nutzen. Dieser Anteil sinkt bei den Autorenlesungen auf genau 36,4%. Gemessen daran, daß der Aufwand eine Autorenlesung zu besuchen wesentlich größer ist, als sich am Bibliotheksschaufenster zu informieren, sind diese 36,4% doch recht beachtlich.

Das erzielte Ergebnis ist nun vom Ausgabeformat her wesentlich befriedigender. Doch noch immer wissen wir sehr wenig über die "innere" Zusammensetzung der einzelnen Antwortkategorien. Was sind das eigentlich für Leute, die häufig Autorenlesungen besuchen? Haben diese vielleicht eine gemeinsame Eigenschaft, oder gibt es bestimmte gemeinsame Merkmale derjenigen Bibliotheksbesucher, die das Schaufenster nie benützen? Diese und ähnliche Fragen sind typisch für die Analyse empirischer Untersuchungen. Wir werden nun versuchen, einige dieser Fragen mit Hilfe der Datenmodifikation zu beantworten.

Zur Kennzeichnung der einzelnen Untergruppen, werden wir einige demographische Angaben der Besucher heranziehen. Untersucht werden sollen die Merkmale: Alter (V11), Geschlecht (V12), Erwerbsgruppen (V13) und Berufsgruppen (V14).

FREQUENCIES /VARIABLES V11 V12 V13 V14

Im einzelnen lautet die Aufgabenstellung: Die vier angeführten demographischen Variablen sollen mit Hilfe der **FREQUENCIES** Prozedur ausgegeben werden, und zwar zuerst nur für die Subpopulation, die die Frage V101 mit "häufig" beantwortet hat.

Da hier aus einer Gesamtpopulation eine Subpopulation extrahiert werden soll, wird dieser Prozeß auch als eine **Datenselektion** bezeichnet. Da es sich dabei um einen Prozeß handelt, der relativ oft angewendet wird, stellt SPSS/PC+ mehrere Befehle dieser Art zur Verfügung. Wir werden in diesem und in den darauffolgenden Kapiteln einige dieser Datenselektionsbefehle anwenden. Durch die praktische Anwendung werden wir die Unterschiede im Aufbau und im Ergebnis dieser Anweisungen kennenlernen.

Als erstes soll mit Hilfe der Prozedur **SELECT IF**
eine **permanente Datenselektion** durchgeführt
werden. Ihre nächste Aufgabe wird nun darin bestehen, den vorhin mit Hilfe des Editors modifizieren **FREQUENCIES** Befehl erneut zu modifizieren.

Stellen Sie zunächst sicher, daß Sie sich im Menü-
Modus befinden. Falls Sie es nicht sind, betätigen   Alt-m
Sie die Tastenkombination Alt-m und springen Sie   (Alt-Esc)
unter Zuhilfenahme der Esc-Taste solange im
Menü zurück, bis Sie sich im Hauptmenü befin-   **hauptmenü**
den, oder betätigen Sie die Tastenkombination
Alt-Esc.

Dort angekommen, öffnen Sie zunächst das Menü
daten/dateien bearb. und daran anschließend das   **daten/dateien bearb.**
Menü **auswaehlen/gewichten.** Hier stehen Ihnen   **auswaehlen/gewichten**
mehrere Optionen zur Verfügung. Wählen Sie die
erste Option **SELECT IF.** Im rechten Fenster   **SELECT IF**
finden Sie einige Beispiele für den Aufbau des
SELECT IF Befehls. Öffnen Sie nun das Menü:
()!   ()!

In diese Klammer werden die Bedingungen eingegeben, die für die nachfolgenden Prozeduren
gelten sollen. Sie können dies entweder mit Hilfe
des Menüs machen, schneller geht es, wenn Sie
dies mit dem Editor tun.   Alt-e

Unabhängig davon, wie Sie den **SELECT IF**
Befehl erstellen, sollte er die folgende Form   **SELECT IF (V101 EQ 1).**
haben.

Stellen Sie sicher, daß sich der **SELECT IF** Befehl
vor dem **FREQUENCIES** Befehl befindet, falls
dies nicht der Fall sein sollte, so haben Sie mit
Hilfe der Funktionstaste F8 die Möglichkeit, den
Befehl an die entsprechende Stelle zu verschieben. Markieren Sie dafür zunächst den **SELECT**
IF Befehl in der gewohnten Weise. Fahren Sie   F7
nun mit dem Cursor in die Zeile, in die Sie den   F7

SELECT IF Befehl plazieren wollen. Hier angelangt, betätigen Sie die Funktionstaste F8 und
wählen Sie die Option Move. Unmittelbar danach
wird der SELECT IF Befehl in die entsprechende
Zeile gesetzt.

F8
Move

Verändern Sie nun den FREQUENCIES Befehl in
der nebenstehenden Weise. Die Spezifikation
CONDENSE des FORMAT Befehls muß mit Hilfe
des Editors eingegeben werden, da sie sich nicht
über den Menü-Modus aufrufen läßt. Löschen Sie
am Schluß bei STATISTICS die Spezifikationen
MINIMUM und MAXIMUM.

/FOR CONDENSE

/STA MEAN MEDIAN.

Der vollständige Befehlssatz müßte nun die
folgende Form haben:

SELECT IF (V101 EQ 1).
FRE V11 V12 V13 V14
/FOR CONDENSE
/STA MEAN MEDIAN.

Gehen wir einmal den Aufbau des Befehlssatzes durch. Über den SELECT IF Befehl weisen
Sie SPSS/PC+ an, von nun an nur noch die Fälle zu berücksichtigen, für die gilt: (V101 EQ
1). Diese Anweisung bezieht sich nicht nur auf die darauffolgende Prozedur, sondern auch
auf alle anderen. Man spricht daher auch von einer permanenten Datenselektion. Eine
permanente Datenselektion bleibt solange gültig, bis eine neue Arbeitsdatei definiert wird.
Nach dem Datenselektionsbefehl (SELECT IF) folgt die eigentliche Bedingung. Diese wird
mit Hilfe der Variablenliste und der Operatoren[29] spezifiziert. Grundsätzlich ist es möglich,
mehrere Bedingungen zu spezifizieren. Für dieses Mal begnügen wir uns mit nur einer
Bedingung.

Um eine möglichst kompakte Darstellung der Häufigkeitstabellen zu erhalten, wurde das
CONDENSE Format gewählt. Die Spezifikation des FORMAT Befehls mit CONDENSE ist
nur über den Editor-Modus möglich. Da es sich bei den spezifizierten Variablen (V11, V12
V13, V14) um Variablen handelt, die entweder auf Ordinal- oder Intervallniveau skaliert
sind, wurde zur Beschreibung der Verteilung das arithmetische Mittel (MEAN) und der
Median herangezogen.

---

[29]   Wir hier haben den Operator EQ, der gleichbedeutend ist mit "ist gleich",
verwendet. Selbstverständlich stehen einem noch andere (Verhältnis-) Operatoren zur
Verfügung, wie bei-spielsweise LE (kleiner gleich), GT (größer als) oder LT (kleiner als). Man
kann auch mathematisch/logische Zeichen verwenden: "=", "<=", ">".

Markieren Sie nun den Befehlssatz und übergeben   F7
Sie ihn an SPSS/PC+.   F7

Vergessen Sie nicht, alle Befehle zu markieren
und mit der Funktionstaste F10 abzusenden.   F10

Hier ein Teil des erzielten Ergebnisses:

```
The raw data or transformation pass is proceeding
     48 cases are written to the uncompressed active file.

***** Memory allows a total of    6572 Values, accumulated across all
Variables.
There also may be up to       821 Value Labels for each Variable.
```

Page   16   SPSS/PC+

V11   Alter

VALUE	FREQ	PCT	CUM PCT	VALUE	FREQ	PCT	CUM PCT	VALUE	FREQ	PCT	CUM PCT
0	1	2	2	4	8	17	77	9	1	2	96
1	5	10	13	5	3	6	83	10	2	4	100
2	12	25	38	7	3	6	90				
3	11	23	60	8	2	4	94				

Mean   3.646   Median   3.000

Valid Cases   48   Missing Cases   0

Page   17   SPSS/PC+

V12   Geschlecht

VALUE	FREQ	PCT	CUM PCT	VALUE	FREQ	PCT	CUM PCT	VALUE	FREQ	PCT	CUM PCT
1	25	52	52	2	23	48	100				

Mean   1.479   Median   1.000

Valid Cases   48   Missing Cases   0

Wie Sie der Ergebnisliste entnehmen können, erfüllen nur 48 Fälle die Bedingung (V101 **EQ** 1). Ob dies tatsächlich stimmt, können Sie anhand der Ergebnisliste, die Sie ganz zu Anfang dieses Kapitels erzeugt haben, überprüfen. Unmittelbar nachdem Sie den Befehlssatz an SPSS/PC+ übergeben haben, erhalten Sie die folgende Systemmitteilung:

```
The raw data or transformation pass is proceeding
48 cases are written to the uncompressed active file.
```

Mit ihr werden Sie darauf aufmerksam gemacht, daß die Arbeitsdatei (active file) transformiert wurde und daß sie nun 48 Fälle erhält. Vergleichen Sie nun die neuen Häufigkeitstabellen mit denen, die Sie im Kapitel 10 erzeugt haben. Achten Sie dabei insbesonders auf Verschiebungen innerhalb der Verteilungen. Versuchen Sie anhand der letzten Häufigkeitstabellen die Frage zu beantworten, ob sich diejenigen Bibliotheksbesucher, die das Schaufenster häufig benützen, von den restlichen Besuchern in den gewählten sozialdemographischen Merkmalen unterscheiden.

Noch ein Wort zum neuen Ausgabeformat **CONDENSE**. Die obige Darstellung ist eindeutig komprimierter als die bisherige. Der Preis dafür ist eine größere Unübersichtlichkeit und der Verlust der Ausgabe der Merkmalsetiketten. Dies ist besonders bei Variablen mit vielen Merkmalen ungünstig, da man im allgemeinen nicht die Bedeutung aller Codes für die Merkmale behalten kann.[30] Zudem ist die Platzersparnis bei Variablen mit wenigen Merkmalsausprägungen, wie dies bei uns der Fall ist, nicht übermäßig groß. Die Darstellungsweise eignet sich daher eher für die Variablen, die häufig benützt werden und bei denen man die einzelnen Merkmalsausprägungen genau kennt.

Ihre neue Aufgabe wird nun darin bestehen, den Selektionsprozeß noch einmal zu wiederholen, allerdings mit veränderten Suchparametern. Sie sollen nun die sozialdemographischen Merkmale derjenigen Bibliotheksbesucher ermitteln für die gilt, daß sie "nie" zu Autorenlesungen gehen. Das Endziel der beiden Selektionsprozesse besteht darin, die zwei Subpopulationen untereinander und anschließend mit der Gesamtpopulation zu vergleichen und dabei auf Gemeinsamkeiten bzw. Unterschiede zu achten.

---

[30]   Nehmen wir als Beispiel die Variable Alter (V12). Es ist zu vermuten, daß man wahrscheinlich weiß, daß der Code "1" für ein Merkmal steht, den man einer jungen Altersgruppe zugeordnet hat. Die Werte "2" und größer stehen für ältere Altersgruppen. Aber stand "1" nun für die Altersgruppe "10- bis 15 Jahre" oder für die Altersgruppe "15 bis unter 20 Jahre"? Man würde also im Codeplan nachsehen müssen. Noch verzwickter ist die Sache bei einer nominalskalierten Variablen. Nehmen wir die Variablen "Nutzung der Bereiche" der Bibliothek (V61 bis V64). Hier haben wir nicht einmal eine Rangfolge zwischen den einzelnen Merkmalen.

Es gibt verschiedene Möglichkeiten, diese Aufgabe zu lösen. Man könnte den **SELECT IF**
Befehl erneut mit Hilfe des Menü-Modus erstellen oder, was in diesem Fall günstiger ist, den
bereits bestehenden Selektionsbefehl (V101 **EQ** 1)
mit dem Editor modifizieren.

Schalten Sie zunächst den Editor-Modus ein, und   Alt-e
fahren Sie in die Zeile, in der sich der alte Selektionsbefehl befindet. Löschen Sie dort entweder
mit der Del-Taste oder der Backspace-Taste die
alte Spezifikation und fügen Sie die neue in der   **SELECT IF (V102 EQ 3).**
nebenstehenden Weise ein.

Alle anderen Befehle können in unveränderter
Weise übernommen werden.

Markieren Sie nun in der üblichen Weise alle   F7
Befehlszeilen und bringen Sie sie erneut über die   F7
Funktionstaste F10 zur Ausführung.   F10

SPSS/PC+ fängt nun mit der Bearbeitung an und
gibt nach kurzer Zeit die folgende Systemmitteilung aus:

```
There are no cases left. A new active file must now be defined
```

Die Bearbeitung wird abgebrochen und Sie befinden sich wieder im Hauptmenü.

Obwohl Sie keine Fehlermeldung erhalten haben,
wurden die markierten Prozeduren nicht ausgeführt. Daraus folgt, daß SPSS/PC+ Probleme bei
der Ausführung hatte. Um was für eine Art von
Problem es sich dabei handelt, können Sie der
obigen Systemmitteilung entnehmen.

Die Systemmitteilung informiert Sie darüber, daß die angegebenen Anweisungen nicht ausgeführt werden können, weil keine Fälle vorhanden sind für die die zweite Bedingung gilt. Zum anderen werden Sie aufgefordert, eine neue Arbeitsdatei zu definieren. Was bedeutet dies? Um dies beantworten, muß man sich noch einmal den Unterschied zwischen einer permanenten und einer temporären Datenselektion vor Augen halten (vgl. Kapitel 13).

Bei einer permanenten Datenselektion wird die Arbeitsdatei dauerhaft verändert. Dies bedeutet, daß von nun an nur die Fälle in die weitere Bearbeitung miteinbezogen werden, die zuvor über den **SELECT IF** Befehl herausgefiltert worden sind. Definiert man beispielsweise, daß von nun an nur noch die weiblichen Befragten berücksichtigt werden, so stehen einem im weiteren Verlauf die Antworten der männlichen Befragten nicht mehr zur Verfügung. Diese Veränderung bleibt solange gültig, solange keine neue Arbeitsdatei aufgerufen wird. In dem Augenblick, in dem man erneut eine Systemdatei (z.B. rtdata.sys) in den Arbeitsspeicher des Computers kopiert, werden alle Selektionsbedingungen aufgehoben.

Was bedeutet dies für **unsere** Analyse? Da Sie ganz zu Anfang eine permanente Datenselektion (**SELECT IF (V101 EQ** 1)) durchgeführt haben, werden ab diesem Zeitpunkt auch nur die Fälle berücksichtigt, für die die Selektionskriterien zutreffen (nämlich 48 Fälle). Auf alle anderen 202 Fälle können wir nun nicht mehr zugreifen. Da Sie aber bei der **zweiten** permanenten Datenselektion (**SELECT IF (V102 EQ** 3)) genau auf diese zurückgreifen wollten, erhielten Sie die Meldung, daß diese überhaupt nicht aufzufinden seien.

Um die gestellte Aufgabe dennoch erfüllen zu können, müssen Sie die ursprüngliche Arbeitsdatei erneut aufrufen. Alle diese Schwierigkeiten lassen sich mit der **temporären Datenselektion (PROCESS IF)** umgehen. Im Gegensatz zu der permanenten Datenselektion wird bei ihr die Arbeitsdatei nicht dauerhaft verändert. Vielmehr behalten die Veränderungen ihre Gültigkeit nur bis zur darauffolgenden Prozedur. Schon bei einer weiteren Prozedur arbeitet man wieder mit der ursprünglichen Arbeitsdatei.

Mit **PROZESS IF** soll nun erneut eine temporäre Datenselektion durchgeführt werden.

Der **PROZESS IF** Befehl befindet sich im gleichen Menü wie der **SELECT IF** Befehl. Wechseln Sie nun in das entsprechende Menü.

daten/dateien bearb.
auswaehlen/gewichten
PROCESS IF

Ihr Bildschirm müßte jetzt dieses Aussehen haben:

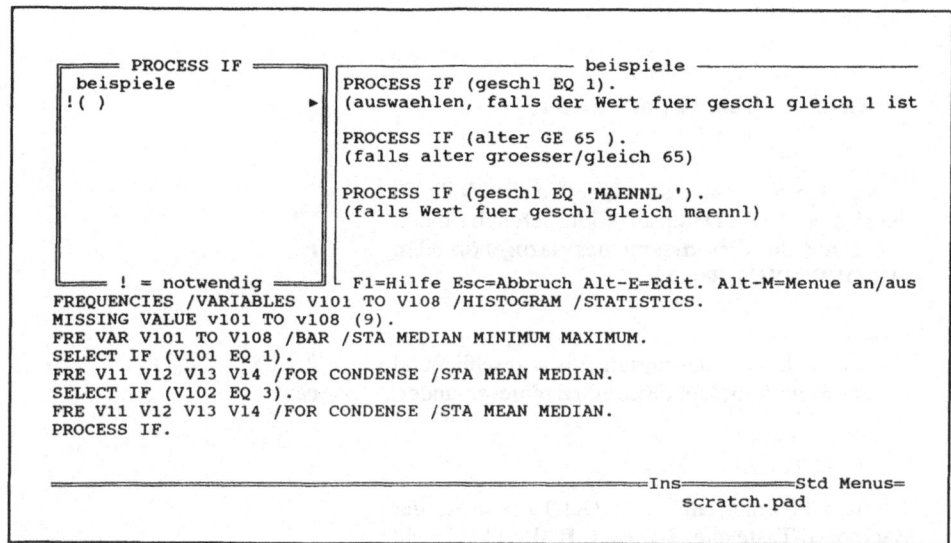

Wenn Sie mit dem Cursor in die zweite Zeile fahren, werden Sie im rechten Fenster einige Beispiele für den Aufbau des **PROCESS IF** Befehls finden. Beachten Sie bitte, daß hier die logischen Operatoren **AND**, **OR** und **NOT** nicht zugelassen sind.

Mit Hilfe des **PROCESS IF** Befehls sollen die demographischen Angaben [Alter (V11), Geschlecht (V12), Erwerbsgruppe (V13), Berufsgruppe (V14)] für diejenige Gruppen von Bibliotheksbesuchern ermittelt werden, für die die folgenden Bedingungen gelten:

* Alle, die die Frage V101 mit "nie" beantwortet haben
* Alle, die die Frage V102 mit "häufig" beantwortet haben
* Alle, die die Frage V102 mit "nie" beantwortet haben

Die Darstellung der drei Gruppen (Subpopulationen) soll dabei in komprimierter Form erfolgen. Als Beschreibung sollen der arithmetische Mittelwert und der Median berechnet werden.

Man kann die neuen Befehle entweder mit Hilfe des Menüs oder des Editors erstellen. Der Einfachheit halber werden wir die zweite Möglichkeit verwenden.

Wie üblich gibt es mehrere Möglichkeiten, diese
Aufgabe zu erfüllen. Wie Sie die Aufgabe im
einzelnen lösen, bleibt Ihnen überlassen. Hier ein
Vorschlag.

Aktivieren Sie zunächst den Editor.   Alt-e

Fahren Sie nun mit dem Cursor in die Zeile, in
der sich der **letzte** Datenselektionsbefehl befindet,   F7
markieren Sie diesen samt des dazugehörenden   F7
FREQUENCIES Befehls.

Kopieren Sie den markierten Block anschließend   2 x F8
mit der Funktionstaste F8 zweimal hintereinander.   **copy**

Löschen Sie mit Hilfe der Del-Taste bzw. der
Backspace-Taste die **SELECT IF** Befehle, nicht
aber die Selektionsbedingungen, die in den Klammern stehen.

Ersetzen Sie die alten **SELECT IF** Befehle durch
die **PROZESS IF** Anweisungen.

Sobald Sie damit fertig sind, können die Selektionsbedingungen in der nebenstehenden Weise
modifiziert werden: **PROCESS IF (V101 EQ 3).**
                                                       PROCESS IF (V102 EQ 1).
                                                       PROCESS IF (V102 EQ 2).

Um die Wirkung der alten Selektionsbefehle
aufzuheben, muß jetzt nur noch eine neue Arbeitsdatei definiert werden. Die entsprechende
GET FILE Anweisung muß **vor** die erste **PRO-**
ZESS IF Angabe plaziert werden.

Der vollständige Befehlssatz müßte so aussehen:

```
GET /FILE 'C:\rtfiles\rtdata.sys'.
PROCESS IF (V101 EQ 3).
FRE V11 V12 V13 V14 /FOR CONDENSE /STA MEAN MEDIAN.
PROCESS IF (V102 EQ 1).
FRE V11 V12 V13 V14 /FOR CONDENSE /STA MEAN MEDIAN.
PROCESS IF (V102 EQ 2).
FRE V11 V12 V13 V14 /FOR CONDENSE /STA MEAN MEDIAN.
```

Markieren Sie nun zunächst alle sieben Zeilen.

Über die Funktionstaste F9 soll der markierte
Bereich in eine separate Datei gespeichert werden
(vgl. auch Kapitel 12).

Da es sich hier um Befehle der Datenselektion
handelt, schlage ich vor, daß Sie den folgenden
Dateinamen **select1.log** vergeben. Sie wissen nun,   **select1.log**
daß es sich bei diesen Befehlen um den ersten
Selektionsbefehl handelt. Die Erweiterung des
Dateinamens "log" deutet darauf hin, daß es sich
bei dieser Datei um eine Datei handelt, in der
Befehle oder Befehlssätze enthalten sind.

Erst jetzt übergeben wir den Job mit der Funk-   F10
tionstaste F10 an SPSS/PC+.   **run marked area**

Dadurch, daß Sie die erstellten Befehle in einer separaten Befehlsdatei gespeichert haben,
sind Sie nun in der Lage, diese so oft Sie wollen aufzurufen, sie zu bearbeiten und sie erneut
unter einem neuen Namen zu speichern. Diese Vorgehensweise erleichtert Ihnen die Arbeit
vor allem dann, wenn Sie mit umfangreichen Befehlssätzen arbeiten, die Sie bei wiederholtem Aufruf nur geringfügig verändern müssen.

Hier sehen Sie einen Auszug Ihrer ersten Datenselektion:

```
Page   10                               SPSS/PC+
V11        Alter
```

VALUE	FREQ	PCT	CUM PCT	VALUE	FREQ	PCT	CUM PCT	VALUE	FREQ	PCT	CUM PCT
0	8	13	13	4	4	6	79	8	1	2	94
1	18	29	42	5	4	6	85	10	4	6	100
2	12	19	61	6	1	2	87				
3	7	11	73	7	3	5	92				

```
Mean              2.806      Median        2.000

Valid Cases         62       Missing Cases    0


Page   11                               SPSS/PC+
V12        Geschlecht
```

VALUE	FREQ	PCT	CUM PCT	VALUE	FREQ	PCT	CUM PCT	VALUE	FREQ	PCT	CUM PCT
1	35	57	57	2	26	43	100				

```
                  M I S S I N G   D A T A
```

VALUE	FREQ	VALUE	FREQ	VALUE	FREQ
9	1				

```
Mean              1.426      Median        1.000

Valid Cases         61       Missing Cases    1
```

Wenn man die einzelnen Datenselektionen miteinander vergleicht, so wird man feststellen, daß sie unterschiedliche Fallzahlen enthalten. Bei der ersten Selektion (V101 **EQ** 3) erfüllen genau 62 Fälle diese Bedingung. Bei der zweiten (V102 **EQ** 1) sind es wesentlich weniger, nämlich nur fünf, während die Anzahl der Fälle, die die dritte und letzte Bedingung (V101 **EQ** 2) erfüllen, erneut auf 105 Fälle ansteigt. Vergleicht man beispielsweise die Ergebnisse der ersten Datenselektion mit der dritten, so kann man feststellen, daß sich die beiden Subpopulationen trotz unterschiedlicher Fallzahl in ihrer prozentualen Verteilung nicht sonderlich unterscheiden. Inhaltlich bedeutet dies, daß sich diejenigen Bibliotheksbesucher, die das Schaufenster "nie" (= (V101 **EQ** 3)) nutzen, sich nur unwesentlich von den Besuchern unterscheiden, die "gelegentlich" (V101 **EQ** 2) das Schaufenster nutzen. Dies gilt natürlich nur hinsichtlich der ausgewählten sozialdemographischen Daten.

Bei den bisherigen Analysen haben wir immer mit einzelnen Variablen gearbeitet. Manchmal wäre es aber von Vorteil, wenn man mehrere Variablen miteinander verknüpfen könnte. Mit **COMPUTE** ist dies möglich.

Man könnte ja beispielsweise vermuten, daß die Wahrnehmung von Veranstaltungen davon abhängt, mit wieviel persönlichem Aufwand dies verbunden ist. So dürfte die Wahrnehmung der Ausstellungen "im Schaufenster" (V101), der "Galerie auf dem Podest" (V103) und "im Ausstellungseck" (V105) mit weit weniger Aufwand verbunden sein, als der Besuch von Autorenlesungen (V102), der "Blauen Stunde" (V104) und der "Konzerte im Großen Studio" (V107). Interessant wäre es jetzt zu untersuchen ob, bzw. inwieweit sich die Personengruppen unterscheiden, die diese beiden Gruppe von Veranstaltungsarten besuchen. Dazu soll zunächst ein Index gebildet werden (vgl. auch Kapitel 3.0). Dabei sollen die Variablen V101, V103 und V105 zur Variable "N_aufwan" (= niedriger Aufwand) und die Variablen V102, V104 und V107 zur Variable "H_aufwan" (= hoher Aufwand) zusammengefaßt werden.

Noch ein Wort zur Indexbildung. Diese Art der Kombination von Variablen folgt ausschließlich Plausibilitätsüberlegungen. Dies ist nicht unproblematisch, vor allem vor dem Hintergrund, daß man ja nicht wirklich weiß, ob die zusammengefaßten Variablen auch wirklich inhaltlich zusammengehören. Auch ist eine Zusammenfassung von Variablen mit unterschiedlich großen Anteilen von Verweigerungskategorien (k.A./k.M.) nicht völlig problemlos.

Ausgehend vom **hauptmenü**, muß zunächst das Menü **daten /dateien bearb.**, sodann das Menü **daten bearbeiten** geöffnet werden. Hier finden Sie die **COMPUTE** Anweisung.

daten /dateien bearb.
daten bearbeiten
COMPUTE

```
 ═══ COMPUTE ═══            ─────── beispiele ───────────────
│ beispiele        │   COMPUTE Gruppe = 1.
│─Befehlsteile─    │   COMPUTE KopieX = X.
│!ziel             │   COMPUTE Zuwrate = Verkauf - Lag(Verkauf).
│!=                │   COMPUTE Stadt  = 'Muenchen'.
│!anweisungen    ▶ │
│                  │
│                  │
│                  │
│                  │
│                  │
 ═══ ! = notwendig ═══  F1=Hilfe Esc=Abbruch Alt-E=Edit. Alt-M=Menue an/aus
FRE V11 V12 V13 V14 /FOR CONDENSE /STA MEAN MEDIAN.
GET /FILE 'rtfiles\rtdata.sys'.
PROCESS IF (v101 EQ 3).
FRE V11 V12 V13 V14 /FOR CONDENSE /STA MEAN MEDIAN.
PROCESS IF (v102 EQ 1).
FRE V11 V12 V13 V14 /FOR CONDENSE /STA MEAN MEDIAN.
PROCESS IF (v102 EQ 2).
FRE V11 V12 V13 V14 /FOR CONDENSE /STA MEAN MEDIAN.
COMPUTE.

═══════════════════════════════════════════Ins═══════Std Menus═
                                           scratch.pad
```

Die **COMPUTE** Anweisung setzt sich aus zwei Teilen zusammen, dem "Ziel" und der "Anweisung". Mit dem "Ziel" definieren Sie die Variable, zu der Sie die nachfolgenden Variablen zusammenfassen möchten. Die Option "Anweisungen" eröffnet Ihnen zahlreiche Möglichkeiten der Modifikation. Man unterscheidet hier zwischen mathematischen Operatoren und Funktionen. Beide finden Sie im Untermenü **!anweisungen**.

In der rechten Spalte finden Sie die Lösung für beide **COMPUTE** Befehle.

COMPUTE n_aufw = **(TRUNC** ((V101 + V103 + V105) /3)).
COMPUTE h_aufw = **(TRUNC** ((V102 + V104 + V107) /3)).

Mit "N_aufwan" und "H_aufwan" definieren Sie das Ziel der beiden Indizes.

Bei den Anweisungen gilt es zu beachten, daß hier die normalen mathematischen Regeln gelten. Zunächst addiert man die einzelnen Variablen und setzt diese in Klammer. Dann muß die Addition gewichtet werden. Dazu verwendet man den Schrägstrich und die Zahl 3. Erneut wird der gesamte Begriff in Klammer gesetzt. Über die Funktion **TRUNC** hat man die Möglichkeit den ermittelten Wert zu runden. Aus -3.78 wird -4, aus 4,2 wird 4 usw. Nun ist der Befehl vollständig. Hier beide Befehle auf einen Blick.

(V101 + V103 + V105)

((V101 + V103 + V105) /3)

(TRUNC ((V101 + V103 + V105) /3)).

Um die fehlenden Werte aus der Analyse auszuschließen, muß der **MISSING VALUE** von vorhin erneut erstellt werden.

MISSING VALUE V101 **TO** V107 (9).

Zum Schluß soll die Häufigkeitsverteilung der beiden neuen Variablen erstellt werden.

FREQUENCIES   /VARIABLES N_AUFW H_AUFW.

Hier noch einmal alle Befehle in der Übersicht.

MISSING VALUE
V101 **TO** V107 (9).

COMPUTE n_aufw =
(TRUNC ((V101+V103+V105)/3)).

COMPUTE h_aufw =
(TRUNC ((V102+V104+V107)/3)).

Bringen Sie alle Befehle auf einmal zur Ausführung.

FREQUENCIES   /VARIABLES
N_AUFW H_AUFW.

Hier das Ergebnis:

```
The raw data or transformation pass is proceeding
    250 cases are written to the uncompressed active file.

***** Memory allows a total of   5588 Values, accumulated across all
Variables.
There also may be up to    698 Value Labels for each Variable.

Page   5                        SPSS/PC+
```

N_AUFW

Value Label	Value	Frequency	Percent	Valid Percent	Cum Percent
	1.00	32	12.8	17.3	17.3
	2.00	104	41.6	56.2	73.5
	3.00	49	19.6	26.5	100.0
	.	65	26.0	MISSING	
	TOTAL	250	100.0	100.0	

Valid Cases   185   Missing Cases   65

H_AUFW

Value Label	Value	Frequency	Percent	Valid Percent	Cum Percent
	1.00	4	1.6	2.2	2.2
	2.00	71	28.4	39.4	41.7
	3.00	105	42.0	58.3	100.0
	.	70	28.0	MISSING	
	TOTAL	250	100.0	100.0	

Valid Cases   180   Missing Cases   70

Zum Schluß soll unsere Ausgangsvermutung über den Zusammenhang zwischen den sozialdemographischen Merkmalen und dem Aufwand mit Hilfe einer Kreuztabelle überprüft werden.

Hierbei soll ein spezifisches Merkmal herausgegriffen werden, nämlich das Geschlecht. Man würde also die Vermutung untersuchen, ob Frauen (bzw. Männer) Veranstaltungen bevorzugen, deren Besuch mit einem geringen persönlichen Aufwand verbunden ist. Rechts finden Sie die dazugehörenden Anweisung.

CROSSTABS /TABLES
V12 BY N_AUFW H_AUFW
/OPTIONS 5 15 /STA 1.

Hier das Ergebnis:

```
***** Given WORKSPACE allows for  4098 Cells with
      2 Dimensions for CROSSTAB problem *****


Page  19                          SPSS/PC+

Crosstabulation:     V12        Geschlecht
                 By N_AUFW
```

N_AUFW->	Count Tot Pct Residual	1.00	2.00	3.00	Row Total
V12					
	1	20	58	26	104
männlich		10.9	31.5	14.1	56.5
		1.9	-.8	-1.1	
	2	12	46	22	80
weiblich		6.5	25.0	12.0	43.5
		-1.9	.8	1.1	
	Column Total	32 17.4	104 56.5	48 26.1	184 100.0

Chi-Square	D.F.	Significance	Min E.F.	Cells with E.F.<5
----------	----	------------	--------	------------------
.59768	2	.7417	13.913	None

```
Number of Missing Observations =     66
```

Crosstabulation: V12   Geschlecht
                    By H_AUFW

H_AUFW->	Count Tot Pct Residual	1.00	2.00	3.00	Row Total
V12					
	1	4	38	60	102
männlich		2.2	21.2	33.5	57.0
		1.7	-2.5	.7	
	2	0	33	44	77
weiblich		.0	18.4	24.6	43.0
		-1.7	2.5	-.7	
	Column Total	4 2.2	71 39.7	104 58.1	179 100.0

Chi-Square	D.F.	Significance	Min E.F.	Cells with E.F.<5
3.38812	2	.1838	1.721	2 OF 6 (33.3%)

Number of Missing Observations =   71

Den Chi^2-Tests können Sie entnehmen, daß beide Ergebnisse nicht signifikant sind und daß demnach beide Vermutungen nicht bestätigt werden können.

Beenden Sie nun die Sitzung, indem Sie entweder
erneut in den Menü-Modus wechseln und hier
den **FINISH** Befehl aktivieren, oder indem Sie die   Alt-F10
Tastenkombination Alt-F10 drücken und anschlie-   **FINISH.**
ßend den Befehl **FINISH** eintippen.

15. Subpopulationen mit mehreren Eigenschaften

Bisher sind wir in der Weise vorgegangen, daß wir zunächst eine spezifische Merkmalsausprägung einer Verhaltensvariable (z.B. nutzt das Bibliotheksschaufenster oft, geht nie zu Autorenlesungen usw.) vorgegeben haben. Danach wurden die sozialdemographischen Merkmale (Alter, Geschlecht, Erwerbstätigkeit usw.) dieser Personengruppe ermittelt.

Nun werden Sie den umgekehrten Weg gehen. Mit Hilfe von Modifikationsbefehlen sollen zunächst vier Subpopulationen gebildet werden, die sich durch eine spezifische sozialdemographische Struktur auszeichnen. Als relevante Merkmale sollen die Variablen V11 (Alter), V12 (Geschlecht), V13 (Erwerbsgruppen) und V14 (Berufstätigkeit) herangezogen werden. Um unterschiedliche Subpopulationen zu erhalten, sollen diese vier Variablen in unterschiedlicher Weise miteinander kombiniert werden. Jede Subpopulation soll dabei durch mindestens drei Merkmalsausprägungen beschrieben werden. Als Bezugsgröße soll nochmals die Frage nach der Nutzung der einzelnen Bibliheksbereiche (Variable V61 bis V64) herangezogen werden.

Die Vorgehensweise im einzelnen:

1.) Definition einer Arbeitsdatei.
2.) Erstellen einer Häufigkeitstabelle.
3.) Bilden einer einfachen Subpopulation.
4.) Untersuchung der Subpopulationen hinsichtlich der Bibliotheksnutzung.
5.) Bestimmung mehrer komplexer Subpopulationen mit Hilfe des Editors.
6.) Untersuchung dieser Subpopulationen hinsichtlich ihrer Bibliotheksnutzung.

Bestimmen Sie zunächst die Arbeitsdatei, mit der Sie arbeiten wollen.

GET /FILE 'c:\rtfiles\rtdata.sys'.

Um uns einen Überblick zu verschaffen, welche Bereiche der Bibliothek überhaupt, bzw. wie oft benützt werden, lassen wir uns die entsprechenden Variablen ausgeben. Das Merkmal der Nutzung wurde über die Variablen V61 bis V64 erhoben.

Als erstes soll eine einfache Häufigkeitsverteilung
der vier Nutzungsvariablen ermittelt werden. Daneben sollen die Tabellen mit Überschriften versehen werden. Geben Sie daher zunächst folgendes ein:

TITLE 'Benutzerbefragung Stadtbibliothek Reutlingen'.
FRE V61 **TO** V64 /STA MODE.

Hier der erste Teil der Ergebnisliste:

Page   3   Benutzerberfragung Stadtbibliothek Reutlingen
V61   Am häufigsten benutzter Bereich

Value Label	Value	Frequency	Percent	Valid Percent	Cum Percent
Zeitungen	0	33	13.2	13.4	13.4
Bibl.markt	1	25	10.0	10.1	23.5
Wintergarten	2	5	2.0	2.0	25.5
Kinderbibl.	3	17	6.8	6.9	32.4
Studienkabinett	4	18	7.2	7.3	39.7
Sachliteratur	5	92	36.8	37.2	76.9
Romane	6	21	8.4	8.5	85.4
Musikbibl.	7	35	14.0	14.2	99.6
Ausstellungen	8	1	.4	.4	100.0
	9	3	1.2	MISSING	
	TOTAL	250	100.0	100.0	

Mode   5.000
Valid Cases   247   Missing Cases   3

Page   4   Benutzerberfragung Stadtbibliothek Reutlingen
V62   Am zweithäufigsten benutzter Bereich

Value Label	Value	Frequency	Percent	Valid Percent	Cum Percent
Zeitungen	0	32	12.8	13.7	13.7
Bibl.markt	1	17	6.8	7.3	20.9
Wintergarten	2	9	3.6	3.8	24.8
Kinderbibl.	3	22	8.8	9.4	34.2
Studienkabinett	4	13	5.2	5.6	39.7
Sachliteratur	5	52	20.8	22.2	62.0
Romane	6	49	19.6	20.9	82.9
Musikbibl.	7	35	14.0	15.0	97.9
Ausstellungen	8	5	2.0	2.1	100.0
	9	16	6.4	MISSING	
	TOTAL	250	100.0	100.0	

Mode   5.000
Valid Cases   234   Missing Cases   16

Vergleicht man die einzelnen Variablen miteinander, so kann man zunächst feststellen, daß der Anteil derjenigen Personen, die "keine Angaben" gemacht haben, von Variable zu Variable abnimmt. Haben bei der Frage nach der häufigsten Nutzung nahezu alle Personen geantwortet (genauer 247 von 250), so machen bei der nächsten Frage bereits ca. 6%, bzw. bei der übernächsten Frage fast 19% keine Angaben. Noch ausgeprägter ist dies bei der vierten und letzten Frage. Hier machen nur noch ca. 60% der Befragten eine Angabe.

Schaut man sich die Verteilung der einzelnen Variablen an, so wird man feststellen, daß sie sich doch recht deutlich voneinander unterscheiden.[31] Dies war ja auch nicht anders zu erwarten. So liegt beispielsweise der Schwerpunkt der häufigsten, bzw. der zweithäufigsten Nutzung der Bibliothek bei beiden Variablen eindeutig im Bereich der Sachliteratur. Allerdings ist diese Dominanz bei der Frage nach der zweithäufigsten Art der Nutzung nicht so ausgeprägt. Bei der dritt- bzw. vierthäufigsten Nutzung verändert sich das Bild. Hier ist es der Bereich des Romans, der die Führung übernimmt. Sie können nun in dieser Art des Vergleichens fortfahren. Achten Sie dabei nicht nur auf die Unterschiede zwischen den Variablen, suchen Sie auch nach Gemeinsamkeiten. So sind die beiden ersten Variablen trotz einzelner Unterschiede in etwa gleich verteilt. Dies bedeutet, daß die Merkmale, die bei der einen Variablen schwach besetzt sind, auch bei der anderen schwach besetzt sind und umgekehrt, daß die Merkmale, die bei der einen stark repräsentiert sind, dies auch bei der anderen sind.

Ihre nächste Aufgabe wird darin bestehen, mit Hilfe des **IF** Befehls eine Gruppe (Subpopulation) von Befragten herauszusuchen, für die die zwei folgenden Merkmale gelten: Die Gruppe soll man über das Geschlecht unterscheiden können [(V12 **EQ** 2) = weiblich und (V12 **EQ** 1) = männlich]. Für beide soll gelten, daß die Befragten nicht über 25 Jahre alt sein sollen [(V11 **LE** 2)].

Der Befehlsaufbau des **IF** Befehls ist relativ einfach. Man definiert zuerst über das Schlüsselwort **IF**, welche Anweisung SPSS/PC+ ausführen soll. Dann spezifiziert man die Bedingungen, die für die neue Gruppe gelten sollen. Alle benötigten Bedingungen werden durch entsprechende Operatoren definiert und miteinander verknüpft. Um sie eindeutig vom Schlüsselwort und der Variablenzuweisung trennen zu können, müssen sie außerdem in Klammern gesetzt werden. Nun gibt man den Namen ein, unter dem die neu gebildete Subpopulation (= Variable) abgespeichert werden soll. Bestimmen Sie "Jugend" als Variablennamen. Nach dem Gleichheitszeichen hat man die Möglichkeit, die neu erstellten Subpopulationen zu kennzeichnen. Vergeben Sie für die erste Bedingung die Ziffer 1, für die zweite die Ziffer 2.

---

[31]   Eine gute Möglichkeit, die Verteilungen der einzelnen Variablen miteinander zu vergleichen, besteht darin, sich nur die graphische Darstellung ausgeben zu lassen. Verzichten Sie hierbei auf die Ausgabe der Häufigkeitstabelle, und lassen Sie sich die Verteilung als BAR-Diagramm darstellen. Hier der dazu notwendige Befehl: **FREQUENCIES /VARIABLES** V61 **TO** V64 **/OPTIONS NOTABLE /BAR.**

Zur Verdeutlichung hier die beiden vollständigen
IF Befehle:

IF (V12 EQ 2 AND V11 LE 2)
Jugend = 1.
IF (V12 EQ 1 AND V11 LE 2)
Jugend = 2.

Im folgenden werden Sie lernen, wie beide
Befehle mit Hilfe des Menü-Modus erstellt werden können.

Alt-m

Wählen Sie ausgehend vom **hauptmenü** zunächst
die Option **daten/dateien bearb.** und dann die
erste der drei Möglichkeiten, nämlich **daten
bearbeiten**. Sobald Sie dieses Untermenü geöffnet
haben, stehen Ihnen sechs SPSS/PC+ Befehle zur
Verfügung. Davon sind allerdings zwei, nämlich
CREATE und **RMV** nur im Zusatzpaket TRENDS
verfügbar. Wie üblich finden Sie rechts neben
dem Steuermenü die entsprechenden Erklärungstexte. Gehen Sie mit dem Cursor alle Befehle
durch, und lesen Sie sich die Erläuterungstexte
genau durch.

daten/dateien bearb.

daten bearbeiten

Öffnen Sie das **IF** Menü. Sie müßten nun das
folgende Bild auf Ihrem Bildschirm sehen:

IF

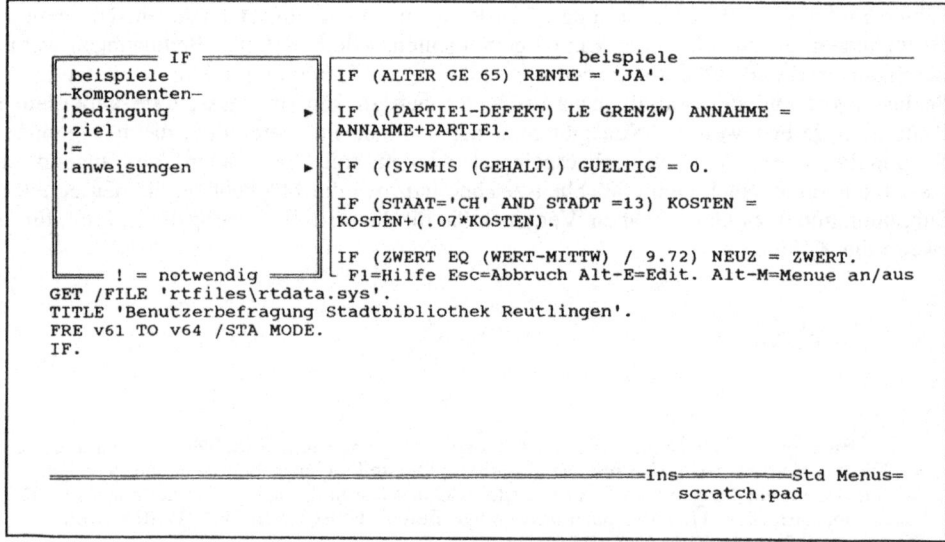

```
  ═══════ IF ═══════                    ─────── beispiele ───────────────
 │ beispiele            │    IF (ALTER GE 65) RENTE = 'JA'.
 │─Komponenten─         │
 │!bedingung            │ ►  IF ((PARTIE1-DEFEKT) LE GRENZW) ANNAHME =
 │!ziel                 │    ANNAHME+PARTIE1.
 │!=                    │
 │!anweisungen          │ ►  IF ((SYSMIS (GEHALT)) GUELTIG = 0.
 │                      │
 │                      │    IF (STAAT='CH' AND STADT =13) KOSTEN =
 │                      │    KOSTEN+(.07*KOSTEN).
 │                      │
 │                      │    IF (ZWERT EQ (WERT-MITTW) / 9.72) NEUZ = ZWERT.
  ═══ ! = notwendig ════     F1=Hilfe Esc=Abbruch Alt-E=Edit. Alt-M=Menue an/aus
GET /FILE 'rtfiles\rtdata.sys'.
TITLE 'Benutzerbefragung Stadtbibliothek Reutlingen'.
FRE v61 TO v64 /STA MODE.
IF.



                                        ═══════════════Ins═══════════Std Menus═
                                                  scratch.pad
```

Sie finden hier zunächst einige Beispiele für den Aufbau des Befehls. Jeder **IF** Befehl setzt sich aus mindestens vier Komponenten zusammen. Im einzelnen handelt es sich dabei um eine **Bedingung**, ein **Ziel**, ein **Gleichheitszeichen** und eine **Anweisung**. Alle vier Spezifikationen sind durch ein Ausrufezeichen gekennzeichnet.

Öffnen Sie nun zunächst das Menü **!bedingung**. Sie erhalten dadurch eine Übersicht über diejenigen Elemente, mit denen Sie die Bedingung(en), definieren können.	**!bedingung**
Um die Bedingung vom Ziel trennen zu können, muß die Bedingung in Klammer gesetzt werden.	
Nun erfolgt die Eingabe der Variable, auf die sich die nachfolgende Bedingung bezieht. Kopieren Sie daher mit der Tastenkombination Alt-v die Variable V12 auf die Arbeitsplatte.	Alt-v V12
Setzen Sie anschließend den ersten der relationalen Operatoren **EQ** und danach die Zahl 2 (mit der Esc-Taste können Sie wieder in das vorangegangene Menü springen).	**relat. Operatoren** **EQ** Alt-t 2
Verknüpfen Sie die erste Bedingung (V12 **EQ** 2) mit dem logischen Operator **AND** mit der zweiten (V11 **LE** 2).	**logische Operatoren** **AND** V11 **LE** 2
Schließen Sie die Bedingung mit der zweiten Klammer.	)
Nun muß die Zielvariable bestimmt werden. Wählen Sie hierfür den Begriff "Jugend".	**!Ziel** Jugend
Setzen Sie nach dieser Eingabe das Gleichheitszeichen, und definieren Sie die Anweisung, die dafür gelten soll.	!= **!anweisung** 2

Die Eingabe des **IF** Befehls über das Menü ist - insbesondere dann, wenn sie so komplex ist wie die obige - ziemlich umständlich. Eine elegantere Möglichkeit wäre die Verwendung des Editors. Allerdings muß man dann auf die Hilfe und Beispiele im Erklärungsfenster verzichten. Alternativ zu den beiden obigen Möglichkeiten, wäre eine kombinierte Vorgehensweise. Verwenden Sie bis zu der Eingabe der Bedingung(en) den Menü-Modus, schalten Sie aber dann in den Editor-Modus um. So bleiben Ihnen die Beispiele im Erklärungsfenster erhalten, und gleichzeitig ersparen Sie sich mit dem Editor das zeitraubende Hin- und Herspringen im Menü.

Damit wäre der erste **IF** Befehl vollständig. Sie könnten nun die Prozedur noch einmal wiederholen und die entsprechenden Parameter verändern. Es gibt aber eine wesentlich effektivere Möglichkeit.

Wechseln Sie zunächst in den Editormodus.	Alt-e
Markieren Sie die vorhin erstellte Zeile und	F7
kopieren Sie sie mit der Funktionstaste F8 in eine	F7
Zeile darunter. Verändern Sie dann die Para-	F8
meter.	**copy**

Die beiden **IF** Befehle müßten nun die folgende Form haben:	**IF** (V12 **EQ** 2 **AND** V11 **LE** 2) Jugend = 1. **IF** (V12 **EQ** 1 **AND** V11 **LE** 2) Jugend = 2.
Versehen Sie nun die beide Merkmalsausprägun- gen mit neuen Etiketten.	**VAL LAB** jugend 1 'junge Frauen' 2 'junge Männer'.
Zunächst soll die Häufigkeitsverteilung für die neu erstellte Variable "Jugend" erzeugt werden.	**FRE** jugend.
Anschließend soll überprüft werden, wie sich diese neue Variable hinsichtlich der häufigsten Biblio- theksnutzung verteilt.	**CRO** jugend **BY** V61 **TO** V64.
Versehen Sie beide Prozeduren mit einer Über- schrift, die Rückschlüsse auf den Inhalt er- möglicht.	**SUBTITLE** 'Nutzungsverhalten der Jugendlichen'.

Zusätzlich dazu soll die Kreuztabelle die prozentualen Angaben bezogen auf die Spalte bzw. auf die Reihe enthalten. Außerdem soll ein Chi^2-Test durchgeführt werden.

/OPTIONS 3 4

/STATISTICS 1.

Hier noch einmal alle Befehle auf einen Blick.

```
IF (V12 EQ 2 AND V11 LE 2) Jugend = 1.
IF (V12 EQ 1 AND V11 LE 2) Jugend = 2.
VAL LAB jugend 1 'junge Frauen'
             2 'junge Männer'.
SUBTITLE 'wichtigste Nutzung der Jugend'.
FRE jugend.
CRO jugend BY V61 TO V64 /OPTIONS 3 4 /STATISICS 1.
```

Gehen Sie nun in der gewohnten Weise vor. Markieren Sie den gesamten Befehlssatz, und übergeben Sie ihn an SPSS/PC+.

F7
F7
F10
run marked area

Zum Vergleich auch hier wieder der erste Teil der Ergebnisliste:

```
***** Memory allows a total of   5588 Values, accumulated across all
Variables.
        There also may be up to   698 Value Labels for each Variable.

Page   8   Benutzerberfragung Stadtbibliothek Reutlingen
Wichtigste Nutzung der Jugend

JUGEND
                                             Valid     Cum
Value Label             Value  Frequency  Percent  Percent  Percent

junge Frauen            1.00        50      20.0     37.3     37.3
junge Männer            2.00        84      33.6     62.7    100.0
                          .        116      46.4   MISSING
                                         -------  -------  -------
                        TOTAL       250     100.0    100.0

Valid Cases      134    Missing Cases    116
Page   9   Benutzerberfragung Stadtbibliothek Reutlingen
Wichtigste Nutzung der Jugend
```

Page   10   Benutzerberfragung Stadtbibliothek Reutlingen
Wichtigste Nutzung der Jugend

Crosstabulation: JUGEND

By V61   Am häufigsten benutzter Bereich

- - - - Page   1 of   2

V61->	Count Row Pct Col Pct	Zeitunge n 0	Bibl.mar kt 1	Winterga rten 2	Kinderbi bl. 3	Studienk abinett 4	Row Total
JUGEND							
1.00 junge Frauen		5 10.0 33.3	8 16.0 72.7	3 6.0 60.0	2 4.0 18.2	3 6.0 37.5	50 37.3
2.00 junge Männer		10 11.9 66.7	3 3.6 27.3	2 2.4 40.0	9 10.7 81.8	5 6.0 62.5	84 62.7
Column (Continued) Total		15 11.2	11 8.2	5 3.7	11 8.2	8 6.0	134 100.0

Page   11   Benutzerberfragung Stadtbibliothek Reutlingen
Wichtigste Nutzung der Jugend

Crosstabulation: JUGEND

By V61   Am häufigsten benutzter Bereich

- - - - Page   2 of   2

V61->	Count Row Pct Col Pct	Sachlite ratur 5	Romane 6	Musikbib l. 7	Row Total
JUGEND					
1.00 junge Frauen		23 46.0 46.9	4 8.0 33.3	2 4.0 8.7	50 37.3
2.00 junge Männer		26 31.0 53.1	8 9.5 66.7	21 25.0 91.3	84 62.7
Column Total		49 36.6	12 9.0	23 17.2	134 100.0

Page   12   Benutzerberfragung Stadtbibliothek Reutlingen
Wichtigste Nutzung der Jugend

Chi-Square	D.F.	Significance	Min E.F.	Cells with E.F.<5
18.89627	7	.0085	1.866	6 OF 16 (37.5%)

Number of Missing Observations =   116

Analysieren wir die Tabellen genauer. Der Häufigkeitstabelle können Sie entnehmen, daß insgesamt 134 Personen der **IF** Bedingung (V11 **LE** 2) entsprechen. Im einzelnen sind dies 50 junge Frauen und 84 junge Männer. Bezogen auf die Gesamtpopulation (N=250) entspricht dies 20 bzw. 33,6%. Analog dazu entsprechen 116 (= 46,4%) Personen nicht dieser Bedingung. In der Spalte "Valid Percent" können Sie die prozentualen Angaben bezogen auf die neue Stichprobe finden.

Der Kreuztabelle können Sie entnehmen, daß sich das Nutzungsverhalten junger Frauen deutlich von dem junger Männer unterscheidet. Ein wichtiges Indiz für diese Behauptung ist das Ergebnis des Chi^2-Tests. Mit einem Signifikanzniveau von .0085 kann der vermutete Zusammenhang als hoch signifikant bezeichnet werden. Im einzelnen ergibt sich dabei das folgende Bild. So nutzen beispielsweise junge Frauen die Bereiche Bibliotheksmarkt und Wintergarten wesentlich intensiver als junge Männer. Dem entgegengesetzt nutzen junge Männer den Zeitungsbereich, die Kinderbibliothek, das Studienkabinett, den Romanbereich und die Musikbibliothek wesentlich stärker als junge Frauen. Diese Rückschlüsse beziehen sich dabei auf die prozentualen Angaben für die Spalten. Berücksichtigt man allerdings, daß wir in unserer Stichprobe deutlich mehr junge Männer als junge Frauen haben, so zwingt uns dies, die vorangegangenen Aussagen zu relativieren. Vergleicht man hingegen die prozentualen Angaben bezogen auf die Zeilen, so wird man feststellen, daß sich das Nutzungsverhalten zwischen den ausgewählten Gruppen nur in einigen wenigen Fällen voneinander unterscheidet. Abgesehen vom Bibliotheksmarkt (16% zu 3,6%) und der Musikbibliothek (4% zu 25%) sind die Unterschiede zwischen den Gruppen relativ gering. Achten Sie daher bei der Analyse von Tabellen immer auch auf deren Randverteilungen, bzw. benützen Sie statistische Kennwerte, die von sich aus diese Unterschiede mitberücksichtigen.

Zum Schluß noch ein letztes, etwas komplexeres Beispiel. Im folgendem sollen zunächst die vier Subpopulationen gebildet werden. Untersuchen Sie anschließend deren Nutzungsverhalten bezüglich der häufigsten bzw. zweithäufigsten Nutzung.

Die Personen der ersten Subpopulation sollen die folgenden Merkmale besitzen:

sie sollen...   - **älter als 25 Jahre sein,**
　　　　　　　　- **weiblichen Geschlechts sein,**
　　　　　　　　- **berufstätig sein,**
　　　　　　　　- **Angestellte sein.**

Die Personen der zweiten Subpopulation sollen die folgende Merkmale besitzen:

sie sollen...   - **bis unter 25 Jahre alt sein,**
　　　　　　　　- **weiblichen Geschlechts sein,**
　　　　　　　　- **berufstätig sein,**
　　　　　　　　- **Angestellte sein.**

Zusätzlich sollen die folgenden Gruppen gebildet werden.

In der dritten Subpopulation sollen Personen enthalten sein, die über die folgenden Merkmale verfügen:

> sie sollen...   - **bis unter 30 Jahre sein**
> - **weiblichen Geschlechts sein**
> - **Schüler sein**

In der vierten und letzten Subpopulation sollen Personen sein, die folgenden Merkmale besitzen:

> sie sollen...   - **bis unter 30 Jahre sein**
> - **männlichen Geschlechts sein**
> - **Schüler sein**

Der gesamte Befehlssatz soll mit Hilfe des Editors erstellt werden. Versehen Sie auch diese Tabellen mit einer passenden Überschrift. Der Kreuztabelle sollen neben der absoluten Zahl auch die prozentuale Angabe bezogen auf die Gesamttabelle und der Chi^2-Test entnommen werden können.

Hier der gesamte Befehlssatz:

```
IF  (V11 GT 2 AND V12 EQ 2 AND V13 EQ 1 AND V14 EQ 3) wangest=1
IF  (V11 LE 2 AND V12 EQ 2 AND V13 EQ 1 AND V14 EQ 3) wangest=2
IF  (V11 LE 3 AND V12 EQ 2 AND V13 EQ 6) juschu=1.
IF  (V11 LE 3 AND V12 EQ 1 AND V13 EQ 6) juschu=2.
SUBT 'Nutzungsverhalten weibl. Angestellte u. junger Schüler'.
FRE wangest juschu.
CRO wangest juschu BY V61 V62 /OPT 5 /STA 1.
```

Hier ein Teil der neuen Tabellen:

```
The raw data or transformation pass is proceeding
    250 cases are written to the uncompressed active file.

***** Memory allows a total of   5352 Values, accumulated across all
Variables.
         There also may be up to   669 Value Labels for each Variable.
```

Page 28   Benutzerberfragung Stadtbibliothek Reutlingen
Nutzungsverhalten weibl. Angestellter u. junger Schüler

WANGEST

```
                                           Valid      Cum
Value Label          Value  Frequency  Percent  Percent  Percent

                     1.00        11      4.4     68.8     68.8
                     2.00         5      2.0     31.3    100.0
                        .       234     93.6   MISSING
                              -------  -------  -------
                     TOTAL      250    100.0    100.0
```

Valid Cases   16   Missing Cases   234

Page 29   Benutzerberfragung Stadtbibliothek Reutlingen
Nutzungsverhalten weibl. Angestellter u. junger Schüler

JUSCHU

```
                                           Valid      Cum
Value Label          Value  Frequency  Percent  Percent  Percent

                     1.00        21      8.4     30.0     30.0
                     2.00        49     19.6     70.0    100.0
                        .       180     72.0   MISSING
                              -------  -------  -------
                     TOTAL      250    100.0    100.0
```

Valid Cases   70   Missing Cases   180

Page 30   Benutzerberfragung Stadtbibliothek Reutlingen
Nutzungsverhalten weibl. Angestellter u. junger Schüler

Crosstabulation: WANGEST
            By V61   Am häufigsten benutzter Bereich
                                    - - - - Page 1 of 2

Count V61−> Tot Pct	Zeitungen 0	Bibl.markt 1	Studienkabinett 4	Sachliteratur 5	Romane 6	Row Total
WANGEST						
1.00	1 6.3	3 18.8		4 25.0	1 6.3	11 68.8
2.00	1 6.3	1 6.3	1 6.3	1 6.3	1 6.3	5 31.3
Column (Continued) Total	2 12.5	4 25.0	1 6.3	5 31.3	2 12.5	16 100.0

```
Page   32    Benutzerbefragung Stadtbibliothek Reutlingen
Nutzungsverhalten weibl. Angestellter u. junger Schüler

Crosstabulation:      WANGEST
                  By V61        Am häufigsten benutzter Bereich
                                           - - - - Page  2 of  2

                Count │Musikbib│Ausstell│
        V61-->  Tot Pct│l.      │ungen   │   Row
                      │      7 │      8 │  Total
WANGEST         ──────┼────────┼────────┼
         1.00         │    1   │    1   │    11
                      │   6.3  │   6.3  │   68.8

         2.00         │        │        │     5
                      │        │        │   31.3
                ──────┼────────┼────────┼
               Column │    1   │    1   │    16
                Total │   6.3  │   6.3  │  100.0


Chi-Square   D.F.    Significance      Min E.F.     Cells with E.F.<5
----------   ----    ------------      --------     -----------------
 4.13091      6        .6590            .313        14 OF 14 (100.0%)

Number of Missing Observations =        234
```

Vergleicht man die mit Hilfe des **IF** Befehls definierten Gruppen (WANGEST und JUSCHU), so fällt zunächst auf, daß die beiden Gruppen unterschiedlich groß sind. Ganze sechzehn Personen erfüllen die ersten vier Bedingungen. Bei der zweiten Subpopulation sind es immerhin siebzig Personen, die die drei Bedingungen erfüllen, dies entspricht - bezogen auf die Gesamtpopulation - einem prozentualen Anteil von 30%. Allein schon aufgrund der geringen Fallzahl der ersten Subpopulation ist davon auszugehen, daß eine weitere, eingehendere Analyse dieser Gruppe - mit dem Mittel der Kreuztabelle - nicht sinnvoll ist. Dies bestätigt sich auch im weiteren. Bei den ersten beiden Kreuztabellen (WANGEST **BY** V61 und WANGEST **BY** V62) enthalten alle Tabellenzellen weniger als fünf Beobachtungen (Cells with E.F. < 5). Damit erübrigt sich eine nähere Interpretation des Chi^2-Tests. Ähnlich müssen auch die Ergebnisse der nächsten beiden Kreuztabellen (JUSCHU **BY** V61 und JUSCHU **BY** V62) interpretiert werden. Zwar ist hier der Anteil der Zellen, die weniger als fünf Fälle enthalten deutlich kleiner, allerdings mit 56% und 72% immer noch recht hoch. Auch hier empfiehlt es sich nicht, die erzielten Chi^2-Tests zu interpretieren.

Wir beenden nun diese Sitzung und wechseln in die Betriebssystemebene. Dann lassen wir uns die erzeugten Ergebnisse auf dem Drucker ausgeben. Vergleichen Sie die beiden neuen Subpopulationen untereinander hinsichtlich der Nutzung der einzelnen Bibliotheksbereiche. Achten Sie dabei vor allem auf die kleinen Fallzahlen.

16. Nichtparametrische Testverfahren

Ein grundlegendes Problem der Sozialwissenschaften ist es, daß oft nahezu alle Variablen auf dem Nominal- bzw. auf dem Ordinalniveau erhoben werden müssen. Dadurch sind einem viele "anspruchsvolle" statistische Analyseverfahren, wie beispielsweise die Varianz-, die Korrelations- und die Regressionsanalyse versperrt. Setzen sie doch Intervallniveau und eine Normalverteilung voraus.

Wir haben uns daher bisher damit beholfen, daß wir alle Hypothesen mittels des Chi^2-Test auf Signifikanz überprüft haben. Diese Vorgehensweise ist insoweit gerechtfertigt, als dieses Testverfahren gegenüber den mathematisch-theoretischen Verletzungen recht robust ist.

Allerdings ist die Effizienz des Chi^2-Test - bei Ordinal- und Intervallniveau - relativ gering. Die Effizienz eines Testverfahren drückt die Wahrscheinlichkeit aus, daß die Unterschiede in den Daten als signifikante interpretiert werden (vgl. **Bauer 1986:58**). Mit der steigender Effizienz eines Verfahrens, sinkt die Wahrscheinlichkeit einer fälschlichen Beibehaltung der Nullhypothese (beta-Fehler).

Eine sehr gute Alternative zum bisherigen Testverfahren sind die nichtparametrischen (nonparametric) oder verteilungsfreien (distribution-free) Verfahren. Sie fußen auf einer Stichprobenverteilung, die nicht die obigen Voraussetzungen (Intervallniveau und Normalverteilung) benötigt. Wie **Faulbaum 1989:189** sehr richtig beschreibt, sind diese Verfahren gerade aufgrund ihrer Verteilungsunabhängigkeit "besonders geeignet bei kleinen Stichproben, bei Daten, die nur auf Ordinal- oder Nominalskala gemessen wurden sowie bei unvollständigen oder unpräzisen Daten."

Wir werden in diesem Kapitel zwei nichtparametrische Verfahren für das Ordinalniveau kennenlernen, den Median-Test und den Mann-Whitney U-Test. Hierbei sollen allerdings nur die Grundzüge der beiden statistischen Testverfahren vorgestellt werden. Sie finden beispielsweise bei **Zöfel 1985:144ff.** eine eingehendere Darstellung.

Bei der inhaltlichen Fragestellung werden wir versuchen, die Hypothese zu prüfen, ob, und wenn ja, inwieweit die Wahrnehmung einzelner Veranstaltungsarten (V101 bis V103) von der Erwerbstätigkeit beeinflußt wird.

Im einzelnen werden wir dabei wie folgt vorgehen:

1.) Erstellen einer Übersichtstabelle für alle relevanten Variablen.
2.) Versehen aller Prozeduren mit einer Überschrift.
3.) Durchführung eines Median-Tests für alle Erwerbstätige.
4.) Durchführung eines Median-Tests für ausgewählte Erwerbsgruppen.
5.) Durchführung eines Mann-Whitney-Tests für ausgewählte Erwerbsgruppen.

Bestimmen Sie zunächst mit dem **GET /FILE** Befehl die Systemdatei, mit der Sie arbeiten wollen.

GET /FILE 'c:\rtfiles\rtdata.sys'.

Um sich einen ersten Überblick über die Verteilungen der verwendeten Variablen zu verschaffen, soll zunächst eine Häufigkeitsauszählung durchgeführt werden.

FRE V101 **TO** V103, V13.

Versehen Sie sodann alle weiteren Prozeduren mit der folgenden Überschrift:

TITLE 'Nichtparametrische Testverfahren'.

Die **NPAR TESTS** sollen über den Menü-Modus erstellt werden. Wechseln Sie daher, ausgehend vom **hauptmenü**, zunächst in das Menü **datenanalyse** und dann in das Menü **sonstiges**.

datenanalyse
sonstiges

Öffnen Sie hier das Menü **NPAR TESTS**. Das dazugehörende Monitorbild sieht so aus:

NPAR TESTS

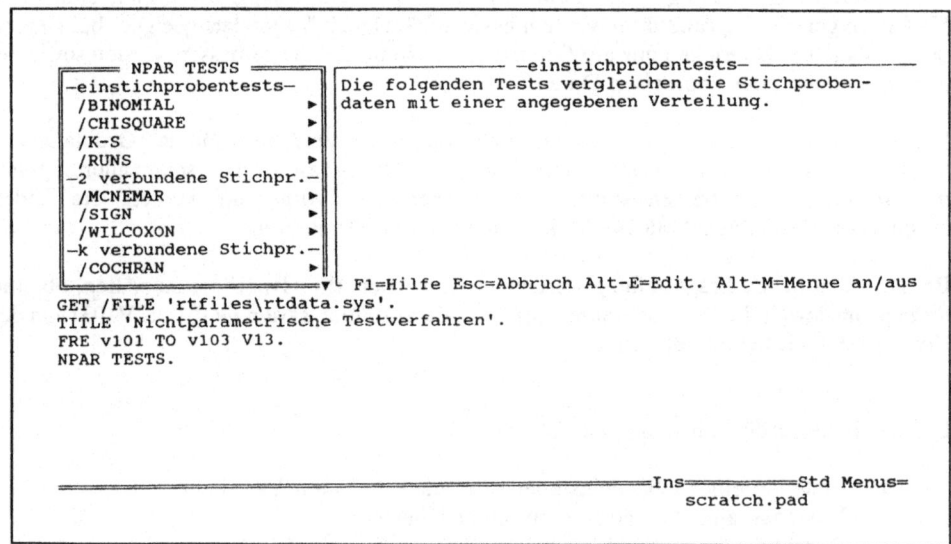

Über die Anweisung **NPAR TESTS** lassen sich zahlreiche nichtparametrische Testverfahren aufrufen. Die einzelnen Verfahren sind dabei nach thematischen Gruppen sortiert. Als Ordnungskriterien werden die Anzahl und das Verhältnis der Stichproben verwendet. Man unterscheidet dabei zwischen 1, 2 und k Stichproben, sowie zwischen abhängigen und unabhängigen Stichproben. Am Ende des **NPAR TESTS** Menüs finden Sie unter der Überschrift **optionen & statistiken** zwei bekannte Unterbefehle, nämlich **/OPTIONS** und **/STATISTICS**. Beide eröffnen Ihnen zahlreiche Möglichkeiten der Beeinflussung des Ausgabeformats.

Die Philosophie des Median-Test ist recht einfach. Zunächst werden die einzelnen Beobachtungen der verwendeten Gruppen in eine gemeinsame Rangreihe gebracht. Für diese Rangreihe wird der Median berechnet. Daran anschließend werden die einzelnen Werte für die einzelnen Gruppen sortiert. Werte oberhalb des Medians kommen in die obere Zeile, Werte unterhalb des Medians kommen in die untere Zeile. Für diese Tabelle wird dann der Chi^2 und das Signifikanzniveau berechnet.

Fahren Sie zunächst mit dem Cursor auf den Unterbefehl **/MEDIAN**. Sie finden ihn im letzten Drittel des **NPAR TEST** Menüs, unter der Überschrift **-k unabhaengige Stichpr.** Der Median-Test setzt sich aus vier obligatorischen Komponenten zusammen. Der **!variablenliste**, dem Operator **!BY**, der **!gruppierungsvariable** und der Klammer **!()**.	**/MEDIAN**

Über die Bestimmung der Variablenliste werden diejenigen Variablen in die Analyse miteinbezogen, deren Ausprägungen hinsichtlich einer weiteren (Gruppierungs-)Variable untersucht werden sollen.

Entsprechend der inhaltlichen Vorgabe, sollen die Erwerbsgruppen (V13) als Gruppierungsvariable verwendet werden. Die Variablen V101, V102 und V103 dienen als Vergleichsvariablen.

Fahren Sie zunächst mit dem Cursor auf die Überschrift **!variablenliste**. Betätigen Sie nun die Tastenkombination Alt-t. In das sich öffnende Eingabefenster soll die Variablenliste V101 **TO** V103 eingetragen werden. Beenden Sie die Eingabe mit der Return-Taste. Nun muß die Variablenliste mit der Gruppierungsvariablen verbunden werden. Dazu wird der (reservierte) Operator **BY** verwendet.	Alt-t V101 **TO** V103 **BY**

Kopieren Sie diesen auf die Arbeitsplatte. Jetzt
kann die Gruppierungsvariable V13 eingegeben
werden. Man kann hierzu entweder, wie oben, die
Tastenkombination Alt-t oder die Kombination   Alt-t
Alt-v verwenden. Mit der Klammer hat man die   V13
Möglichkeit, einzelne Merkmalsausprägungen der
Gruppierungsvariable herauszugreifen.   ()

Hierbei ist es wichtig, auf die Reihenfolge der
Eingabe zu achten. Gibt man beispielsweise
nacheinander die Zahlen 1 und 7 ein, so werden
neben den eingegebenen auch alle weiteren Werte
zwischen 1 und 7 in die Analyse miteinbezogen.
Vertauscht man die Eingabe und gibt zuerst die 7
und dann die 1 ein, werden bei der Analyse nur
diese beiden Werte berücksichtigt.

In einem ersten Schritt sollen für die Variablen
V101 bis V103 die ersten sieben Werte in die
Analyse miteinbezogen werden.
                                                    1,7

Versehen Sie die Prozeduren mit einem Untertitel. Rechts finden Sie einen Vorschlag.
                                           SUBTILE '1. Der MEDIAN Test
                                           (alle Erwerbstätige)'.

Hier noch einmal alle Befehle auf einen Blick.

```
GET /FILE 'c:\rtfiles\rtdata.sys'.
TITLE 'Nichtparametrische Testverfahren'.
FRE V101 TO V103 V13.
SUBTILE '1. Der MEDIAN Test    (alle Erwerbstätige)'.
NPAR TESTS /MEDIAN V101 TO V103 BY V13 (1,7).
```

Markieren Sie nun alle Befehle und übergeben   F7
Sie sie an SPSS/PC+.   F7
                                                    F10
                                                    run from cursor

Hier ein Auszug der erzielten Ergebnisliste:

 ***** WORKSPACE allows for   5972 cases for NPAR TESTS *****

Page   9   Nichtparametrische Testverfahren
1. Der MEDIAN Test   (alle Erwerbstätige)

- - - - - Median Test

     V101   Schaufenster
 by V13   Erwerbsgruppen

	V13				
	1	2	3	4	5
Gt Median	34	6	0	7	6
Le Median	53	10	0	3	10

V101

	V13	
	6	7
Gt Median	28	14
Le Median	42	31

V101

Cases	Median	Chi-Square	D.F.	Significance
244	2.0	5.2794	5	.3827

Page 11   Nichtparametrische Testverfahren
1. Der MEDIAN Test   (alle Erwerbstätige)

- - - - - Median Test

     V102   Autorenlesung
 by V13   Erwerbsgruppen

	V13				
	1	2	3	4	5
Gt Median	20	0	0	6	3
Le Median	67	16	0	4	13

V102

	V13	
	6	7
Gt Median	10	4
Le Median	60	41

V102

WARNING - Chi-Square statistic is questionable here.
  3 Cells have expected frequencies less than 5.
Minimum expected cell frequency is   1.8

Page   13   SPSS/PC+

1. Der MEDIAN Test   (alle Erwerbstätige)

Cases	Median	Chi-Square	D.F.	Significance
244	3.0	20.4340	5	.0010

Nach der letzten Häufigkeitstabelle erfolgt die Ausgabe der Vielfeldertafeln für den Median-Test. In der oberen Zeile der Tafel finden Sie die Anzahl der Fälle für diejenigen Gruppen, die über dem Median liegen. In der unteren steht die Anzahl der Fälle für diejenigen Gruppen, die unter dem Median liegen. Allerdings lassen sich die unterschiedlichen Ergebnisse der Tabellen in dieser Form nicht interpretieren, da die theoretisch erwarteten Zellenbesetzungen nicht ausgegeben werden. Man kann also nicht entscheiden welche Zellenbesetzung über- bzw. unterrepräsentiert ist. In der letzten Zeile einer jeden Tabelle findet man vier statistische Kennwerte. Der Anzahl der Fälle folgt die Ausgabe des Medians, diesem der Chi^2 und diesem das Signifikanzniveau.

Wenn Sie die Ergebnisse der einzelnen Testverfahren miteinander vergleichen, so sehen Sie, daß die zwei letzten Tabellen (V102 **BY** V13 und V103 **BY** V13) hoch signifikant sind. Allerdings erhalten Sie bei beiden die folgende Warnmeldung.

```
WARNING - Chi-Square statistic is questionable here.
   3 Cells have expected frequencies less than 5.
Minimum expected cell frequency is      1.8
```

SPSS/PC+ macht einen mit dieser Warnmeldung darauf aufmerksam, daß das ermittelte Ergebnis aufgrund der unzureichenden Zellenbesetzung einzelner Zelle in Zweifel gezogen werden muß. Im Gegensatz zur Kreuztabellenanalyse wird hier die erwartete Mindestbesetzung der Zellen (Minimum expected cell frequency) für jede Tabelle neu berechnet und ausgegeben.

In einem zweiten Schritt sollen zwei Gruppen der Variable V13 herausgegriffen werden. Wiederholen Sie die Eingabe des **NPAR TESTS** Befehls, setzen Sie aber nun in die Klammer 6 und 1.

NPAR TEST /MEDIAN V101 **TO** V103 **BY** V13 (6,1)

Zusätzlich zu den bisherigen Kennwerten, soll der 25% Quartils, der 50% Quartils, der 75% Quartils und der Median berechnet werden. Hierzu kann der **/STATISTICS** Befehl mit der Spezifikation 2 verwendet werden.

/STATISTICS 2.

Vergessen Sie nicht den **/SUBTITLE** Befehl zu ändern.

SUBTITLE '2. Der MEDIAN Test (Erwerbstätige vs. Schüler)'.

Auch hier wieder zum Vergleich ein Auszug aus der Ergebnisliste:

```
Page  16   Nichtparametrische Testverfahren
2. Der MEDIAN Test    (Erwerbstätige vs. Schüler)
```

| | | (Median) | | |
	N	25th Percentile	50th Percentile	75th Percentile
V101	250	2.00	2.00	3.00
V102	250	2.00	3.00	3.00
V103	250	2.00	3.00	3.00
V13	250	1.00	5.00	6.00

```
Page  17   Nichtparametrische Testverfahren
2. Der MEDIAN Test   (Erwerbstätige vs. Schüler)

- - - - - Median Test

      V101        Schaufenster
   by V13         Erwerbsgruppen
                             V13
                          6          1
                      ┌────────┬────────┐
          Gt Median   │   28   │   34   │
   V101                ├────────┼────────┤
          Le Median   │   42   │   53   │
                      └────────┴────────┘

          Cases        Median      Chi-Square    Significance
          157            2           .0022           .9625

- - - - - Median Test
      V102        Autorenlesung
   by V13         Erwerbsgruppen
                             V13
                          6          1
                      ┌────────┬────────┐
          Gt Median   │   10   │   20   │
   V102                ├────────┼────────┤
          Le Median   │   60   │   67   │
                      └────────┴────────┘

          Cases        Median      Chi-Square    Significance
          157            3          1.3793           .2402
```

Vor der Ausgabe der Vielfeldertafel erhält man eine Tabelle des Quartils auf dem 25%, dem 50% und dem 75% Niveau. In unserem Fall sind die Unterschiede bei den Quartils auf den unterschiedlichen Niveaus relativ stabil. So liegt beispielsweise der Median der Variable V101 sowohl bei 25%, als auch bei 50% der Meßwerte bei 2.0. Erst nach der Miteinbeziehung von 75% der Werte, steigt er auf 3.0. Diese geringe Veränderung der Meßwerte kann vor allem darauf zurückgeführt werden, daß die Variablen (V101 bis V103) mit wenigen Merkmalsausprägungen versehen sind.

| | | (Median) | | |
	N	25th Percentile	50th Percentile	75th Percentile
V101	250	2.00	2.00	3.00
V102	250	2.00	3.00	3.00
V103	250	2.00	3.00	3.00
V13	250	1.00	5.00	6.00

Im direkten Vergleich der beiden ausgewählten Gruppen (Erwerbstätige vs. Schüler) ist das Ergebnis eindeutig. Lediglich beim letzten Vergleich (V103 **BY** V13) konnte ein signifikanter Unterschied (p. 0274) zwischen den Gruppen festgestellt werden. Hier zeigte sich, daß die Schüler die "Galerie auf dem Podest" deutlich weniger wahrnehmen als die Erwerbstätigen.

Eine Alternative zum Median-Test ist der Mann-Whitney U-Test. Seine Anwendung ist allerdings im Gegensatz zum Median-Test auf zwei unabhängige Stichproben begrenzt. Genau wie beim Median-Test, ist auch hier das Ordinalniveau obligatorisch. Beim Mann-Whitney U-Test wird als Nullhypothese die Varianzhomogenität (die Meßwerte beider Stichproben verteilen sich gleich) geprüft.

Das Rechenverfahren des Mann-Whitney U-Test ähnelt dem des Median-Test. Allerdings wird hier nicht der Chi^2, sondern der U-Wert als Grundlage der Hypothesenprüfung eingesetzt. Da diese statistische Meßgröße bisher noch nicht besprochen wurde, sollen hier die Grundzüge des Verfahrens vorgestellt werden. Zunächst wird auch hier aus den Meßwerten der beiden unterschiedlichen Gruppen eine gemeinsame Rangreihe gebildet. Dann werden die Rangsummen R_1 und R_2 ermittelt. Mit ihrer Hilfe lassen sich - nach folgender Formel - die beiden Größen U_1 und U_2 bestimmen.

$$U_1 = R_1 - ((n_1 * (n_1 + 1)) / 2$$
$$U_2 = R_2 - ((n_2 * (n_2 + 1)) / 2$$

Aus diesen beiden Größen kann wiederum der nachstehenden Formel entsprechend der z-Wert bestimmt werden. Dabei gilt: $n = n_1 + n_2 > 30$.

$$z = \frac{((n_1 * n_2) / 2) - U}{\left[\frac{n_1 * n_2 * (n_1 + n_2 + 1)}{12} \right]^{\frac{1}{2}}}$$

Mit Hilfe der standardisierten z-Größe, wird die Signifikanz eines Ergebnisses überprüft. Ein Problem dieses Rechenverfahrens ist das Aufkommen von gleichen Meßwerten (ties). Sie beeinflussen in jedem Fall die Standardabweichung der Stichprobenverteilung von U. Daher wird der z-Wert i.d.R. nach einer korrigierten Formel berechnet. SPSS/PC+ verwendet diese korrigierte Formel standardmäßig.

Die Zusammensetzung des Mann-Whitney U-Tests verläuft im Menü in ähnlicher Weise wie beim Median-Test. Sie finden den Unterbefehl **/MANN-WHITNEY** im **NPAR TESTS** Menü unter der Überschrift **2 unabhaengige Stichprobe**.

Wiederholen Sie die Eingabe des **NPAR TESTS** Befehls, setzen Sie 6 und 1 in Klammer.

NPAR TEST /MANN-WHITNEY
V101 TO V103 BY V13 (6,1)

Auch hier soll der Quartil auf dem 25%, dem 50% und dem 75% Niveau berechnet werden. Hierzu kann erneut der **/STATISTICS** Befehl mit der Spezifikation 2 verwendet werden.

/STATISTICS 2.

Vergessen Sie nicht den **/SUBTITLE** Befehl zu ändern.

SUBTITLE '3. Der MANN-WHITNEY U-Test (Erwerbstätige vs. Schüler)'.

Erneut wieder ein Auszug aus der Ergebnisliste:

```
                             (Median)
                   25th        50th        75th
           N    Percentile  Percentile  Percentile

V101      250      2.00        2.00        3.00
V102      250      2.00        3.00        3.00
V103      250      2.00        3.00        3.00
V13       250      1.00        5.00        6.00


Page  22   Nichtparametrische Testverfahren
3. Der MANN-WHITNEY Test   (Erwerbstätige vs. Schüler)
- - - - - Mann-Whitney U - Wilcoxon Rank Sum W Test

        V101        Schaufenster
    by  V13         Erwerbsgruppen


    Mean Rank      Cases
        81.09          70  V13 = 6  Schüler/in
        77.32          87  V13 = 1  Erwerbstätig
                      ---
                      157  Total
                                   Corrected for Ties
        U              W             Z     2-tailed P
     2899.0         5676.0        -.5444      .5862
```

```
3. Der MANN-WHITNEY Test    (Erwerbstätige vs. Schüler)
- - - - - Mann-Whitney U - Wilcoxon Rank Sum W Test

       V102       Autorenlesung
   by  V13        Erwerbsgruppen

     Mean Rank    Cases
         81.21        70  V13 = 6   Schüler/in
         77.22        87  V13 = 1   Erwerbstätig
                     ---
                     157  Total
                                      Corrected for Ties
          U           W                 Z        2-tailed P
       2890.0       5685.0           -.6105        .5415
```

```
Page  24   Nichtparametrische Testverfahren
3. Der MANN-WHITNEY Test    (Erwerbstätige vs. Schüler)
- - - - - Mann-Whitney U - Wilcoxon Rank Sum W Test

       V103       Galerie auf dem Podest
   by  V13        Erwerbsgruppen

     Mean Rank    Cases
         74.19        70  V13 = 6   Schüler/in
         82.87        87  V13 = 1   Erwerbstätig
                     ---
                     157  Total
                                      Corrected for Ties
          U           W                 Z        2-tailed P
       2708.5       5193.5           -1.2752       .2022
```

Anhand diese Testverfahrens kann das Nutzungsverhalten der beiden ausgewählten Gruppen ziemlich genau beschrieben werden. Der mittleren Rangsumme (Mean Rank) kann man entnehmen, daß die Schüler die ersten beiden Veranstaltungsarten (V101: 81.09/77.32, V102: 81.21/77.22) deutlich häufiger wahrnehmen als die Erwerbstätigen. Genau umgekehrt ist es bei der letzten Variable, hier besuchen die Erwerbstätigen die "Galerie auf dem Podest" weitaus häufiger als die Schüler.

U ist die eigentliche Prüfgröße, W die Rangsumme der kleineren Stichprobe (hier Schüler). Z bezeichnet den z-Wert für eine zweiseitige Fragestellung (asymptotischer Test). Der Wert unter 2-TAILED P bestimmt die Signifikanz des Vergleichs unter Annahme der Nullhypothese, d.h. beide Stichproben entstammen gleich verteilten Populationen.

Obwohl die Unterschiede zwischen den Gruppen z.T. recht deutlich sind, ist keines der Ergebnisse signifikant. Dies widerspricht zumindest beim letzten Vergleich (V101 **BY** V13) dem Ergebnis des Median-Tests. Es bleibt also zu klären, welches Verfahren hier angewendet werden soll. Zieht man hier den Begriff der Effizienz als Bewertungskriterium heran, so ist in diesem Fall der Mann-Whithney U-Test dem Median-Test vorzuziehen. Lediglich bei kleinen Stichproben (n_1 und/oder n_2 < 10) ist der Median-Test dem Mann-Whithney U-Test vorzuziehen (vgl. auch **Bauer 1986:66**).

17. Die Modifikation der SPSS/PC+ Systemparameter

Mit Hilfe der **SET** Anweisung hat man die Möglichkeit, bestimmte Systemparameter von SPSS/PC+, seinen individuellen Bedürfnissen entsprechend, zu verändern. Unter Systemparameter versteht man Voreinstellungen, mit denen man sowohl das "Erscheinungsbild" des Programms als auch die Ausgabe der selbst erzeugten Ergebnisse (listings) beeinflußen kann. Dazu gehört beispielsweise die Einstellung des Listing-Layouts, die Veränderung der Bildschirmfarbe (bei Farbmonitoren), die Definition von spezifischen Zeichen für Diagramme, die Steuerung des Ausgabeformats auf dem Drucker u.v.m.

Zunächst werden Sie sich die Voreinstellungen, die Ihnen SPSS/PC+ von sich aus anbietet, anzeigen lassen.

Begeben Sie sich, ausgehend vom Hauptmenü, in die Zeile, in der sich das Menü **kontrolle & info** befindet.

        kontrolle & info.

Sobald Sie dieses geöffnet haben, stehen Ihnen fünf Befehle (**SET** bis **INCLUDE ' '**) und vier weitere Menüs zur Verfügung. Kopieren Sie bitte den zweiten Befehl von oben (**SHOW.**) auf die Arbeitsplatte.

        SHOW.

Starten Sie diese Anweisung mit der Funktionstaste F10.

        F10
        run from cursor

Auf der nächsten Seite finden Sie das entsprechende Monitorbild:

```
                                                                    MORE

          SPSS/PC+ V2    (02-215)          Workspace:  100.0K
          Machine:  COMPAQ                 Free disk space:   1930K
          Coprocessor installed           Work Device C:     1930K
          Current directory:  C:\SPSS
          SPSS/PC+ directory:  c:\spss

          LISTING    SPSS.LIS         SCREEN   ON          INCLUDE  ON
          LOG        SPSS.LOG         PRINTER  OFF         BEEP     ON
          RESULTS    SPSS.PRC         PTRANSL  ON          MORE     ON
          NULLINE    ON               ECHO     ON          EJECT    OFF

          PROMPT     SPSS/PC:         LENGTH    24         WIDTH     79
          CPROMPT       :             BLOCK     ■          BOX      -|┼└┌┐┐H┬└
          ENDCMD                      HIST      ▪          SEED      1059642355
          COLOR      (15,  1,  1)     COMPRESS OFF         BLANKS
          WEIGHT     OFF              ERRORBREAK ON        VIEWLENGTH  25
          _____ Review Settings _____

          AUTOMENU   ON               HELPWINDOWS ON      MENUS     STANDARD
          RCOLOR     ( 1,  2,  4)                         RUNREVIEW AUTO
```

Gehen wir zunächst diese Übersichtstafel auszugsweise durch. Im ersten Drittel der Tafel finden Sie Informationen über das verwendete Computersystem, also, welcher Computertyp installiert ist, wieviel Speicherplatz Ihnen zur Verfügung steht und in welchem Unterverzeichnis Sie sich z.Z. befinden. Die restlichen zwei Drittel der Übersicht sind dem eigentlichen SPSS/PC+ "Programm" vorbehalten. Sie finden hier beispielsweise Angaben darüber, in welche Protokolldateien die in dieser Sitzung erzeugten Ergebnisse geschrieben werden. Laut Übersichtstafel werden alle Befehle, die während einer Sitzung verwendet werden, in die Protokolldatei SPSS.LOG geschrieben (LOG   SPSS.LOG). Dagegen befinden sich die Ergebnisse (listings), die mit diesen Befehlen erzeugt wurden, in der Datei SPSS.LIS (LISTING   SPSS.LIS). Weiterhin kann der Tafel entnommen werden, daß als Vorgabe die Ergebnisse auf dem Bildschirm (SCREEN   ON) und nicht auf dem Drucker (PRINTER OFF) protokolliert werden. Im letzten Drittel erfahren wir beispielsweise, welche Form das SPSS/PC+ Bereitschaftszeichen besitzt (PROMPT   SPSS/PC:), in welchen Farben SPSS/PC+ auf einem Farbmonitor ausgegeben wird (COLOR   (15, 1, 1) oder wie lang und wie breit eine komplette Ausgabeseite ist (LENGTH   24; WIDTH   79).[32] Jeder dieser Systemparameter kann nun - entsprechend Ihren individuellen Bedürfnissen -mit Hilfe des **SET** Befehls modifiziert werden. **SET** Befehle können entweder einzeln oder als längere Befehlsketten definiert werden. Falls Sie die zweite Möglichkeit nutzen, sollten Sie daran denken, die Spezifikationen durch Schrägstriche voneinander zu trennen. Denken Sie bitte auch an die Endmarkierung.

Hierzu mehrere Beispiele. Begeben Sie sich, nachdem Sie das **SET** Menü geöffnet haben in die dritte Zeile (output) und öffnen Sie auch dieses Menü.

---

[32]   Alle Angaben beziehen sich dabei auf die von SPSS/PC+ ausgegebenen Ergebnislisten.

Auch hier wieder zum Vergleich das entsprechende Monitorbild:

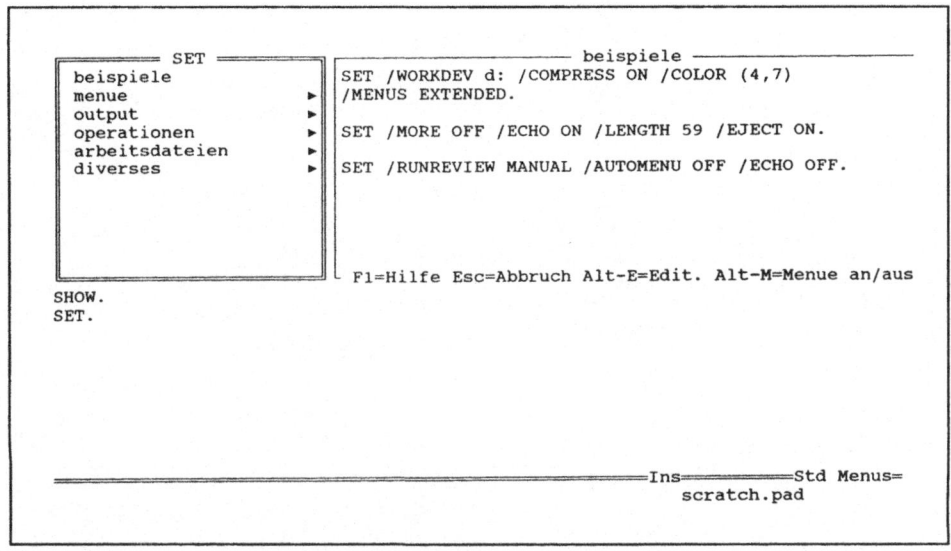

Wie Sie dem Text im rechten Fenster entnehmen können, haben Sie in diesem Menü die Möglichkeit, das Format Ihrer Ausgabeliste (output) zu verändern. Wie bisher auch, können dabei mehrere Befehle miteinander kombiniert werden. Hier einige Beispiele.

Mit dem Befehlssatz: **SET LENGTH=45 WIDTH=132 /PRINTER=ON.** wird zunächst die Anzahl der ausgegebenen Zeilen pro Seite auf 45 erhöht, gleichzeitig werden von nun an 132 statt 79 Zeichen pro Zeile ausgegeben. Mit der letzten Anweisung wurde veranlaßt, daß alle Ergebnisse von nun an auf dem Drucker ausgegeben werden, vorausgesetzt dieser ist eingeschaltet.

SET LENGTH=45/WIDTH=132 /PRINTER=ON.

Mit dem Befehl: **SET AUTOMENUS=OFF.** unterdrücken Sie die Ausgabe des Menü-Modus für die Dauer der gesamten Sitzung. Diese Voreinstellung wird man dann wählen, wenn man ein wenig geübter im Umgang mit SPSS/PC+ ist. In welcher Weise weitere Voreinstellungen verändert werden können, kann man im SPSS/PC+ Manual nachlesen.

SET AUTOMENUS=OFF.

18. Erstellen eines Datensatzes

In allen vorangegangenen Sitzungen haben wir immer mit einem fertigen Datensatz (**rtdata.sys**) gearbeitet. Dies hatte den Vorteil, daß wir sofort mit der Datenanalyse anfangen konnten, ohne uns darum kümmern zu müssen, wie die Daten erstellt und aufgebaut worden sind. Dieses Vorgehen ist allerdings untypisch. Normalerweise steht vor der eigentlichen Datenanalyse die Datenaufbereitung und -eingabe (vgl. Kapitel 17). Beide folgen bestimmten syntaktischen Regeln, die nun in den folgenden Abschnitten vorgestellt werden. Am Schluß dieses Kapitels werden wir in der Lage sein, eine Systemdatei selbst zu erstellen.

18.1. Die Arbeits- und Systemdatei

SPSS/PC+ ist so konzipiert, daß es Daten nur dann verarbeiten kann, wenn diese in einer bestimmten Form, nämlich in der einer Datenmatrix, vorliegen. Die Daten (also der Rohdatensatz) bzw. die dazugehörigen Datendefinitionen (z.B. Variablen- und Werteetiketten) können dabei entweder von Hand eingegeben oder aus einer externen Daten- und Datendefinitionsdatei eingelesen werden. Auf jeden Fall werden sie zunächst immer in den Arbeitsspeicher des Computers eingelesen. Wenn man z.B. die Daten von Hand eingegeben hat und diese dann anschließend mit Hilfe bestimmter Prozeduren auswertet, so sind diese unwiederbringlich verloren, wenn man unmittelbar danach die SPSS Sitzung beendet, ohne diese Angaben in eine externe Datei abgespeichert zu haben. Denn alles, was sich im Arbeitsspeicher eines Computer befindet, wird in dem Augenblick gelöscht, in dem man das System verläßt. Vereinbarungsgemäß hat man sich darauf geeinigt, die Angaben und Informationen, die sich **ungesichert** im Arbeitsspeicher eines Computer befinden, als **Arbeitsdatei** (aktiv file) zu bezeichnen. Dagegen werden die gleichen Angaben und Informationen in **gesichertem** Zustand als **Systemdatei** (system file) bezeichnet. Eine Arbeitsdatei kann über die Befehle **DATA LIST, GET, IMPORT, JOIN** und **AGGREGATE OUTFILE=** definiert werden. Es gibt mehrere Möglichkeiten, eine Systemdatei zu erzeugen. Wir werden im folgenden drei Möglichkeiten kennenlernen. Für welche man sich entscheidet, wird immer davon abhängen, welche Arbeitsmittel einem zur Verfügung stehen.

1.) Man definiert über den **DATA LIST** Befehl die Datendefinitionen und tippt anschließend die Rohdaten ein. Anschließend kann man diese entweder mit Hilfe verschiedener Prozeduren bearbeiten und auswerten oder sie gleich unter Zuhilfenahme des **SAVE** Befehls in eine Systemdatei (rtdata.sys) umwandeln. (vgl. Abb.12).

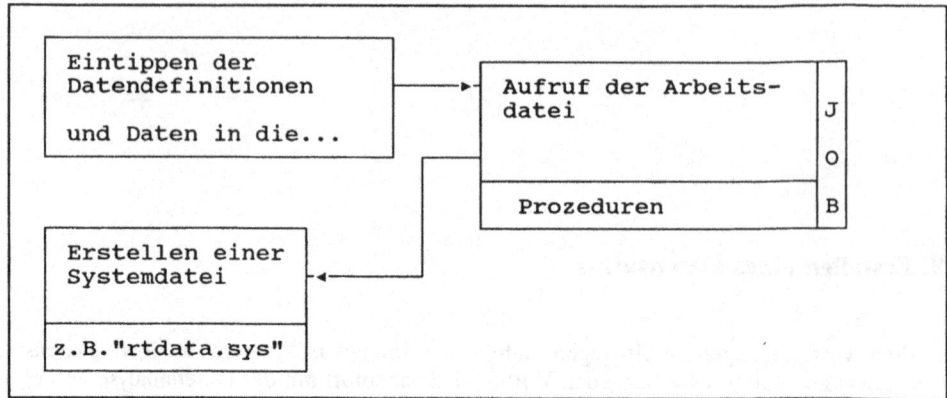

Abb. 12: Erstellen einer Arbeitsdatei durch Eingabe der Daten

2.) Man liest eine bereits erstellte Systemdatei (z.B. rtdata.sys), in der sich neben den Datendefinitionen auch der Rohdatensatz befindet, in die Arbeitsdatei ein. Diesen Weg sind wir in den vorhergegangenen Kapiteln gegangen. Die Arbeitsdatei kann nun beliebig bearbeitet und verändert werden. Sollte man Wert darauf legen, diese Veränderungen nicht zu verlieren, so kann man diese über den **SAVE** Befehl erneut als Systemdatei sichern. Je nach dem, ob man die ursprüngliche Systemdatei benötigt oder nicht, ist es ratsam, der neuen Systemdatei auch einen neuen Namen zu geben, z.B. rtdata2.sys (vgl. Abb.13)

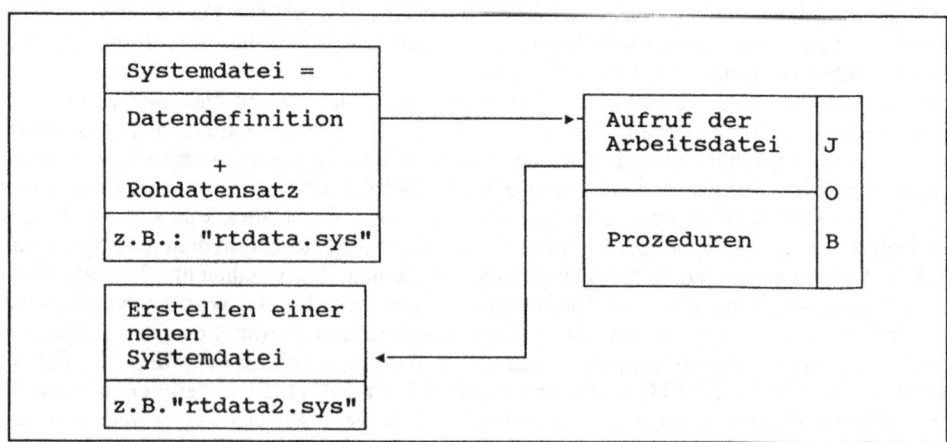

Abb. 13: Erstellen einer Arbeitsdatei durch Einlesen der Daten

3.)   Als dritte Variante hat man die Möglichkeit, zunächst den Rohdatensatz aus einer externen Datendatei (z.B. rtdata.dat) und erst danach eine Datei, in der sich sämtliche Datendefinitionen (z.B. rtdata. def) befinden, in die Arbeitsdatei einzulesen. Dies hat z.B. den wichtigen Vorteil, daß man mit mehreren Sätzen von Datendefinitionen arbeiten kann (vgl. Abb.14).

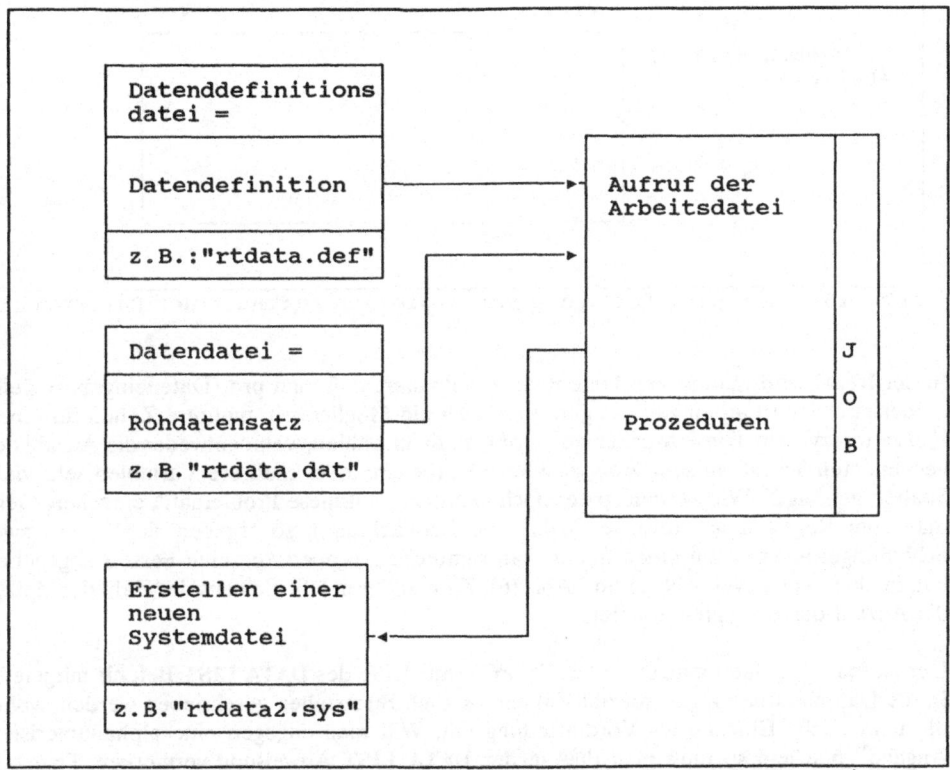

Abb. 14: Erstellen einer Arbeitsdatei durch separates Einlesen der Daten und Datendefinitionen

18.2. Die Datenmatrix der Datendatei

Nur wenn die Rohdaten einer Befragung in einer zweidimensionalen **Datenmatrix** aufgebaut sind, ist SPSS/PC+ fähig, diese zu bearbeiten. Man unterscheidet dabei zwei Grundformen: zum einen eine Datenmatrix mit **festem Format** (fixed format), zum anderen eine Datenmatrix mit **freiem Format** (free format). Auf die genauen Unterschiede zwischen diesen beiden Formaten werden wir später noch im einzelnen eingehen (vgl. Kapitel 18.3.1.1 und

18.3.1.2). Zuvor jedoch einige Merkmale und Vorgaben, die für beide Grundformen gelten. Jede Datenmatrix ist aus n-Zeilen und n-Spalten zusammengesetzt. Dabei werden die einzelnen Variablen auf die Spalten, die Beobachtungen (Fälle) auf die Zeilen gesetzt.

```
                    Variablen:
                    V1 ...                          V-n
                    ┌─────────────────────────────────┐
    Beobachtungen: 1│                                 │
    (Fälle)        .│                                 │
                   .│                                 │
                   .│                                 │
                    │                                 │
                   n│                                 │
                    └─────────────────────────────────┘
```

Abb. 15: Beispiel für einen prinzipiellen Aufbau einer Datenmatrix

In der Regel wird man seinen Datensatz so aufbauen, daß man pro (Dateneingabe-) Zeile immer nur einen Fall eingibt. Es gibt aber auch die Möglichkeit, mehrere Zeilen für einen Fall zu reservieren. Diese Möglichkeit wird man dann wählen, wenn entweder die Anzahl der verwendeten Variablen sehr groß ist oder man für eine oder mehrere Variablen sehr viele Spalten benötigt[33]. Wir werden später noch deutlicher auf diese Problematik eingehen. Geht man vom Regelfall aus (also je Zeile, eine Beobachtung), so ergeben sich daraus zwei Schlußfolgerungen. Zum einen findet man sämtliche Angaben, die eine Person abgegeben hat, in einer Zeile (vgl. Abb.15 und Abb.16). Zum anderen läßt sich aus der Zahl der Zeilen die Anzahl der Befragten ableiten.

Der Aufbau der Datenmatrix wird SPSS/PC+ mit Hilfe des **DATA LIST** Befehls mitgeteilt. In die Datenmatrix können sowohl Zahlen als auch Buchstaben geschrieben werden, wobei die numerische Eingabe als Voreinstellung gilt. Will man dagegen eine alphanumerische Angabe[34] machen, so muß man dies in der **DATA LIST** Anweisung vermerken. Daneben besteht die Möglichkeit, Zahlen mit Dezimalstellen zu versehen. Hier gilt als Voreinstellung, daß Dezimalpunkte explizit in der Matrix enthalten sind. In unserem Beispiel (s.u.) wird die Angabe "3.4" vom System auch tatsächlich als Zahlenwert 3,4 interpretiert. Daneben gibt es auch die Möglichkeit, Dezimalpunkte implizit zu setzen. Dies muß man aber genau wie die alphanumerische Eingabe in der **DATA LIST** Anweisung, vermerken.

---

[33]   Insbesondere bei Fragen mit offener Antwortvorgabe wird man sich die Möglichkeit offen halten, längere Kommentare in die Datenmatrix einzugeben. Wobei sich dabei allerdings die Frage nach der Auswertungsstrategie stellt. Im allgemeinen sind derartige Kommentare nur dann auswertbar, wenn Sie nach einem vorher festgelegten Kodierschema eingegeben worden sind.

[34]   Man bezeichnet diese auch als Stringvariable oder nichtnumerische Variable. Dazu gehören nicht nur Buchstaben oder Buchstabenkombinationen, sondern auch Buchstaben-Zeichenkombinationen, sowie sämtliche Sonderzeichen, z.B.: @, &, ?, *.

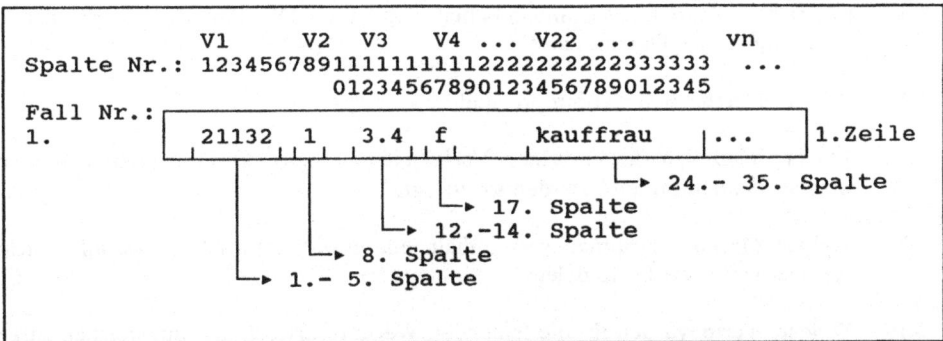

```
                  V1      V2  V3   V4 ... V22 ...        vn
Spalte Nr.: 12345678911111111111222222222333333  ...
                     01234567890123456789012345
Fall Nr.:
1.             21132  1   3.4  f          kauffrau   ...   1.Zeile
                                                     24.- 35. Spalte
                                    17. Spalte
                                  12.-14. Spalte
                               8. Spalte
                            1.- 5. Spalte
```

Abb. 16: Beispiel für den Inhalt einer Dateneingabezeile

Gehen wir den ersten Fall dieser fiktiven Datendatei durch. Fall Nr.1 hat bei der Frage V1 die Antwort "21132" abgegeben. Diese fünfstellige Angabe wurde in die Spalten 1 bis 5 gesetzt. Zwischen der letzten Ziffer der Variablen V1 und der darauf folgenden Variablen V2 wurden zwei Leerstellen gesetzt. Das heißt die Antwort auf die Frage V2 finden wir erst in der 8. Spalte. Man muß nicht unbedingt zwischen die Variablenangaben eine Leerstelle setzen. In der Regel wird man dies aber tun, da es die Datenmatrix übersichtlicher macht und damit später eventuelle Korrekturen am Datensatz erleichtert. Zwischen den Variablen V2 und V3 wurden drei Leerstellen gesetzt. In die 12. bis 14. Spalte wurde eine numerische Dezimalangabe gesetzt. Dabei sollte man beachten, daß auch der Dezimalpunkt bei der Spaltenberechnung mitgezählt wird. Nun folgen wieder zwei Leerstellen. Danach wurde auf die 17. Spalte die alphanumerische Angabe "f" gesetzt. Hier handelt es sich wahrscheinlich um die Angabe des Geschlechts, wobei "f" als Abkürzung für "Frau" steht. Natürlich wäre als Abkürzung auch jede andere Angabe möglich, sachlogisch bietet sich aber "f" an. Nun folgen wieder sechs Leerstellen. Danach wurden 12 Spalten für die Variable V4 (Berufstätigkeit) reserviert.

18.3. Die Datendefinition

Eine Arbeitsdatei muß neben dem Rohdatensatz auch über die dazugehörenden Datendefinitionen verfügen (vgl. Abb.12 bis 14). Der gesamte Variablensatz, einschließlich der dazugehörigen Merkmalsausprägungen, wird so identifiziert und mit Merkmalsetiketten versehen. Ein Datensatz ist dann vollständig definiert, wenn SPSS/PC+ die folgenden fünf Fragen eindeutig beantworten kann.[35]

---

[35]   Die folgenden Fragen wurden dem SPSS/PC+ Manual entnommen; a.a.O., S. B-15. Die Punkte 4 und 5 sind dabei optional.

1.)   In welchem Bereich des Computers befindet sich die Datei mit den entsprechenden Definitionen des Datensatzes?

2.)   Wieviel Datenzeilen werden pro Fall benötigt?

3.)   Wo befinden sich die einzelnen Variablen innerhalb der Datenmatrix, und mit welcher Namensetikette wurden sie belegt?

4.)   Welche Merkmalsausprägungen enthält jede einzelne Variable, und mit welcher Werteetikette wurde sie belegt?

5.)   Welche Werte wurden für die fehlenden Werte reserviert, und mit welchen Etiketten wurden sie belegt?

Alle diese Angaben werden SPSS/PC+ über die Befehle **DATA LIST, VARIABLE LABELS, VALUE LABELS** und **MISSING VALUE** mitgeteilt. Dabei gilt, daß nur der **DATA LIST** Befehl notwendig ist. Alle anderen sind **optional**. Seiner zentralen Bedeutung gemäß, werden wir auf ihn am ausführlichsten eingehen.

18.3.1. Der DATA LIST Befehl

Die **DATA LIST** Anweisung wird dazu verwendet, einerseits das Format der eingelesenen Datenmatrix zu bestimmen und andererseits die verwendeten Variablen zu definieren. Dabei stehen einem, wie genannt, grundsätzlich zwei unterschiedliche Modi der Matrixdefinition zur Verfügung, nämlich die festformatierte Dateneingabe (fixed format) sowie die formatfreie Dateneingabe (free format).

Für beide Modi des Formats gelten die folgenden Beschränkungen:

*   Es können maximal 200 Variablen definiert werden.

*   Je Eingabezeile können nicht mehr als 1024 Zeichen verwendet werden.

*   Die **DATA LIST** Anweisung kann maximal 600 Syntaxelemente aufnehmen.

18.3.1.1. Die festformatierte Dateneingabe

Die Struktur einer formatfreien Datenmatrix ist durch die zwei folgenden Beschränkungen gekennzeichnet. Die Werte einer bestimmten Variablen befinden sich immer in der gleichen

Spalte. Jeder Variablen stehen daher - ungeachtet ihrer tatsächlichen Breite - immer die gleiche Anzahl von Spalten zur Verfügung. Auf unser Beispiel aus Kapitel 18.3.1 übertragen, würde die Struktur einer formatfreien Datenmatrix so aussehen:

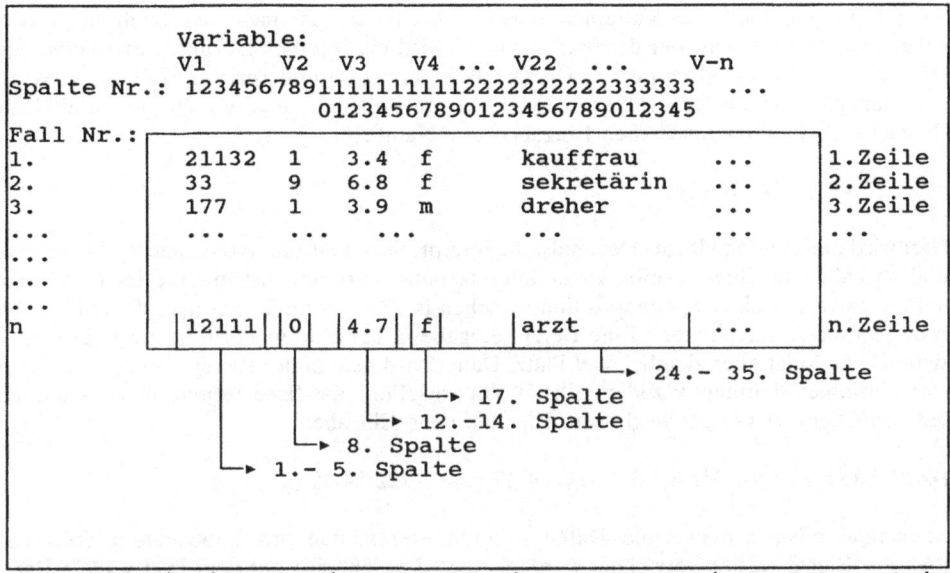

```
           Variable:
           V1     V2  V3   V4 ... V22    ...     V-n
Spalte Nr.: 12345678911111111112222222222333333  ...
                    01234567890123456789012345
Fall Nr.:
1.          21132 1   3.4  f      kauffrau    ...    1.Zeile
2.          33    9   6.8  f      sekretärin  ...    2.Zeile
3.          177   1   3.9  m      dreher      ...    3.Zeile
...         ...   ... ...         ...         ...    ...
...
...
...
n           12111 0   4.7  f      arzt        ...    n.Zeile
                                          └─► 24.- 35. Spalte
                              └─► 17. Spalte
                        └─► 12.-14. Spalte
                  └─► 8. Spalte
            └─► 1.- 5. Spalte
```

Abb. 17: Beispiel für eine vollständige festformatierte Datenmatrix

Die dazugehörige **DATA LIST** Anweisung würde man in ausführlicher Form etwa so schreiben:

DATA LIST FIXED
/V1 1 **TO** 5
V2 8
V3 12 **TO** 14
V4 17 (a)
...

...
V22 24 **TO** 35 (a) ... (.)

Gehen wir den gesamten Befehl durch. An erster Stelle steht natürlich die eigentliche Anweisung: **DATA LIST**. Als zweites erfolgt die Angabe, welches Matrizenformat man gewählt hat. Dafür kann man entweder das Schlüsselwort **FIXED** für Matrizen mit fester Formateingabe oder **FREE** für formatfreie Matrizen verwenden. Die festformatierte Datenmatrix gilt als Voreinstellung. Nun setzt man einen Schrägstrich. Damit signalisiert man, daß ab jetzt die Eingabe der Variablen samt dazugehöriger Spaltenzuweisung erfolgt. Als Vorgabe gilt, daß zunächst die Variable definiert werden muß (bei uns V1, V2 usw.). Unmittelbar darauf, allerdings durch eine Leerstelle getrennt, erfolgt die Angabe, in welcher

Spalte sich die entsprechende Merkmalsausprägung befindet. In unserem Beispiel wurden der Variablen V1 die Spalten eins bis fünf zugeordnet. Wie man sieht, ist dabei die Verwendung des Schlüsselwortes "TO" zugelassen. Dieses kann aber auch durch einen Querstrich "-" ersetzt werden. Daneben erkennt das System auch die Verwendung von Vorzeichen ("+" und "-") an. Alphanumerische Variablen müssen durch ein "(a)" nach der Spaltenzuweisung gekennzeichnet werden. Bei der Variablen V3 wird ein interner Dezimalpunkt verwendet. Dies wird vom System akzeptiert und bedarf daher keiner besonderen Kennzeichnung. Würde man dagegen einen externen Dezimalpunkt setzen wollen, so müßte man dies in ähnlicher Weise wie bei alphanumerischen Eingaben tun. Nämlich:

> V3 12 **TO** 14 (1)

Hier wird die letzte Spalte als Dezimalstelle interpretiert. In dieser Art, zunächst die Variable und anschließend ihre Position zu definieren, fährt man nun fort, bis die letzte Variable definiert und mit einer Spaltenposition versehen ist. Zum Schluß setzt man die Endmarkierung (command terminator). Eine Befehlseingabe in der oberen Form ist zwar recht übersichtlich, benötigt aber ziemlich viel Platz. Daher wird man in der Regel in einer Zeile mehrere Variablen definieren; zudem gilt als Voreinstellung das **fixed format**, daher kann man das Schlüsselwort **FIXED** weglassen. Hier die neue Eingabe:

DATA LIST /V1 1-5 V2 8 V3 12-14 V4 17 (a) ... V22 24-35 (a) ... (.)

Manchmal möchte man seine Daten so organisieren, daß pro Beobachtung (pro Fall) mehrere Eingabezeilen verwendet werden. Auch dies läßt sich mit dem **DATA LIST** Befehl bewerkstelligen. Mit Hilfe des Schrägstrichs kann man jeweils eine neue Eingabezeile spezifizieren.

DATA LIST /V1 1-5 /V2 1 V3 2-4 V4 7 (a) ... /V22 1-12 (a) ... (.)

Eine Beschreibung des Variablensatzes in der obigen Form würde SPSS/PC+ anweisen, die Werte der Variable V1 in den ersten fünf Spalten der ersten Eingabezeile zu suchen. Die Werte der Variablen V2, V3 und V4 würde man in der zweiten, die der Variablen V22 in der dritten Eingabezeile finden. Da bei diesem Beispiel mehrere Eingabezeilen für den Variablensatz verwendet werden, können die Spalten mehrfach belegt werden, ohne daß es zu Überschneidungen kommt. Eine derartige Vorgehensweise würde man vor allem dann wählen, wenn man über einen umfangreichen Datensatz mit zahlreichen, langen Spaltenketten verfügt.

18.3.1.2. Die formatfreie Dateneingabe

Die zweite Möglichkeit, über den **DATA LIST** Befehl seinen Variablensatz zu definieren, ist die formatfreie Datenmatrix. Im Gegensatz zur festformatierten Datenmatrix wird hier weder Bezug auf die Zeilen noch auf die Spalten genommen. Die Eingabe der Daten erfolgt in ihrer tatsächlichen Reihenfolge. Hier ist es allerdings unbedingt notwendig, zwischen den einzelnen Merkmalsausprägungen eine Leerstelle (oder ein Komma) zu setzen. Abbildung 18 ist ein Beispiel für eine formatfreie Datenmatrix.

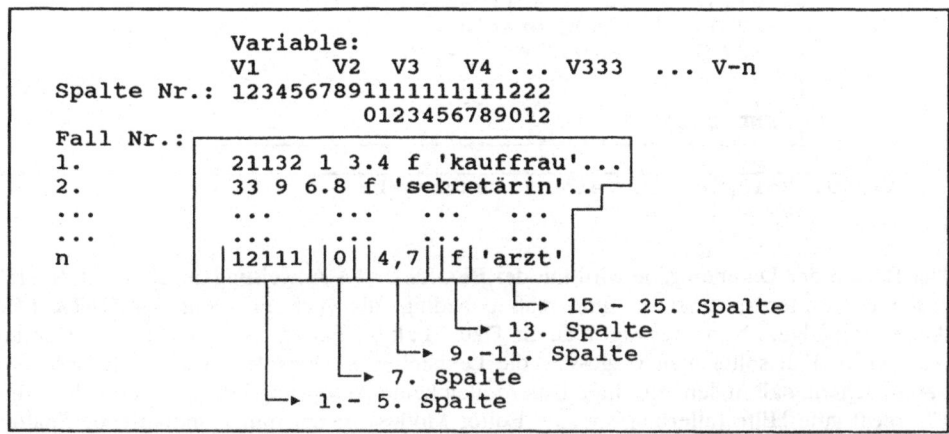

Abb. 18: Beispiel für eine vollständige formatfreie Datenmatrix

Mit dem Schlüsselwort **FREE** signalisiert man SPSS/PC+, daß man eine formatfreie Dateneingabe wünscht. Diese Anweisung muß unbedingt unmittelbar nach dem **DATA LIST** Befehl folgen. Ebenso wie bei der festformatierten Dateneingabe, muß man auch hier alphanumerische Eingaben durch die Spezifikation (a) ankündigen. Dabei wird als Vorgabe eine acht Zeichen lange Eingabe angenommen; will man eine längere Zeichenkette verwenden, so muß man dies ebenfalls mitteilen, bei einer gewünschten Länge von fünfzehn Zeichen z.B. (a15). Ungeachtet der Länge der alphanumerischen Zeichenkette, müssen die Eingaben in Anführungsstriche gesetzt werden.

Nachfolgend ein möglicher Aufbau der **DATA LIST** Anweisung für eine formatfreie Dateneingabe:

DATA LIST FREE /V1 V2 V3 V4 (a) ... V22 (a15) ... (.)

18.3.2. Eingabe des Rohdatensatzes

Nach der Datendefinition erfolgt die eigentliche Dateneingabe. Diese kann entweder im SPSS/PC+ oder im Editor Modus erfolgen. Erfahrungsgemäß wird man sie aber im letzteren machen, da hier die Editiermöglichkeiten bedeutend größer sind.

```
BEGIN DATA.
 21132 1 3.4 f kauffrau ...
 33 9 6.8 f sekretärin ...
 177 1 3.9 m dreher ...
 ...    ...    ...    ...
 ...    ...    ...    ...
END DATA.
```

Abb. 19: Beispiel für eine Dateneingabe

Der Beginn der Dateneingabe wird mit der **BEGIN DATA** Anweisung angekündigt. Sie läßt sich nicht weiter spezifizieren und muß unbedingt als erste Prozedur der **DATA LIST** Anweisung folgen. Nun überträgt man die Daten Fall für Fall in die entsprechenden Zeilen. Auf keinen Fall sollte man vergessen, die Leerstellen mitzuzählen. Man sollte unbedingt darauf achten, daß in den einzelnen Datenzeilen keine Anweisungsbegrenzer enthalten sind. Ein recht gute Hilfe (allerdings nur im Editor Modus) ist der immer mitlaufende Spalten-zähler in der rechten unteren Ecke. Dadurch weiß man stets, wo man sich genau befindet und kann evtl. auftretende Fehler und Unsicherheiten leicht lokalisieren. Nach der letzten Datenzeile muß unbedingt die **END DATA** Anweisung gesetzt werden. Erst dann ist die Dateneingabe beendet.

18.3.3. Einlesen eines Rohdatensatzes aus einer externen Datei

Mit der **DATA LIST** Spezifikation **FILE = ' '** hat man die Möglichkeit, Daten, die in einer externen Datendatei abgespeichert sind, in die Arbeitsdatei einzulesen. (vgl. Kapitel 19. und Abb.12 und Abb.13) Die **DATA LIST** Anweisung würde man in der folgenden Weise auf-bauen:

DATA LIST FILE='rtdata.dat' **TABLE**
        /V1 1-5 V2 8 V3 12-14 V4 17 (a) ... V22 24-35 (a) ... (.)

Die Spezifikation **TABLE** wird dazu verwendet, eine **DATA LIST** Tabelle zu erzeugen. Diese zeigt die Verarbeitung der **DATA LIST** Anweisung durch SPSS/PC+ sowie das Format, das den einzelnen Variablen zugewiesen wird, an.

18.3.4. Der VARIABLE LABELS Befehl

Aufgrund einer Systemvorgabe kann jede Variable nur mit einem Kürzel von maximal acht Zeichen definiert werden. Man kann zwar durch eine geschickte Zusammensetzung der Kürzel den "Variableninhalt" andeuten[36], dennoch hat diese Methode ihre Tücken. Wie soll man z.B. die Frage nach der Bedeutung der neuen Öffnungszeiten abkürzen, vielleicht: ÖFFZEIT ? Wer außer dem Forscher selbst könnte sich unter ÖFFZEIT etwas Sinnvolles vorstellen? Insbesondere bei komplizierten oder mehreren ähnlich lautenden Fragestellungen empfiehlt es sich deshalb, die einzelnen Variablen mit sogenannten Variablenetiketten zu versehen. Dies kann man mit dem Befehl **VARIABLE LABELS** tun.

Folgende Vorgaben muß man beachten:

Pro Variable stehen bis zu 60 Zeichen zur Verfügung; allerdings werden davon nur 40 (z.T. auch weniger) wiedergegeben.

* Jedes Etikett wird entweder durch Hochkommata oder Anführungsstriche begrenzt.

* Zwischen der Variablen und deren Etikett muß mindestens eine Leerstelle stehen.

* Die Variablen werden durch Schrägstriche voneinander getrennt.

* Nach der letzten Variablenetikettierung muß der command terminator gesetzt werden.

* Pro Datensatz ist mehr als eine **VARIABLE LABLES** Anweisung möglich.

* Eine Zusammenfassung mit Schlüsselwörtern ist möglich.

TIP: Wegen der Übersichtlichkeit sollte nur eine Variable pro Eingabezeile etikettiert werden.

BEISPIEL: **VARIABLE LABLES** V1 'Bedeutung vorgez. Öffnungszeit'
                        /V2 'Zukunft der vorgez. Öffnungszeit'
                        /V3 'Ausdehnung der Öffnungszeit'
                        /V4 'Zeitliches Benutzungsprofil'
                        /V5 'Besuchsdauer'... (.)

---

[36]   Man könnte beispielsweise die Variablen Geschlecht mit "SEX", Alter mit "AGE" und Berufstätigkeit mit "BERUF" kennzeichnen.

18.3.5. Der VALUE LABELS Befehl

Neben der Möglichkeit, die Variablen mit Etiketten zu versehen, haben wir auch die Möglichkeit, die einzelnen Merkmalsausprägungen zu etikettieren. Die Anweisung hierfür heißt: **VALUE LABELS**. Die Etikettierung der Merkmalsausprägungen empfiehlt sich besonders bei Variablen mit zahlreichen Ausprägungen. Die Vorgaben, die dabei zu beachten sind, sind in etwa identisch mit denen für die Variablenetikettierung:

Es gelten die folgenden Vorgaben:

* Pro Merkmalsetikett sind maximal 60 Zeichen zugelassen, allerdings werden hier nur 20 (z.T. auch weniger) Zeichen ausgegeben.

* Jedes Etikett wird entweder durch Hochkommata oder Anführungsstriche begrenzt.

* Nicht jedes Merkmal muß mit einem Etikett versehen werden.

* Zwischen der Variablen und dem ersten Merkmalsetikett muß mindestens eine Leerstelle stehen.

* Die Variablen werden durch Schrägstriche voneinander getrennt.

* Auch hier muß nach der letzten Merkmalsetikett die Endmarkierung (command terminator) gesetzt werden.

* Pro Datensatz ist mehr als eine **VALUE LABELS** Anweisung möglich.

* Eine Zusammenfassung mit Schlüsselwörtern ist möglich.

TIP: Auch hier gilt, daß man bei jeder neuen Variablen eine neue Eingabezeile beginnen sollte.

BEISPIEL: **VALUE LABLES** V1
　　　　　　　　　1 'sehr wichtig'
　　　　　　　　　2 'wichtig'
　　　　　　　　　3 'weniger wichtig'
　　　　　　　　　4 'unwichtig'
　　　　　　　　　9 'k.A./k.M.'
　　　　　　　/V2 1 'abschaffen' 2 'beibehalten' 9 'k.A./k.M.'
　　　　　　　/V5 1 'bis 30. Min.' 2 '30 bis 60 Min.' 3 '1 bis 2 Std.' 4 '2 Std. +'
　　　　　/V61 **TO** V64 0 'Zeitungen' 1 'Bibl.markt' 2 'Wintergarten'
　　　　　　　　　3 'Kinderbibl.' 4 'Studienkabinett' 5 'Sachliteratur'
　　　　　　　　　6 'Romane' 7 'Musikbibl.' 8 'Ausstellungen' ... (.)

18.3.6. Der MISSING VALUE Befehl

Das letzte Glied in der Kette der Datendefinition ist die Etikettierung der fehlenden Werte mittels des **MISSING VALUES** Befehls. Der Befehlsaufbau ist dem der beiden vorangegangenen Anweisungen verwandt. Da sich aber die Merkmalsausprägungen für die fehlenden Werte über viele Variablen hinweg nicht verändern, sollte man die Möglichkeit, mit Schlüsselwörtern zu arbeiten nutzen.

Die Vorgaben, die man berücksichtigen sollte, sind:

*   Zunächst erfolgt die Angabe einer Variablen bzw. Variablenliste; dieser wird (werden) dann die entsprechenden Angaben für die fehlenden Werte in Klammern zugeordnet.
*   Zwischen der Variablen und der Zuordnung des fehlenden Wertes muß mindestens eine Leerstelle stehen.

*   Eine Variable kann immer nur einen fehlenden Wert enthalten.

*   Die Variablen mit unterschiedlichen Merkmalen werden durch Schrägstriche voneinander getrennt.

*   Nach der letzten Etikettierung muß der command terminator gesetzt werden.

*   Pro Datensatz können mehr als eine **MISSING VALUES** Anweisung verwendet werden.

*   Eine Zusammenfassung durch Schlüsselwörtern ist möglich.

BEISPIEL: **MISSING VALUES** V5,V61 to V64,V71,V72,V8... (9)
          /V11,V14 (99)
          /V15 (9999) ...(.)

18.4. Rangordnung der Datendefinitionsbefehle

Zum Schluß noch einmal eine Übersicht über die Datendefinitionsbefehle in der Reihenfolge, in der sie gesetzt werden müssen (können), und einige Punkte, die man dabei beachten sollte.

* An erster Stelle steht immer der **DATA LIST** Befehl, mit dem man den vollständigen Variablensatz definieren muß.

* Über die Spezifikation **FILE=''** kann eine externe Datendatei aufgerufen werden.

* Der **DATA LIST** Befehl ist als einziger Befehl **nicht optional**.

* Grundsätzlich können Prozeduren erst nach einer Datendefinition bearbeitet werden.

* Eine nachträgliche Veränderung der Variablen oder deren Merkmalsausprägungen ist möglich.

* Falls man eine Datenmodifikation durchgeführt hat, sollte man prüfen, ob eine nachträgliche Datendefinition notwendig ist.

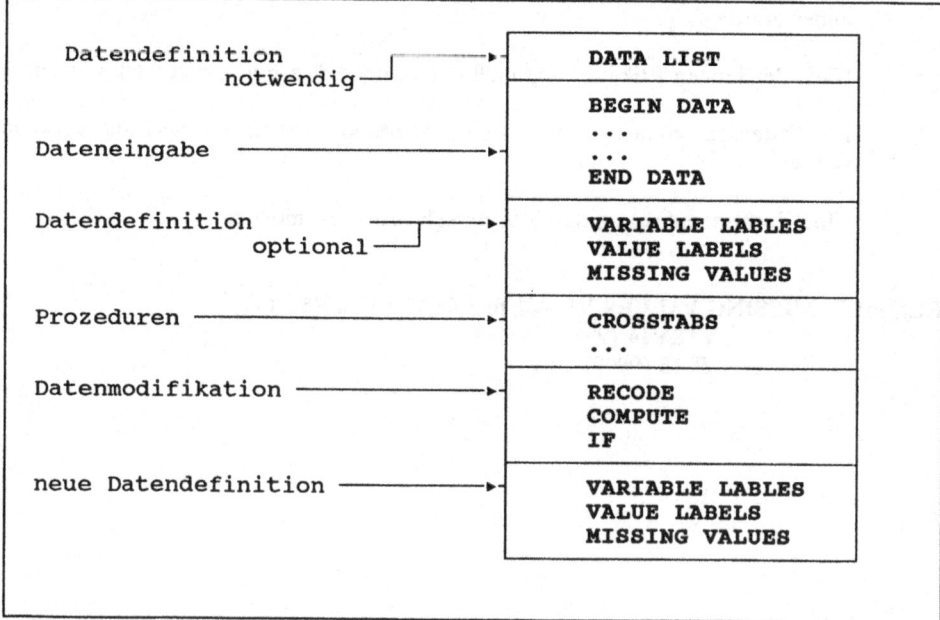

Abb. 20: Anordnung von SPSS/PC+ Befehlen

19. Erstellen einer Systemdatei

Im vorangegangen Kapitel haben Sie erfahren, wie ein Datensatz aufgebaut ist, bzw. welche Elemente er enthalten muß, um überhaupt von SPSS/PC+ verarbeitet werden zu können. Sie könnten nun im Prinzip die einzelnen Datendefinitionsbefehle, sowie die dazugehörenden Daten, immer wieder neu zu Anfang jeder neuen Prozedur erstellen oder diese Element für Element in die Arbeitsdatei einspeichern (vgl. dazu auch Abb.12 bis 14).[37] Diese Art des Vorgehens ist sehr zeitraubend.

Eine wesentlich bessere Vorgehensweise ist die Definition einer Systemdatei. Bei einer Systemdatei handelt es sich um eine Datei, die nach dem Aufruf über den **GET /FILE** Befehl resistent im Arbeitsspeicher des Computers gehalten wird. Dies hat den entscheidenden Vorteil, daß alle Angaben, die sich in dieser Datei befinden, ständig verfügbar sind und nicht immer wieder neu eingelesen werden müssen. Die ständige Präsenz der Daten wirkt sich vor allem auf die Verarbeitungsgeschwindigkeit von Prozeduren aus. Diese ist beim zweiten Verfahren wesentlich höher.

Ungeklärt blieben bisher zwei wichtige Fragen. Zum einen, welche Elemente eine Systemdatei enthält, und zweitens mit welchem Befehl man eine Systemdatei erzeugt. Auf beide Fragen soll nun näher eingegangen werden.

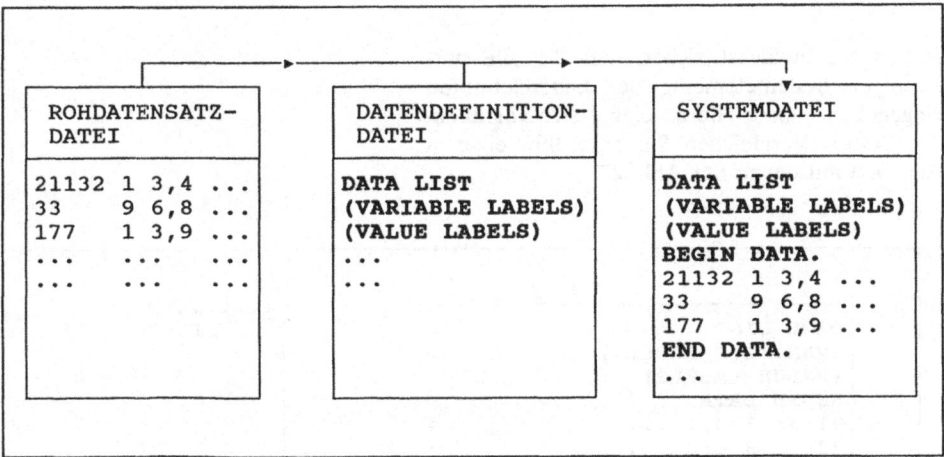

Abb. 21: Inhalt einer Systemdatei

---

[37]   Dies geht natürlich nur dann, wenn Sie diese im Ganzen oder in Teilen zuvor abgespeichert haben.

Der obigen Abbildung können Sie entnehmen, daß eine Systemdatei hauptsächlich zwei Elemente beinhaltet. Nämlich den Rohdatensatz sowie die dazugehörigen Datendefinitionen. Wie im Kapitel 18.3.1 besprochen wurde, müssen die Daten des Rohdatensatzes in einer ganz bestimmten Form angeordnet sein, um überhaupt von SPSS/PC+ verarbeitet werden zu können. Diese Definition des Formats erfolgt über den **DATA LIST** Befehl. Um es noch einmal herauszustreichen: Ohne den **DATA LIST** Befehl ist SPSS/PC+ nicht in der Lage, eingegebene Daten zu verarbeiten. Daher ist diese Anweisung als einzigste der Datendefinitionen zwingend notwendig. Alle anderen, wie beispielsweise **VARIABLE LABLES** und **VALUE LABLES** dienen der eigenen Übersicht, werden aber vom Analysesystem nicht benötigt.

Die Arbeitsdatei behält solange ihre Gültigkeit, solange sie nicht durch einen oder mehrere permanent wirkende Befehle wie beispielsweise **SELECT IF** verändert wird. Haben Sie einmal die Arbeitsdatei verändert, so läßt deren ursprüngliche Form nur durch ein erneutes Einlesen der Systemdatei wiederherstellen.

Nun ist die Arbeitsweise, nach der Sie im Verlauf der Arbeitssitzungen vorgegangen sind, nämlich eine von Dritten erstellte Systemdatei einzulesen, nur ein Spezialfall der empirischen Datenanalyse. In der Regel werden Sie mit einem Datensatz arbeiten wollen, den Sie selbst erstellt haben. Wir werden nun besprechen, in welcher Weise man die Daten, die man selbst erhoben hat, aufarbeiten muß, um aus diesen eine Systemdatei zu erzeugen.

Stellen Sie zunächst sicher, daß Sie alle notwendigen Systemelemente der Datendefinition eingegeben haben. Hierzu eignet sich vor allem der Editor. Vergleichen Sie bitte Ihre eigenen Angaben mit denen der Abb. 22.

```
DATA LIST                    . . . . . . .
(VARIABLE LABELS)                 F7
(VALUE LABELS)
BEGIN DATA.
21132 1 3,4 . . .
33    9 6,8 . . .
177   1 3,9 . . .
END DATA.
                                  F7
                             . . . . . . .
```

Abb. 22: Markieren der Elemente einer Systemdatei

Achten Sie bitte darauf, daß keine weiteren Prozeduren, Operationen oder Überschriften in der Datei enthalten sind.

Markieren Sie nun mit der Funktionstaste F7 die   F7
in Abb. 22 aufgeführten Befehle. Wie bereits   F7
mehrmals erwähnt wurde, können die Befehle:
VARIABLE LABELS und **VAULE LABELS** dabei
weggelassen werden.

Bringen Sie nun die markierten Anweisungen   F10
über die Funktionstaste F10 zur Ausführung.   **run from cursor**

Die Daten und dazugehörenden Datendefinitionen werden nun Schritt für Schritt bearbeitet.
Sie können diesen Vorgang an Ihrem Monitor beobachten. SPSS/PC+ überprüft dabei im
einzelnen, ob die verwendeten Datendefinitionen mit den eingegebenen Daten überein-
stimmen. Sollte dies nicht der Fall sein, erhalten Sie eine oder mehrere Fehlermeldung(en)
und die Bearbeitung wird abgebrochen. Anhand der Fehlermeldung(en), werden Sie darauf
aufmerksam gemacht, welche Art von Fehler Sie gemacht haben, und an welcher Stelle sich
dieser Fehler befindet. Korrigieren Sie Ihren Datensatz solange, bis SPSS/PC+ keine Fehler
mehr findet. Sobald Ihr Datensatz fehlerfrei ist, wird dieser in den Arbeitsspeicher des
Computers eingelesen.

Nun erst können Sie diesen als Systemdatei abspeichern. Fahren Sie dazu, ausgehend vom   **hauptmenü**
hauptmenü, in die zweite Zeile, in der sich das
Menü **daten lesen/schreiben** befindet. Öffnen Sie   **daten lesen/schreiben**
dieses.

Bringen Sie den Cursor in die dritte Zeile, in der
sich der **SAVE** Befehl befindet. Kopieren Sie
diesen auf die Arbeitsplatte.   **SAVE**

Nun müssen Sie den Namen der zu sichernden
Datei angeben. Dies können Sie über den
/OUTFILE " Unterbefehl bewerkstelligen. Fahren
Sie daher in die entsprechende Zeile und öffnen   **/OUTFILE ".**
Sie das dortige Menü.

In das sich öffnende Menüfenster können nun der Name, sowie eventuelle Angaben über die Unterverzeichnisse eingegeben werden. So würde beispielsweise die Angabe: **\spss\umfrag\test.sys** bewirken, daß die Datei **test.sys** in das Unterverzeichnis: **\SPSS\UMFRAG** hineinkopiert wird. Beachten Sie bitte, daß Sie mit der Dateinamenserweiterung: ***.sys** dem System angeben, daß es sich bei dieser Datei um eine Systemdatei handelt. Ansonsten gelten für den Name der Systemdatei die üblichen Einschränkungen.

(**\spss\umfrag\test.sys**)

Mit dem Unterbefehl **/DROP** haben Sie die Möglichkeit, einzelne Variablen aus einer Systemdatei auszuschließen (vgl. auch Kapitel 9). Diese Option wird man vor allen dann wählen, wenn man aus einer bereits bestehenden Systemdatei einige Variable, die man beispielsweise nicht (mehr) auswerten will, von der weiteren Bearbeitung ausschließen will.

In der zweiten Hälfte des **SAVE** Menüs finden Sie drei verschiedene Optionen, mit denen Sie die zu sichernde Datei modifizieren können. Alle drei Optionen beziehen sich auf den Umfang der Systemdatei. Grundsätzlich gilt dabei: Je kleiner eine Systemdatei ist, desto schneller kann sie von SPSS/PC+ verarbeitet werden und desto größer ist die Verarbeitungsgeschwindigkeit. Wählen Sie keine der drei vorgegebenen Optionen, so wird **/UNCOMPRESSED** als Voreinstellung angenommen.

Betätigen Sie nun die Funktionstaste F10. Nach kurzer Bearbeitungszeit erhalten Sie die obligatorische Systemmitteilung mit der Ihnen angezeigt wird, daß SPSS/PC+ Ihre Datei erfolgreich in eine Systemdatei umgewandelt und diese in den Arbeitsspeicher des Computers gelesen hat.

F10
run from cursor

Sie können nun entweder in der normalen Arbeitsweise weiterfahren oder die Sitzung mit dem Abschlußbefehl beenden.

FINISH.
F10

20. Voreinstellung des Computers

Damit man mit SPSS/PC+ und mit dem in diesem Buch verwendeten Datensatz problemlos arbeiten kann, müssen evtl. einige Systemparameter des Computers verändert werden.
Falls Sie mit einem Personalcomputer arbeiten, bei dem SPSS/PC+ bereits implementiert
ist, so können Sie die zwei folgenden Abschnitte überspringen, wenn nicht, verändern Sie die
Systemparameter in der angegebenen Weise. Vorausgesetzt wird, daß sich MS/DOS entweder
im Stammverzeichnis befindet oder von dort aus gelesen werden kann.

20.1. Installation von SPSS/PC+

SPSS/PC+ verfügt, wie mittlerweile fast jede Standard-Software, über ein sogenanntes Installationsprogramm. Dieses überträgt die einzelnen Programmteile von den mitgelieferten
Disketten auf die Festplatte und definiert die systembedingten Vorgaben. Das Installationsprogramm befindet sich auf den Disketten U1 bis U4, dem **Universal Set**. SPSS/PC+
setzt sich aus verschiedenen Modulen zusammen. Das Grundelement von SPSS/PC+ ist das
Basispaket: **Base**. Darin sind die Grundfunktionen von SPSS/PC+ enthalten. Nur wenn Sie
über dieses verfügen, können Sie mit diesem Buch arbeiten. Zusätzlich zu diesem Basismodul
können je nach Bedarf noch weitere Erweiterungsmodule, wie **Advanced Statistics**, **Tables**,
Data Entry usw. erworben werden.[38]

Die einzelnen Module können entweder über das **Universal Set** oder separat über ein
moduleigenes Installationsprogramm installiert werden. Wie die Installation im einzelnen
abläuft ist im SPSS/PC+ Manual[39] genau beschrieben, daher ist es nicht notwendig, hier
detaillierter darauf einzugehen. Befolgt man die entsprechenden Installationsanweisungen,
müßten sich die Programmteile von SPSS/PC+ im Unterverzeichnis: "C:\SPSS>" befinden.
Davon gehe ich im weiterem aus. Die Daten, die von SPSS/PC+ bearbeitet werden sollen
(in unserem Fall der Datensatz: rtdata.sys), sollten sich dagegen in einem **separaten** Verzeichnis befinden. Allerdings sollte aus diesem SPSS/PC+ gelesen werden können.

20.1.1. Die "config.sys" Datei

Zunächst müssen Sie überprüfen, ob die Konfigurationsdatei (config.sys) des Computers an
die Erfordernisse von SPSS/PC+ angepaßt ist. Stellen Sie sicher, daß die config.sys Datei die
zwei folgenden Angaben:

---

[38]   Welche Funktionen bzw. Prozeduren in dem jeweiligen Modul enthalten sind, können
Sie dem SPSS/PC+ Manual entnehmen.

[39]   **Norusis, Marija J.:** SPSS/PC+ for the IBM/XT/AT, Chicago 1986, S.G1ff.

> **files = 20**
> **buffers = 20**   enthält.

Sie definieren damit, daß DOS mit bis zu 20 geöffneten Dateien gleichzeitig arbeiten kann sowie, daß der Puffer, der zum Lesen und Schreiben von Dateien notwendig ist, optimal auf SPSS/PC+ abgestimmt ist. Falls diese Angaben nicht in ihrer Konfigurationsdatei enthalten sind, so gibt es verschiedene Möglichkeiten, diese Angaben nachträglich zu verändern. Sie können dazu entweder ihren eigenen Editor[40], den SPSS/PC+ Editor (REVIEW) oder den DOS-Editor (EDLIN) verwenden. Die einfachste Methode wird sein, dafür den DOS Editor zu verwenden. Gehen sie dabei in der folgenden Weise vor. Stellen Sie zunächst sicher, daß Sie sich im Stammverzeichnis befinden. Nun geben Sie folgendes ein:

> **C:\ > copy con config.sys**

Wenn Sie anschließend die Return-Taste betätigen, werden Sie feststellen, daß der Cursor automatisch in die nächste Zeile springt und dort verharrt. Tippen Sie nun Zeile für Zeile ein, und vergessen Sie nicht, nach jeder vollständigen Zeilenangabe die Return-Taste zu betätigen. Welche zusätzlichen Angaben DOS in der config.sys Datei benötigt, entnehmen sie bitte dem DOS-Handbuch. Wenn Sie alle Zeilen vollständig eingegeben haben, springen Sie in die nächste leere Zeile und drücken die Funktionstaste F6. Ihr Bildschirm müßte nun in etwa so aussehen:

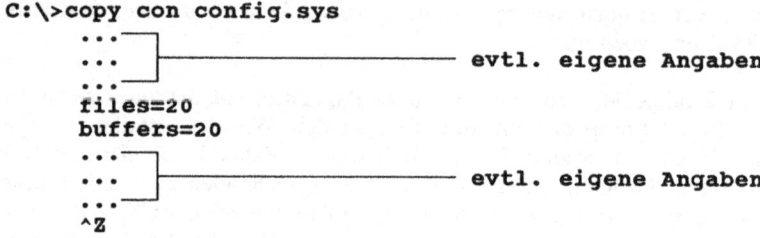

Betätigen Sie nun nochmals die Return-Taste. Die Konfigurationsdatei ist nun gesichert und Sie werden nun das normale DOS-prompt erhalten.

20.1.2. Die "autoexec.bat" Datei

Die "autoexec.bat" Datei ist eine der ersten Dateien die von DOS bei jedem Neustart automatisch gelesen wird. In sie werden mit Hilfe von DOS-Befehlen bestimmte System-vorgaben und Anweisungen geschrieben, die für jede Sitzung gültig sein sollen. Damit hat

---

[40]   Unter einem Editor versteht man ein Schreibprogramm, mit dessen Hilfe man beispielsweise Texte oder umfangreiche Befehlseingaben erstellen kann. Sowohl DOS als auch SPSS/PC+ verfügen über separate Schreibprogramme (vgl. dazu Kapitel 13).

man also die Möglichkeit, immer wiederkehrende Befehle automatisch vom System durchführen zu lassen. Für die Arbeit mit SPSS ist es wichtig, daß sie die folgenden Angaben enthält:

prompt pg
path c:\;c:\spss

Wenn Sie sich in einem Unterverzeichnis befinden und ein Programm aufrufen wollen, das in diesem Verzeichnis nicht enthalten ist, so wird MS/DOS dies als Fehler interpretieren und die folgende Meldung ausgeben: "Falscher Befehl oder Dateiname". Es besteht allerdings auch die Möglichkeit, MS/DOS zu veranlassen in anderen Verzeichnissen nach diesem Programm zu suchen. Dazu wird der PATH Befehl benötigt. Wenn Sie den PATH Befehl in der obigen Weise eingeben, so veranlassen sie MS/DOS, ungeachtet der Tatsache, in welchem Verzeichnis Sie sich gerade befinden, das Programm SPSS/PC+ in dem Verzeichnis SPSS zu suchen. Der PROMPT Befehl weist MS/DOS an, Ihnen das gültige Bereitschafts-zeichen (prompt) mit dem jeweils aktuellen Unterverzeichnis anzuzeigen.

20.2. Implementierung des Datensatzes

Falls Sie mit dem Datensatz arbeiten wollen, auf den sich dieses Buch bezieht, so müssen Sie diesen zunächst von der Diskette auf die Festplatte überspielen. Dafür ist notwendig, daß Sie ein spezifisches Unterverzeichnis (sub-directory) erstellen, in welches der Datensatz dann kopiert werden kann. Stellen Sie zunächst sicher, daß Sie sich im Stammverzeichnis (root-directory) Ihres Computers befinden.[41] Wir werden nun mit Hilfe der DOS Anweisung: "**make directory**" oder abgekürzt "**md**" das Unterverzeichnis: **rtfiles** erstellen.

Der Befehl dafür lautet: **C:\ > md rtfiles**   < Return >

Schieben Sie nun die Diskette mit dem Datensatz in das Laufwerk A:. Mit Hilfe des **Copy** Befehls werden nun alle Dateien, die sich auf der Diskette befinden, in das Unterverzeich-nis: RTFILES der Festplatte C: übertragen.

Hier die vollständige Kopieranweisung:

                    C:\ > copy a:*.* c:\rtfiles   < Return >

Wenn alles glatt gegangen ist, so müßten sich nun der Datensatz rtdata.sys und alle weiteren Dateien der mitgelieferten Diskette im Unterverzeichnis: RTFILES befinden.

---

[41]   Falls Sie nicht wissen, wie Sie ins Stammverzeichnis gelangen können geben sie den MS/DOS Befehl "cd\" ein. Sie wechseln dadurch, ungeachtet der Tatsache, in welchem Verzeichnis Sie sich gerade befinden, in das Stammverzeichnis: C:\ >.

Literatur

Backhaus, Klaus u.a. : Multivariate Analysemethoden. Eine anwendungsorientierte Einführung. Berlin 4.1987

Bauer, Felix: Datenanalyse mit SPSS. Berlin 2.1986

Bahrdt, Hans Paul: Ratschläge zum Studium soziologischer Theorien. in: ders.: Schlüsselbegriffe der Soziologie. Münschen 1984, S.188-195

Benninghaus, Hans: Deskriptive Statistik. Stuttgart 1974

Brosius, Gerhard: SPSS/PC+ Basics und Graphics. Hamburg 1988

ders.: SPSS/PC+ Advanced Statistics und Tables. Hamburg 1989

Clauss, G./ Ebner, H.: Statistik für Soziologen, Pädagogen, Psychologen und Mediziner. Frankfurt/M. 4.1982

Faulbaum, Frank: Nichtparametrische Statistik. in: **Frenzel, G./ Hermann, D. (Hg.) d.dt.Bearb.:** a.a.O., S.189-199

Frenzel, Gottfried/ Hermann, Dieter (Hg.) d.dt.Bearb.: Statitik mit SPSS^x. Eine Einführung nach M.J. Noursis. Stuttgart 1989

Friedrichs, Jürgen: Methoden der empirischen Sozialforschung. Opladen 11.1983

Heller, Kurt/ Rosemann, Bernhard: Planung und Auswertung empirischer Untersuchungen. Eine Einführung in die Wissenschaftsmethodik und Forschungsstatistik für Pädagogen, Psychologen und Soziologen. Stuttgart 2.1981

Holm, Kurt: Zuverlässigkeit von Skalen und Indizes. in: Kölner Zeitschrift für Soziologie und Sozialpsychologie (KZfSS), H.2, 1970, S.336-386

ders.: Gültigkeit von Skalen und Indizes. in: KZfSS, H.4, 1970, S.693-714

ders.: Theorie der Frage. in: KZfSS, H.1, S.99-114

ders.: Theorie der Fragebatterie. in: KZfSS, H.2, S.316-341

Kähler, Wolf-Michael: SPSS. Einführung in das Datenanalysesystem. Braunschweig 1984

Popper, Karl R.: Logik der Forschung. Tübingen 8.1984

Schnell, Rainer/ Hill, Paul B./ Esser, Elke: Methoden der empirischen Sozialforschung. München 1988

Uehlinger, Hans-Martin: SPSS/PC+. Benutzerhandbuch. Stuttgart 1988

Werle, Raymund: Die Grundlagen empirischer Sozialforschung. in: Frenzel, G./Hermann, D.: Statistik mit SPSS^x. Stuttgart 1989, S.3-14

Zöfel, Peter: Statistik in der Praxis. Stuttgart 1985

Der Fragebogen:

Die Bibliothek öffnet ja seit September 1986 eine Stunde früher,
nämlich schon um 10 Uhr. Ist das für Sie persönlich ...

○sehr wichtig   ○wichtig   ○weniger wichtig   ○unwichtig?

Sollte diese verlängerte Öffnungszeit Ihrer Meinung nach ...

○wieder abgeschafft werden   ○weiter beibehalten werden?

Hier in diesem "Wochenplan" haben wir unsere jetzigen Öffnungszeiten
eingezeichnet. Bitte machen Sie in dem Plan dort ein Kreuz, wo Sie
persönlich die Bibliothek eigentlich auch außerhalb dieser Öffnungszeiten gerne benutzen würden.

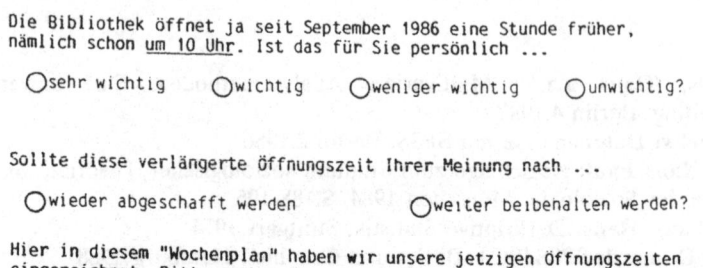

Unten sehen Sie noch einmal unsere wöchentlichen Öffnungszeiten.
Bitte machen Sie dort ein Kreuz, wo Sie zur Zeit die Bibliothek
am häufigsten besuchen.

Wenn Sie die Bibliothek besuchen, wie lange halten Sie sich dann dort
gewöhnlich auf?

weniger als 30 Minuten ○
30 Minuten bis 1 Stunde ○
1 bis 2 Stunden ○
länger als 2 Stunden ○

Hier haben wir einige Bereiche der Bibliothek aufgeführt. Bitte schreiben
Sie hinter den Bereich, den Sie am häufigsten besuchen eine 1, hinter den
am zweithäufigsten besuchten eine 2, usw.

Zeitungen	(im Erdgeschoß)	➔
Bibliotheksmarkt	(offene Bücherkisten im Erdgeschoß)	
Wintergarten	(Musikhören im Erdgeschoß)	
Kinderbibliothek		
Studienkabinett	(Nachschlagewerke, Arbeitsplätze usw.)	
Sachliteratur	(Ausleihe im 1. Stock)	
Romane	(Ausleihe im 1. Stock)	
Musikbibliothek	(im 2. Stock)	
Ausstellungen		

Die Reutlinger Bibliothek bietet auch zahlreiche Veranstaltungen an. Welche der folgenden Veranstaltungsarten besuchen Sie ...

	... häufig	gelegentlich	nie
Ausstellung im Schaufenster (EG)	O	O	O
Autorenlesungen	O	O	O
Ausstellung "Galerie auf dem Podest"	O	O	O
"Blaue Stunde"	O	O	O
Ausstellung im "Ausstellungseck" (2. OG)	O	O	O
"Literatur und Film"	O	O	O
Konzerte im Großen Studio	O	O	O
Sonstige Veranstaltungen	O	O	O

Zum Schluß bitten wir Sie noch um einige wenige Angaben zu Ihrer Person. Wir kennen Ihren Namen nicht. Ihre Angaben sind also völlig anonym.

Bitte schreiben Sie Ihr Alter in das Kästchen ⟶ ☐ Jahre

Geschlecht   O männlich   O weiblich

Sind Sie berufstätig?   Ja   O
                     oder: In Berufsausbildung O
                            Arbeitslos   O
                            Rentner, Ruhestand O
                            Hausfrau   O
                            Schüler   O
                            Student   O
                            Ohne Beruf   O

Falls Sie berufstätig sind, was aus dieser Liste trifft auf Ihren Beruf zu (bei Rentnern: ehemaliger Beruf)?

01 O Facharbeiter mit abgelegter Prüfung
02 O Sonstiger Arbeiter
03 O Landwirt
04 O Leitender Angestellter
05 O Nichtleitender Angestellter
06 O Beamter des höheren oder gehobenen Dienstes
07 O Beamter des mittleren oder einfachen Dienstes
08 O Inhaber, Geschäftsführer, Direktor eines größeren Unternehmens
09 O Mittlere/kleine selbstständige Geschäftsleute oder Handwerker
10 O Freier Beruf

Wie ist die Postleitzahl Ihres Wohnortes? ⟶ ☐

Haben Sie einen Leseausweis der Bibliothek?   O Ja   O Nein

Machen Sie Ihren Bibliotheksbesuch häufig

    in Verbindung mit dem Einkaufen   O
    in der Mittagspause   O
    während einer Hohlstunde der Schule O
    im Anschluß an Schule oder Arbeit O
    vor/nach Kursen der Volkshochschule O

    Sonstiges: ....

oder besuchen Sie in erster Linie die Bibliothek O

Hinweise zur Diskettenversion

Die Nutzung der Disketten ist nur dem Käufer persönlich gestattet.

Die Diskette enthält den vollständigen Datensatz (als Systemdatei), sowie die Ergebnislisten für die einzelnen Kapitel. Die Dateien sind durch eine Nummer und einen Namen gekennzeichnet, die auf das entsprechende Kapitel hinweisen. Sie enthalten alle in diesem Band verwendeten Beispiele.

Alle Dateien, die Ergebnislisten enthalten, sind im ASCII-Format abgespeichert. Sie können aber auch mit Hilfe des SPSS-Editors **REVIEW** aufgerufen werden. Dies trifft nicht auf die Systemdatei (rtdata.sys) zu. Diese kann nur über den SPSS Befehl **GET /FILE** Befehl eingelesen werden.

Stichwortverzeichnis

Kühlewein/Nüßle
FRAMEWORK – Praxis für kaufmännische Berufe

Band 1: Modelle auf Kommandoebene

Band 2: Modelle auf Programmebene

Das zweibändige Werk wendet sich einerseits an den Lehrer an entsprechenden berufsbildenden Einrichtungen und an den Dozenten in der Weiterbildung, andererseits aber auch an den am Selbststudium interessierten Kaufmann.

Während sich der Band 1 vorwiegend der Kommandoebene bedient, beschäftigt sich der Band 2 insbesondere mit der Programmierung. Elementare Grundkenntnisse im Umgang mit FW II oder III werden vorausgesetzt.

Im ersten Band werden Lösungsalternativen und praktische Einsatzmöglichkeiten aus verschiedenen Unternehmensbereichen in 20 klar gegliederten und ausführlich beschriebenen Modellen gezeigt. Die jeweils relevanten FW-Module Textverarbeitung, Tabellenkalkulation, Datenbank und Grafik werden über Konzepte miteinander verknüpft. Ein Repetitor hilft grundlegende FW-Kenntnisse aufzufrischen.

Aus dem Inhalt Band 1:

Benutzerhinweise – Einkauf, Lager, Vertrieb – Industrielles Rechnungswesen – Rechnungswesen im Handel – Rechnungsschreibung mit Mahnwesen – Wertpapierverwaltung – Repetitor

Aus dem Inhalt Band 2:

Benutzerhinweise – Programmstrukturen (lineare, zyklische, Alternativ-, Unterablaufstruktur) – FRED's Besonderheiten (Dynami-

Von Dipl.-Wirtsch.-Ing.
Claus Kühlewein,
Karlsruhe, und
Dipl.-Handelslehrer
Karl Nüßle, Saulgau

Band 1:
1990. 248 Seiten.
Kart. DM 28,80
ISBN 3-519-02661-9

◨ Buch mit Diskette
DM 48,–
ISBN 3-519-09336-7

Band 2:
1990. 249 Seiten.
Kart. DM 28,80
ISBN 3-519-02662-7

◨ Buch mit Diskette
DM 48,–
ISBN 3-519-09337-5

Preisänderungen vorbehalten.

sche Formeln, Makros und Tastaturfilter) – Datentransfer (von und nach Multiplan und dBASE) – KFZ-Verwaltung – Finanzierung

B. G. Teubner Stuttgart

Nüßle
MS–WORKS–Praxis für kaufmännische Berufe

– Anwendungen mit Einführung in MS-WORKS –

Wer in der kaufmännischen Berufsbildung und zum Selbststudium das integrierte Werkzeug MS-WORKS einsetzt, erhält mit diesem Band eine Modellsammlung für typische Anwendungen und zugleich ein Repetitorium für MS-WORKS an die Hand. Die dargestellten Modelle lassen sich jedoch auf andere Softwarewerkzeuge übertragen.

Nachdem sich gegenüber der herkömmlichen Programmierung der Einsatz von Standardsoftware zur Textverarbeitung, Tabellenkalkulation, Grafik und Datenverwaltung allgemein durchgesetzt hat, geht der integrierte Ansatz mit einem Werkzeug wie MS-WORKS noch einen wesentlichen Schritt weiter. So ist es Anwendern möglich, ohne eine gründliche EDV-Vorbildung, komplexe Anwendungen schnell und erfolgreich zu bewältigen. Damit entsteht eine Brücke zu speziellen Programmpaketen etwa zur Finanz- oder Lohnbuchhaltung, der Projekt- und Kostenplanung und ähnlichem.

In diesem Band werden 20 vollständige Anwendungen aus dem kaufmännischen Bereich unter MS-WORKS präsentiert. Die Module Textverarbeitung, Tabellenkalkulation, Datenbank und Grafik werden modell- und datenmäßig verknüpft, um die Leistungsfähigkeit eines integrierten Systems zu demonstrieren. Der Vorteil einer einheitlichen Bedienerführung und Kommandostruktur wird eindrucksvoll mit seinen Vorteilen für die berufliche Bildung deutlich.

Von Dipl.-Handelslehrer
Karl Nüßle,
Saulgau

1990. 254 Seiten.
Kart. DM 28,80
ISBN 3-519-02666-X

◨ Buch mit Diskette
DM 48,–
ISBN 3-519-09338-3

Aus dem Inhalt
Benutzerhinweise –
MS-WORKS-Einführung –
Einkauf, Lager, Vertrieb –
Industrielles Rechnungswesen – Rechnungswesen im Handel – Finanzierung – Wertpapierverwaltung – Datentransfer

B. G. Teubner Stuttgart

MikroComputer–Praxis

B. G. Teubner Stuttgart

MikroComputer–Praxis

Mandel/Plieninger: **Maschinenschreiben unter FRAMEWORK III**
Ein Lehrgang mit didaktischen Handreichungen
ca. 240 Seiten. Kart. ca. DM 29,–

Mehl/Stolz: **Erste Anwendungen mit dem IBM-PC**
284 Seiten. DM 29,80

Menzel: **BASIC in 100 Beispielen**
4. Aufl. 244 Seiten. DM 27,80. Buch mit Diskette DM 58,–

Menzel: **Dateiverarbeitung mit BASIC**
237 Seiten. DM 29,80

Menzel: **LOGO in 100 Beispielen**
234 Seiten. DM 27,80

Mittelbach: **Einführung in TURBO-PASCAL**
234 Seiten. DM 27,80. Buch mit Diskette DM 58,–

Mittelbach: **Simulationen in BASIC**
182 Seiten. DM 26,80

Mit elbach/Wermuth: **TURBO-PASCAL aus der Praxis**
219 Seiten. DM 27,80. Buch mit Diskette DM 58,–

Nie vergelt/Ventura: **Die Gestaltung interaktiver Programme**
124 Seiten. DM 26,80

Nüßle: **MS-WORKS – Praxis für kaufmännische Berufe**
Anwendung mit Einführung in MS-WORKS
254 Seiten. DM 28,80. Buch mit Diskette DM 48,–

Ottmann/Schrapp/Widmayer: **PASCAL in 100 Beispielen**
258 Seiten. DM 28,80

Otto: **Analysis mit dem Computer**
239 Seiten. DM 27,80

Preuß: **TURBO-C**
240 Seiten. DM 26,80. Buch mit Diskette DM 58,–

v. Puttkamer/Rissberger: **Informatik für technische Berufe**
284 Seiten. DM 27,80

Šonje: **SPSS/PC+ für Einsteiger**
253 Seiten. Kart. DM 29,80. Buch mit Diskette DM 48,–

Weber: **PASCAL in Übungsaufgaben.** Fragen, Fallen, Fehlerquellen
152 Seiten. DM 26,80

Weber/Hainer: **Programmiersprachen für Mikrocomputer.** Ein Überblick
208 Seiten. DM 27,80

Die Disketten – *einzeln nicht lieferbar!* – sind unter MS-DOS und
den jeweiligen Sprachen auf IBM-PC und kompatiblen lauffähig.

Preisänderungen vorbehalten

B. G. Teubner Stuttgart

Made in United States
Orlando, FL
22 March 2026

79538825R00144